全国高职高专院校"十三五"规划教材（自动化技术类）

工厂电气控制技术
（第三版）

主　编　邱　俊

副主编　陈　英　谢海明

中国水利水电出版社
www.waterpub.com.cn
·北京·

内 容 提 要

本书根据职业岗位技能要求，结合最新的高职院校职业教育课程改革经验，以生成实践中的典型工作任务为项目，并为适应国家高职高专示范院校建设，即"过程导向、任务驱动"的需要而编写的。本书同时入选全国高职高专院校"十三五"规划教材。

本书系统介绍了电动机常见电气控制线路的基本原理、安装、调试与维修，以及组成各电气控制线路的常用低压电器的型号、结构、工作原理、选用、维护及安装；详细分析常用生产机械的电气控制线路及其安装、调试与维修；扼要介绍电气原理图的识读，电气控制线路图的设计，电动机的控制、保护及选择，电气控制线路设计中元器件的选择以及生产机械电气设备施工设计等。

本书的最大特点就是理论与实训同步，同时还注意给学生一定的学习空间，以培养学生的再学习能力。

本书主要作为高职高专院校工业自动化、电气工程技术、机械制造及其自动化、机电一体化等相近专业的教材，也可作为各类成人教育的电气控制相关课程的教材，还可供从事电气控制方面工作的工程技术人员和技术工人参考。

本书配有电子教案，读者可以从中国水利水电出版社网站和万水书苑上下载，网址为：http://www.waterpub.com.cn/softdown/和 http://www.wsbookshow.com。

图书在版编目（CIP）数据

工厂电气控制技术 / 邱俊主编. -- 3版. -- 北京：中国水利水电出版社，2019.1（2024.8 重印）
全国高职高专院校"十三五"规划教材. 自动化技术类

ISBN 978-7-5170-7373-4

Ⅰ. ①工… Ⅱ. ①邱… Ⅲ. ①工厂－电气控制－高等职业教育－教材 Ⅳ. ①TM571.2

中国版本图书馆CIP数据核字(2019)第016698号

策划编辑：周益丹　　责任编辑：张玉玲　　封面设计：李　佳

书　　名	全国高职高专院校"十三五"规划教材（自动化技术类） 工厂电气控制技术（第三版） GONGCHANG DIANQI KONGZHI JISHU
作　　者	主　编　邱　俊 副主编　陈　英　谢海明
出版发行	中国水利水电出版社 （北京市海淀区玉渊潭南路 1 号 D 座　100038） 网址：www.waterpub.com.cn E-mail：mchannel@263.net（答疑） 　　　　sales@mwr.gov.cn 电话：（010）68545888（营销中心）、82562819（组稿）
经　　售	北京科水图书销售有限公司 电话：（010）68545874、63202643 全国各地新华书店和相关出版物销售网点
排　　版	北京万水电子信息有限公司
印　　刷	三河市鑫金马印装有限公司
规　　格	184mm×260mm　16 开本　20.75 印张　507 千字
版　　次	2009 年 4 月第 1 版　2009 年 4 月第 1 次印刷 2019 年 1 月第 3 版　2024 年 8 月第 5 次印刷
印　　数	12001—15000 册
定　　价	49.00 元

凡购买我社图书，如有缺页、倒页、脱页的，本社营销中心负责调换
版权所有·侵权必究

第三版前言

制造业始终是发达国家经济实力的脊梁。制造业的水平直接决定了一个国家的国际竞争力和在世界上的经济地位。而工业自动化、电气自动化、机电一体化等专业又是为制造业培养技术大军的摇篮。工厂电气控制技术是这些专业必修的专业课程。该课程对于制造业的控制系统，无论是基本设计，还是安装、调试与维护，都将起到十分重要的作用。因此，一本好的《工厂电气控制技术》教材对培养制造业人才起到了至关重要的作用。

本书为了实现高等职业技术教育的培养目标，以更好地适应制造业的发展，并依据高等职业技术教育制造业大类专业教学大纲的要求进行了修改，并在2013年修订出版了第二版。

党的十九大召开后，提出了"完善职业教育和培训体系，深化产教融合、校企合作""建设知识型、技能型、创新型劳动者大军，弘扬劳模精神和工匠精神，营造劳动光荣的社会风尚和精益求精的敬业风气"的指导思想。党的十九大报告为职业教育指明了发展方向，提出了更高要求。这是对中国特色职业教育的新定位、新要求。知识要更新、技术要更新、技能要更新，一本好的教材更需要更新，以跟上时代的脚步，与时俱进。因此十九大后本书在第二版的基础上作了很多修改：首先改变了全书结构，更强调实践性，以过程导向、任务驱动；其次对第二版中存在的问题做了修订；第三是将项目任务细化，内容有所增加，特别是增加了任务实施和考核方法，以增强动手能力。

本书突破原有理论贯穿的思路，以综合项目—分解任务—具体步骤的模式组织内容，以加强基础知识、重视实践技能、培养动手能力为指导思想，强调理论联系实际，注重培养学生的动手能力、分析和解决实际问题的能力，以及工程设计能力和创新意识，体现理实一体化教材的特色。本书对相关项目的内容均通过实训加以验证和总结，并配有一定量的技能训练，以保证理论与实践的有机结合。技能训练安排在基础知识讲述的同时进行，以便学生在做中学，在学中做，边学边做，教、学、做合一，真正将实际应用很好地结合于教学内容。

第三版教材的编写，使教材结构更趋科学，教材内容更趋完善，教材使用方法更趋系统，教材应用领域更趋合理。

本书是作者在多年从事本课程及相关课程的教学、教改及科研的基础上编写的，可作为高职高专院校工业自动化、电气自动化、机电一体化等相近专业的教材，也可供从事电气控制方面工作的工程技术人员和技术工人参考。

全书共八个项目，以继电器—接触器控制线路为主，阐述并分析了常用机床控制线路，并适当加强了继电器—接触器控制系统的安装、维修与设计，以期提高学生的实际应用能力。

除第二版的参编人员外，第三版的编写还得到了陈英和谢海明的大力支持，在此一并真诚致谢！

由于编者水平有限，在书中难免存在缺点和错误，敬请读者批评指正。

编　者

2018年9月

第二版前言

从世界范围看，制造业始终是发达国家经济实力的脊梁。制造业的水平直接决定了一个国家的国际竞争力和这个国家在世界上的经济地位。而工业自动化、电气自动化、机电一体化等专业又是为制造业培养技术大军的摇篮，"工厂电气控制技术"课程又是这些专业必修的专业课程，该课程的所有内容对于制造业的控制系统，无论是基本设计，还是安装、调试与维护，都将起到十分重要的作用。因此，一本好的《工厂电气控制技术》教材对于振兴工业、大力发展设备制造业起到至关重要的作用。

为了实现高等职业技术教育的培养目标，为了更好地适应制造业的发展。本书特进行了修改，并根据高等职业技术教育制造业类专业教学大纲的要求编写了第二版，以更好地适应21世纪科技和经济发展对电气技术应用型高级技术人才的要求。

本书在内容处理上，既注意反映电气控制领域的最新技术，又注意专科学生的知识和能力结构，吸收和借鉴了各地高等职业技术学院教学改革的成功经验，同时参照了劳动部对技能等级考试的考核要求。书中配有部分低压电器图，在每个项目中都穿插了典型实例，相关低压电器均穿插在电气控制线路中讲解，即学即用，由浅入深，通俗易懂。

本书突破原有理论贯穿的思路，以综合项目－分解任务－具体步骤的模式组织内容，以加强基础知识、重视实践技能、培养动手能力为指导思想，强调理论联系实际，注重培养学生的动手能力、分析和解决实际问题的能力，以及工程设计能力和创新意识，体现理实一体化教材的特色。本书对相关章节的内容均通过实训加以验证和总结，并配有一定量的技能训练，以保证理论与实践的有机结合。技能训练安排在基础知识讲述的同时进行，以便学生在做中学，在学中做，边学边做，教、学、做合一，真正将企业应用很好地结合于教学内容。

本书是作者在多年从事本课程及相关课程的教学、教改及科研的基础上编写的，可作为高职高专院校工业自动化、电气自动化、机电一体化等相近专业的教材（教师可以根据专业需要选择讲解的内容），也可供从事电气控制方面工作的工程技术人员和技术工人参考。

全书共八个项目，以继电器－接触器控制线路为主，阐述并分析了常用机床控制线路，并适当加强了继电器－接触器控制系统的安装、维修与设计，以期提高学生的实际应用能力。

本书由邱俊主编，彭希南、黄翔、罗水华、胡良君、程卫权、张韧、周志光、徐立娟、唐春霞、刘定良、雷翔霄等参加了编写工作，本书还得到了彭志红、王兵、刘铁云、方鸳翔、肖昌辉、蒋良华、邹先明、陈舜、马威、谭新元、罗华阳、唐立伟、李荣华的大力支持，在此真诚致谢！

由于编者水平有限，在书中难免存在缺点和错误，敬请读者批评指正。

编 者

2013 年 3 月

第一版前言

高等职业技术教育的发展已经跨出了十分可喜的一步，在高教会精神的鼓舞下，职业技术学院如雨后春笋般迅速发展起来，高职教育也已成为社会各界广泛关注的话题。

为了实现高等职业技术教育的培养目标，为了更好地适应 "双证"制度的改革。本书特将"工厂电气控制设备"从"工厂电气与 PLC 控制应用技术"中分离出来，并根据高等职业技术教育自动化专业与电气工程专业教学大纲的要求编写，以满足各高等职业技术学院自动化专业与电气工程专业不同的课程设置要求，更好地适应 21 世纪科技和经济发展对电气技术应用型高级技术人才的要求。

本书在内容处理上，既注意反映电气控制领域的最新技术，又注意专科学生的知识和能力结构，吸收和借鉴了各地高等职业技术学院教学改革的成功经验，同时参照了劳动部对技能等级考试的考核要求。书中配有部分低压电器图，在每章中都穿插了典型实例，相关低压电器均穿插在电气控制线路中讲解，即学即用，由浅入深，通俗易懂。

本书立足于高职应用型教育这一特点，以加强基础知识、重视实践技能、培养动手能力为指导思想，强调理论联系实际，注重培养学生的动手能力、分析和解决实际问题的能力，以及工程设计能力和创新意识，体现一体化教材的特色。为此，本书对相关章节的内容均通过实训加以验证和总结，并配有一定量的技能训练，以保证理论与实践的有机结合。技能训练安排在基础知识讲述的同时进行，以便学生在做中学，在学中做，边学边做，教、学、做合一。

本书是作者在多年从事本课程及相关课程的教学、教改及科研的基础上编写的，可作为高职高专院校工业自动化、电气技术、机电一体化等相近专业的教材（教师可以根据专业需要选择讲解的内容），也可供从事电气控制方面工作的工程技术人员和技术工人参考。

全书共分八章，以继电器—接触器控制线路为主，阐述并分析了常用机床控制线路，并适当加强了继电器—接触器控制系统的安装、维修与设计，有望提高学生的实际应用能力。

本书由邱俊副教授任主编，胡良君副教授、罗水华副教授、阳若宁副教授任副主编，马威、谭新元、罗华阳、唐立伟、李荣华等几位副教授参加了教材编写，并进行了教材试用。本书初稿完成后，曾强聪教授主持了全书的审稿讨论，彭希南、邹先明、陈舜、张韧、程卫权等几位高级工程师，周志光、徐丽娟、唐春霞、刘定良等几位副教授参加了审稿讨论，并对教材结构、教材核心内容、教学目标等提出了审稿意见。此后，本书按照审稿意见进行了全面修改。

由于编者水平有限，在书中难免存在缺点和错误，敬请读者批评指正。

编 者

2009 年 1 月

目　　录

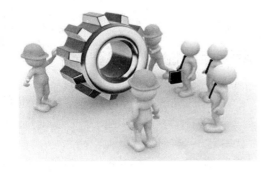

项目一
三相异步电动机的单向控制电路及其安装与调试

【知识能力目标】

1. 熟悉单向运行所需低压电器的结构、工作原理、使用和选用；
2. 了解单向运行基本电气控制线路设计、安装、调试与检修；
3. 了解电气图的识读和绘制方法；
4. 熟悉单向运行电气接线规范和要求；
5. 了解单向运行电气控制线路的故障查找方法。

【专业能力目标】

1. 能正确安装和调试三相异步电动机单向运行控制电路；
2. 能使用相关仪器仪表对三相异步电动机单向运行控制电路进行检测；
3. 能检修和排除三相异步电动机单向运行控制电路的典型故障；
4. 能识读和绘制三相异步电动机单向运行控制电路。

【其他能力目标】

1. 培养学生谦虚、好学的能力。
2. 学生分析问题、解决问题的能力的培养；学生质量意识、安全意识的培养。
3. 遵守工作时间，在教学活动中渗透企业的 5S 制度（整理/整顿/清扫/清洁/素养）。
4. 培养学生语言表达能力，能正确描述工作任务、工作要求，任务完成之后能进行工作总结并进行总结发言。

任务 1.1　三相异步电动机的单向运行点动控制电路安装

1.1.1　任务目标

（1）了解低压电器基本知识。

（2）认识低压开关、熔断器、接触器及按钮。

（3）了解三相异步电动机点动控制电路的构成和工作原理。

（4）认识实训设备。

（5）学习并认真实施三相异步电动机点动控制电路的电气安装基本步骤及安全操作规范。

1.1.2　任务内容

（1）学习三相异步电动机点动控制电路的相关知识。

（2）认识三相异步电动机点动控制电路的电气原理图。

（3）设计三相异步电动机点动控制电路的电器布置图。

（4）绘制三相异步电动机点动控制电路的电气安装接线图。

（5）按照电气控制原理图、布置图和接线图，完成三相异步电动机点动控制电路的安装。

1.1.3　相关知识

1.1.3.1　低压电器基本知识

1. 概述

凡是根据外界特定的信号或要求，自动或手动接通和断开电路，断续或连续地改变电路参数，实现对电路或非电现象的切换、控制、保护、检测和调节的电气设备均称为电器。根据工作电压的高低，电器可分为高压电器和低压电器。工作在交流额定电压 1200V 及以下、直流额定电压 1500V 及以下的电器称为低压电器。低压电器作为基本器件，广泛应用于输配电系统和电力拖动系统中，在工农业生产、交通运输和国防工业中起着极其重要的作用。

随着科学技术的迅猛发展，工业自动化程度不断提高，供电系统的容量不断扩大，低压电器的使用范围也日益扩大，其品种规格不断增加，产品的更新换代速度加快。同时，低压电器的额定电压等级相应地有提高的趋势，电子技术也广泛应用于低压电器中，无触点电器的应用逐步推广。

2. 低压电器的分类

低压电器的种类繁多，用途广泛。

（1）按应用场所提出的不同要求以及所控制的对象，可以分为低压配电电器和低压控制电器两大类。低压配电电器包括隔离开关（俗称刀开关）、组合开关、熔断器和断路器等，主要用于低压配电系统及动力设备中。低压控制电器包括接触器、继电器、电磁铁等，主要用于电力拖动与自动控制系统中。

（2）按低压电器的动作方式，可分为自动切换电器和非自动切换电器两大类。自动切换电器是依靠电器本身参数的变化或外来信号的作用，自动完成接通或分断等动作，如接触器、继电器等。非自动切换电器主要依靠外力（如手控）直接操作进行切换，如按钮、刀开关等。

（3）按低压电器的执行机构，可分为有触点电器和无触点电器两大类。有触点电器具有可分离的动触点和静触点，利用触点的接触和分离来实现电路的通断控制。无触点电器没有可分离的触点，主要利用半导体元器件的开关效应来实现电路的通断控制。

3．低压电器的产品标准

低压电器产品标准的内容通常包括产品的用途、适用范围、环境条件、技术性能要求、试验项目和方法、包装运输的要求等，它是厂家与用户制造和验收的依据。

低压电器标准按内容性质可分为基础标准、专业标准和产品标准三大类。按批准的级别可分为国家标准（GB）、专业（部）标准（JB）和局批企业标准（JB/DQ）三级。

4．常用术语

（1）通断时间：从电流开始在开关电器的一个极流过的瞬间起，至所有极的电弧最终熄灭瞬间为止的时间间隔。

（2）燃弧时间：开关电器分断过程中，从触头断开（或熔体熔断）出现电弧的瞬间开始，至电弧完全熄灭为止的时间间隔。

（3）分断能力：开关电器在规定条件下，能在给定的电压下分断的预期分断电流值。

（4）接通能力：开关电器在规定条件下，能在给定的电压下接通的预期接通电流值。

（5）通断能力：开关电器在规定条件下，能在给定的电压下接通和分断的预期电流值。

（6）短路接通能力：在规定条件下，包括开关电器的出线端短路在内的接通能力。

（7）短路分断能力：在规定条件下，包括开关电器的出线端短路在内的分断能力。

（8）操作频率：开关电器在每小时内可能实现的最高循环操作次数。

（9）通电持续率：开关电器的有载时间和工作周期之比，常以百分数表示。

（10）电（气）寿命：在规定的正常工作条件下，机械开关电器不需要修理或更换零件的负载操作循环次数。

1.1.3.2　低压开关

低压开关主要作隔离、转换、接通和分断电路用，多数用作机床电路的电源开关和局部照明电路的控制开关，有时也可用于直接控制小容量电动机的启动、停止和正反转。

低压开关一般为非自动切换电器，常用的主要类型有刀开关、组合开关和低压断路器。

1．刀开关

刀开关是手动电器中结构最简单的一种，广泛应用于各种配电设备和供电线路，一般用作电源的引入开关或隔离开关，也可用于小容量的三相异步电动机不频繁地起动或停止。在电力拖动控制线路中最常用的是由刀开关和熔断器组合而成的负荷开关。负荷开关分为开启式负荷开关和封闭式负荷开关两种。下面以开启式负荷开关为例分析其型号意义、结构原理及选用。

开启式负荷开关又称为瓷底胶盖刀开关，简称闸刀开关。生产中常用的是 HK 系列开启式负荷开关，适用于照明、电热设备及小容量电动机控制线路中，供手动不频繁地接通和分断电路，并起短路保护作用。

（1）刀开关的型号及含义。

（2）刀开关结构与工作原理。HK 系列负荷开关由刀开关和熔断器组合而成，结构如图1-1（b）所示。开关的瓷底座上装有进线座、静触头、熔体、出线座和带瓷质手柄的刀式动触头，上面盖有胶盖，以防止操作时触及带电体或分断时产生的电弧飞出伤人。

开启式负荷开关在电路图中的符号如图1-1（c）所示，实物图如图1-1（a）所示。

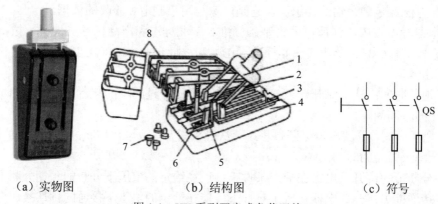

（a）实物图　　　　　（b）结构图　　　　　（c）符号

图 1-1　HK 系列开启式负荷开关

1—瓷质手柄；2—动触头；3—出线座；4—瓷底座；5—静触头；6—进线座；7—胶盖紧固螺钉；8—胶盖

（3）选用。开启式负荷开关的结构简单，价格便宜，在一般的照明电路和功率小于 5.5kW 的电动机控制线路中广泛采用。但这种开关没有专门的灭弧装置，其刀式动触头和静夹座易被电弧灼伤引起接触不良，因此不宜用于操作频繁的电路。具体选用方法如下：

1）用于照明和电热负载时，选用额定电压 220V 或 250V，额定电流不小于电路所有负载额定电流之和的两极开关。

2）用于控制电动机的直接启动和停止时，选用额定电压 380V 或 500V，额定电流不小于电动机额定电流 3 倍的三极开关。

（4）安装与使用。

1）开启式负荷开关必须垂直安装在控制屏或开关板上，且合闸状态时手柄应朝上，不允许倒装或平装，以防发生误合闸事故。

2）开启式负荷开关控制照明和电热负载使用时，要装接熔断器作短路和过载保护。接线时应把电源进线接在静触头一边的进线座，负载接在动触头一边的出线座，这样在开关断开后，闸刀和熔体上都不会带电。开启式负荷开关用作电动机的控制开关时，应将开关的熔体部分用铜导线直连，并在出线端另外加装熔断器作短路保护。

3）更换熔体时，必须在闸刀断开的情况下按原规格更换。

4）在分闸和合闸操作时，应动作迅速，使电弧尽快熄灭。

常用的开启式负荷开关有 HK1 和 HK2 系列。HK1 系列为全国统一设计的产品，其主要技术数据见表 1-1。

表 1-1 HK1 系列开启式负荷开关的主要技术参数

型号	极数	额定电流值/A	额定电压值/V	可控制电动机最大容量值/kW		配用熔丝规格			
						熔丝成分/%			熔丝线径/mm
				220V	380V	铅	锡	锑	
HK1-15	2	15	220	—	—				1.45~1.59
HK1-30	2	30	220	—	—				2.30~2.52
HK1-60	2	60	220	—	—	98	1	1	3.36~4.00
HK1-15	3	15	380	1.5	2.2				1.45~1.59
HK1-30	3	30	380	3.0	4.0				2.30~2.52
HK1-60	3	60	380	4.5	5.5				3.36~4.00

（5）常见故障及处理方法。开启式负荷开关的常见故障及处理方法见表 1-2。

表 1-2 开启式负荷开关的常见故障及处理

故障现象	可能原因	处理方法
合闸后，开关一相或两相开路	静触头弹性消失，开口过大，造成动、静触头接触不良	修整或更换静触头
	熔丝熔断或虚连	更换熔丝或紧固
	动、静触头氧化或有尘污	清洁触头
	开关进线或出线线头接触不良	重新连接
合闸后，熔丝熔断	外接负载短路	排除负载短路故障
	熔体规格偏小	按要求更换熔体
触头烧坏	开关容量太小	更换开关
	拉、合闸动作过慢，造成电弧过大，烧坏触头	修整或更换触头，并改善操作方法

2. 自动空气开关

自动空气开关又叫低压断路器或自动空气断路器，又简称断路器，是低压配电网络和电力拖动系统中常用的一种配电电器。它集控制和多种保护功能于一体，在正常情况下可用于不频繁地接通和断开电路以及控制电动机的运行。当电路中发生严重过载、短路及失压等故障时，能自动切断故障电路，有效地保护接在它后面的电气设备。

自动空气开关具有操作安全、安装使用方便、工作可靠、动作值可调、分断能力较高、兼顾多种保护、动作后不需要更换组件等优点，因此得到广泛应用。

自动空气开关按结构形式可分为塑壳式（又称装置式）、框架式（又称万能式）、限流式、直流快速式、灭磁式和漏电保护式等六类。

下面以 DZ5-20 型和 DZ47 系列为例介绍低压断路器。

（1）DZ5-20 型自动空气开关。

1）DZ5-20 型自动空气开关的型号及含义：

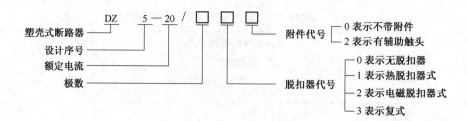

2）DZ5－20 型自动空气开关的结构及工作原理。DZ5－20 型低压断路器的外形和结构如图 1-2 所示。断路器主要由动触头、静触头、灭弧装置、操作机构、热脱扣器、电磁脱扣器及外壳等部分组成。其结构采用立体布置，操作机构在中间，上面是由加热组件和双金属片等构成的热脱扣器，作过载保护，配有电流调节装置，调节整定电流。下面是由线圈和铁心等组成的电磁脱扣器，作短路保护，它也有一个电流调节装置，调节瞬时脱扣整定电流。主触头在操作机构后面，由动触头和静触头组成，配有栅片灭弧装置，用以接通和分断主回路的大电流。另外还有常开和常闭辅助触头各一对。主、辅触头的接线柱均伸出壳外，以便于接线。在外壳顶部还伸出接通（绿色）和分断（红色）按钮，通过储能弹簧和杠杆机构实现断路器的手动接通和分断操作。

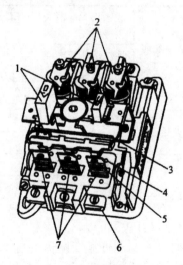

（a）实物图   （b）结构图

图 1-2   DZ5－20 型自动空气开关

1—按钮；2—电磁脱扣器；3—自由脱扣器；4—动触头；5—静触头；6—接线柱；7—热脱扣器

断路器的工作原理如图 1-3 所示。使用时，断路器的三副主触头串联在被控制的三相电路中。按下接通按钮时，外力使锁扣克服反作用弹簧的反作用力，将固定在锁扣上面的动触头与静触头闭合，并由锁扣锁住搭钩，使动、静触头保持闭合，开关处于接通状态。

当线路发生过载时，过载电流流过热元件产生一定的热量，使双金属片受热向上弯曲，通过杠杆推动搭钩与锁扣脱开，在反作用弹簧的推动下，动、静触头分开，从而切断电路，使用电设备不致因过载而烧毁。

当线路发生短路故障时，短路电流超过电磁脱扣器的瞬时脱扣整定电流，电磁脱扣器产生足够大的吸力将衔铁吸合，通过杠杆推动搭钩与锁扣分开，从而切断电路，实现短路保护。低压断路器出厂时，电磁脱扣器的瞬时脱扣整定电流 I_Z 一般整定为 $10I_N$（I_N 为断路器的额定电流）。

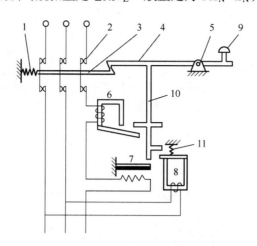

图 1-3　低压断路器工作原理

1—分闸弹簧；2—主触头；3—传动杆；4—锁扣；5—轴；6—过电流脱扣器；
7—热脱扣器；8—欠压失压脱扣器；9—分断按钮；10—杠杆；11—拉力弹簧

　　欠压脱扣器的动作过程与电磁脱扣器恰好相反。当线路电压正常时，欠压脱扣器的衔铁被吸合，衔铁与杠杆脱离，断路器的主触头能够闭合；当线路上的电压消失或下降到某一数值时，欠压脱扣器的吸力消失或减小到不足以克服拉力弹簧的拉力时，衔铁在拉力弹簧的作用下撞击杠杆，将搭钩顶开，使触头分断。由此也可看出，具有欠压脱扣器的断路器在欠压脱扣器两端无电压或电压过低时，不能接通电路。

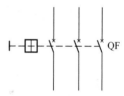

图 1-4　低压断路器的符号

　　低压断路器在电路图中的符号如图 1-4 所示。

　　需要手动分断电路时，按下分断按钮即可。

　　（2）DZ47 系列。DZ47 断路器由塑料外壳、操作机构、触头灭弧系统、脱扣机构等组成。外壳采用了高阻燃、高强度的特种塑料，抗冲击能力强，重量轻。断路器操作机构的零件采用了高强度塑料制品，在确保灵敏、可靠的同时获得了最低的转动惯量，使从短路故障开始到脱扣机构动作的时间很短。脱扣机构由双金属片过载反时限脱扣机构和短路瞬动电磁机构二部分组成。触头灭弧系统则采用了特殊的导弧角和过道灭弧室，具有显著的限流特性。实物如图 1-5 所示。

　　DZ47 系列小型断路器如图 1-5（a）所示，适用于交流 50Hz/60Hz、额定工作电压为 230V/400V 及以下，额定电流最大至 63A 的电路中，主要用于现代建筑物的电气线路及设备的过载、短路保护，亦适用于线路的不频繁操作及隔离。

　　DZ47LE 漏电断路器如图 1-5（b）所示，适用于交流 50Hz、额定电压至 400V 的线路中，作漏电保护之用。当人触电或电路泄漏电流超过规定值时，能在极短的时间内自动切断电源，保障人身安全和防止设备因发生泄漏电流造成的事故。同时也具有过载和短路保护功能，亦可在正常情况下作为不频繁转换之用。

图 1-5（a）　　DZ47 系列小型断路器

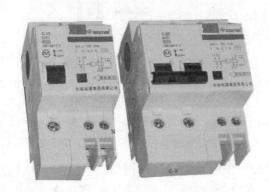

图 1-5（b）　　DZ47LE 漏电断路器

（3）低压断路器的一般选用原则。

1）低压断路器的额定电压和额定电流应不小于线路的正常工作电压和计算负载电流。

2）热脱扣器的整定电流应等于所控制负载的额定电流。

3）电磁脱扣器的瞬时脱扣整定电流应大于负载正常工作时可能出现的峰值电流。用于控制电动机的断路器，其瞬时脱扣整定电流可按下式选取：

$$I_Z \geqslant KI_{st}$$

式中，K 为安全系数，可取 1.5～1.7；I_{st} 为电动机的启动电流。

4）欠压脱扣器的额定电压应等于线路的额定电压。

5）断路器的极限通断能力应不小于电路的最大短路电流。

DZ5－20 型低压断路器的技术数据见表 1-3。

（4）低压断路器的安装与使用。

1）低压断路器应垂直于配电板安装，电源引线应接到上端，负载引线接到下端。

2）低压断路器用作电源总开关或电动机的控制开关时，在电源进线侧必须加装刀开关或熔断器等，以形成明显的断开点。

3）低压断路器在使用前应将脱扣器工作面的防锈油脂擦干净；各脱扣器动作值一经调整好，不允许随意变动，以免影响其动作值。

4）使用过程中若遇分断短路电流，应及时检查触头系统，若发现电灼烧痕，应及时修理或更换。

5）断路器上的积尘应定期清除，并定期检查各脱扣器动作值，给操作机构添加润滑剂。

表 1-3 DZ5－20 型低压断路器的技术数据

型号	额定电压/V	主触头额定电流/A	极数	脱扣器形式	热脱扣器额定电流（括号内为整定电流调节范围）/A	电磁脱扣器瞬时动作整定值/A
DZ5－20/330	AC380 DC220	20	3	复式	0.15（0.10～0.15）0.20（0.15～0.20）0.30（0.20～0.30）0.45（0.30～0.45）	为电磁脱扣器额定电流的8～12倍（出厂时整定于10倍）
DZ5－20/230			2			
DZ5－20/320			3	电磁式	0.65（0.45～0.65）1（0.65～1）1.5（1～1.5）2（1.5～2）3（2～3）	
DZ5－20/220			2			
DZ5－20/310			3	热脱扣器式	4.5（3～4.5）6.5（4.5～6.5）10（6.5～10）15（10～15）20（15～20）	
DZ5－20/210			2			
DZ5－20/300			3	无脱扣器式		
DZ5－20/200			2			

（5）低压断路器的常见故障及处理方法，见表 1-4。

表 1-4 低压断路器的常见故障及处理方法

故障现象	故障原因	处理方法
不能合闸	欠压脱扣器无电压或线圈损坏	检查施加电压或更换线圈
	储能弹簧变形	更换储能弹簧
	反作用弹簧力过大	重新调整
	机构不能复位再扣	调整再扣接触面至规定值
电流达到整定值，断路器不动作	热脱扣器双金属片损坏	更换双金属片
	电磁脱扣器的衔铁与铁心距离太大或电磁线圈损坏	调整衔铁与铁心距离或更换断路器
	主触头熔焊	检查原因并更换主触头
启动电动机时断路器立即分断	电磁脱扣器瞬动整定值过小	调高整定值至规定值
	电磁脱扣器某些零件损坏	更换脱扣器
断路器闭合后经一定时间自行分断	热脱扣器整定值过小	调高整定值至规定值
断路器温升过高	触头压力过小	调整触头压力或更换弹簧
	触头表面过分磨损或接触不良	更换触头或修整接触面
	两个导电零件连接螺钉松动	重新拧紧

【例 1.1】用低压断路器控制一型号为 Y132S－4 的三相异步电动机。电动机的额定功率为 5.5kW，额定电压为 380V，额定电流为 11.6A，启动电流为额定电流的 7 倍，试选择断路器的型号和规格。

解：（1）确定断路器的种类。根据电动机的额定电流、额定电压及对保护的要求，初步确定选用 DZ5－20 型低压断路器。

（2）确定热脱扣器的额定电流。根据电动机的额定电流查表1-3，选择热脱扣器的额定电流为 15A，相应的电流整定范围为 10～15A。

（3）校验电磁脱扣器的瞬时脱扣整定电流。电磁脱扣器的瞬时脱扣整定电流为：

$$I_Z=10\times15=150A$$

而 $KI_{st}=1.7\times7\times11.6=138A$，满足 $I_Z \geqslant KI_{st}$，符合要求。

（4）确定低压断路器的型号规格。根据以上分析计算，应选用 DZ5－20/330 型低压断路器。

1.1.3.3　熔断器

熔断器是一种结构简单、价格低廉、动作可靠、使用维护方便的保护电器。它在低压配电网络和电力拖动系统中主要用作短路保护。使用时串联在被保护的电路中。正常情况下，熔体相当于一根导线，当电路发生短路或严重过载时，通过熔断器熔体的电流达到或超过某一规定值时，以其自身产生的热量使熔体熔断，从而自动分断电路，起到保护作用。

1. 低压熔断器的种类、型号、结构和用途

熔断器按结构形式不同分为半封闭插入式、无填料封闭管式、有填料封闭管式和自复式四类。图 1-6 为几种常用的熔断器以及熔断器的电气符号。

图 1-6　常用熔断器实物图及熔断器的电气符号

（1）型号及含义。

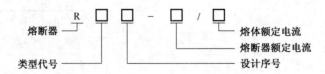

（2）结构。熔断器主要由熔体、安装熔体的熔管和熔座三部分组成。

熔体是熔断器的主要组成部分，常做成丝状、片状或栅状。熔体的材料通常有两种，一种由铅、铅锡合金或锌等低熔点材料制成，多用于小电流电路；另一种由银、铜等较高熔点的金属制成，多用于大电流电路。

熔管是熔体的保护外壳，用耐热绝缘材料制成，在熔体熔断时兼有灭弧作用。

熔座是熔断器的底座，作用是固定熔管和外接引线。

下面具体分析几种常用低压熔断器的结构。

RC1A 系列插入式熔断器是在 RC1 系列的基础上改进设计的，可取代 RC1 系列老产品，属半封闭插入式。它由瓷座、瓷盖、动触头、静触头及熔丝五部分组成，其结构如图 1-7 所示。RC1A 系列插入式熔断器的主要技术参数见表 1-5。

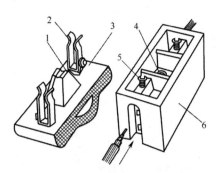

图 1-7　RC1A 系列插入式熔断器
1—熔丝；2—动触头；3—瓷盖；4—空腔；5—静触头；6—瓷座

表 1-5　常见熔断器的主要技术参数

类别	型号	额定电压/V	额定电流/A	熔体额定电流等级/A	极限分断能力/kA	功率因素
插入式熔断器	RC1A	380	5	2、5	0.25	0.8
			10	2、4、6、10	0.5	
			15	6、10、15		
			30	20、25、30	1.5	0.7
			60	40、50、60	3	0.6
			100	80、100		
			200	120、150、200		
螺旋式熔断器	RL1	500	15	2、4、6、10、15	2	≥0.3
			60	20、25、30、35、40、50、60	3.5	
			100	60、80、100	20	
			200	100、125、150、200	50	
	RL2	500	25	2、4、6、10、15、20、25	1	
			60	25、35、50、60	2	
			100	80、100	3.5	
无填料封闭管式熔断器	RM10	380	15	6、10、15	1.2	0.8
			60	15、20、25、35、45、60	3.5	0.7
			100	60、80、100	10	0.35
			200	100、125、160、200		
			350	200、225、260、300、350		
			600	350、430、500、600	12	0.35

  RL1 系列螺旋式熔断器属于有填料封闭管式，其外形和结构如图 1-8（a）（b）所示。它主要由瓷帽、熔断管、瓷套、上接线座、下接线座及瓷座等部分组成。该系列熔断器的熔断管内，在熔丝的周围填充着石英砂以增强灭弧性能。熔丝焊在瓷管两端的金属盖上，其中一端有一个标有不同颜色的熔断指示器。当熔丝熔断时，熔断指示器自动脱落，此时只需更换同规格的熔断管即可。RL1 系列螺旋式熔断器的主要技术参数见表 1-5。

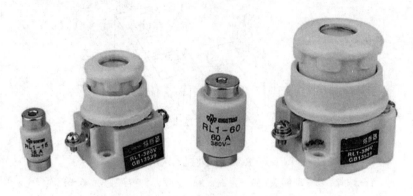

图 1-8（a） 螺旋式熔断器实物图

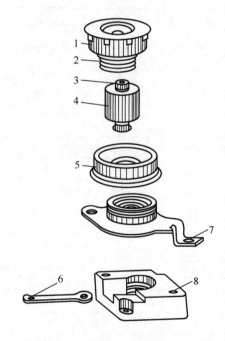

图 1-8（b） 螺旋式熔断器结构示意图

1—瓷帽；2—金属螺管；3—指示器；4—熔管；5—瓷套；6—下接线端；7—上接线端；8—瓷座

  RM10 系列无填料封闭管式熔断器主要由熔断管、熔体、夹头及夹座等部分组成。RM10—100 型熔断器的外形结构如图 1-9 所示。这种结构的熔断器具有以下两个特点：一是采用钢纸管作熔管，当熔体熔断时，钢纸管内壁在电弧热量的作用下产生高压气体，使电弧迅速熄灭；二是采用变截面锌片作熔体，当电路发生短路故障时，锌片几处狭窄部位同时熔断，形成较大空隙，因此灭弧容易。

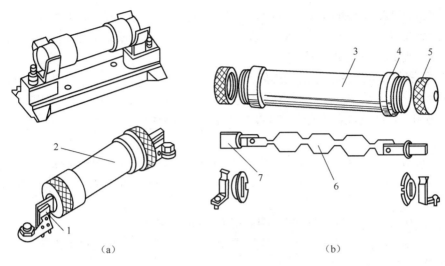

图 1-9　RM10 系列无填料封闭管式熔断器结构示意图

1—夹座；2—熔断管；3—钢纸管；4—黄铜套管；5—黄铜帽；6—熔体；7—刀型夹头

　　RT18（HG30）系列有填料封闭管式圆筒形帽熔断器由塑料压制的外壳装上触头和载熔体熔件后，经铆接而成，均可组成多相结构，如图 1-10 所示。RT18（HG30）系列有填料封闭管式圆筒形帽熔断器具有稳定的保护特性及较高的分断能力，其底座均为 35mm 的标准导轨式安装，方便可靠。RT18（HG30）系列有填料封闭管式圆筒形帽熔断器的主要技术参数见表 1-6。

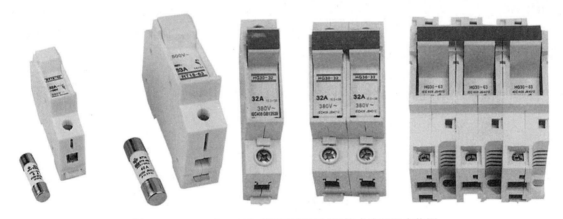

图 1-10　RT18（HG30）系列有填料封闭管式熔断器实物图

表 1-6　RT18（HG30）系列熔断器的主要技术参数

型号	额定电流		额定分断能力	
	支持件	熔断体	kA	$\cos\phi$
RT18－32	32	2、4、6、8、10、16、20、25、32A	100	0.1
RT18－63	63	2、4、6、10、16、20、25、32、40、50、63A	100	0.2
HG30－32	32	10、16、20、32A	100	0.1

（3）用途。RC1A 系列插入式熔断器结构简单，更换方便，价格低廉，一般用在交流 50Hz、额定电压 380V 及以下、额定电流 200A 及以下的低压线路末端或分支电路中，作为电气设备的短路保护及一定程度的过载保护。

RL1 系列螺旋式熔断器的分断能力较高，结构紧凑，体积小，安装面积小，更换熔体方便，工作安全可靠，并且熔丝熔断后有明显指示，因此广泛应用于控制箱、配电屏、机床设备及振动较大的场合，在交流额定电压 500V、额定电流 200A 及以下的电路中，作为短路保护器件。

RM10 系列无填料封闭管式熔断器适用于交流 50Hz、额定电压 380V 或直流额定电压 440V 及以下电压等级的动力网络和成套配电设备中，作为导线、电缆及较大容量电气设备的短路和连续过载保护。

RT18（HG30）系列有填料封闭管式圆筒形帽熔断器适用于交流 50Hz，额定电压为 380V，额定电流为 63A 及以下的工业电气装置的配电设备中，作为线路过载和短路保护之用。

2．熔断器的主要技术参数

（1）额定电压。熔断器的额定电压是指能保证熔断器长期正常工作的电压。若熔断器的实际工作电压大于其额定电压，熔体熔断时可能会发生电弧不能熄灭的危险。

（2）额定电流。熔断器的额定电流是指保证熔断器能长期正常工作的电流，是由熔断器各部分长期工作时的允许温升决定的。它与熔体的额定电流是两个不同的概念。熔体的额定电流是指在规定的工作条件下，长时间通过熔体而熔体不熔断的最大电流值。通常，一个额定电流等级的熔断器可以配用若干个额定电流等级的熔体，但熔体的额定电流不能大于熔断器的额定电流值。

（3）分断能力。分断能力指在规定的使用和性能条件下，熔断器在规定电压下能分断的预期分断电流值。常用极限分断电流值来表示。

（4）时间－电流特性。时间－电流特性指在规定工作条件下，表征流过电流与熔体熔断时间关系的函数曲线，也称保护特性或熔断特性，如图 1-11 所示。

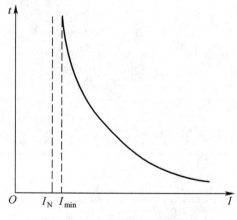

图 1-11　熔断器的保护特性

从特性图上可看出，熔断器的熔断时间随着电流的增大而减小，即熔断器通过的电流越大，熔断时间越短。一般熔断器的熔断时间与熔断电流的关系见表 1-7。

表 1-7 熔断器的熔断电流与熔断时间的关系

熔断电流 I_S/A	$1.25I_N$	$1.6I_N$	$2.0I_N$	$2.5I_N$	$3.0I_N$	$4.0I_N$	$8.0I_N$	$10.0I_N$
熔断时间 t/s	∞	3600	40	8	4.5	2.5	1	0.4

可见，熔断器对过载反应是很不灵敏的。当电气设备发生轻度过载时，熔断器将持续很长时间熔断，有时甚至不熔断。因此，除用在照明电路中外，熔断器一般不宜用作过载保护，主要用作短路保护。

3．熔断器的选择

熔断器和熔体只有经过正确的选择，才能起到应有的保护作用。

（1）熔断器类型的选择。通常应根据使用环境和负载性质选择适当类型的熔断器。例如，用于容量较小的照明线路，可选用 RC1A 系列插入式熔断器；在开关柜或配电屏中可选用 RM10 系列无填料封闭管式熔断器；对于短路电流相当大或有易燃气体的地方，应选用 RT0 系列有填料封闭管式熔断器；在机床控制线路中，多选用 RL1 系列螺旋式熔断器；用于半导体功率元件及晶闸管保护时，则应选用 RLS 或 RS 系列快速熔断器等。

（2）熔体额定电流的选择。

1）对照明、电热等电流较平稳、无冲击电流的负载短路保护，熔体的额定电流应等于或稍大于负载的额定电流。

2）对一台不经常启动且启动时间不长的电动机的短路保护，熔体的额定电流 I_{RN} 应大于或等于 1.5～2.5 倍电动机的额定电流 I_N，即

$$I_{RN} \geq （1.5～2.5）I_N \tag{1-1}$$

对于频繁启动或启动时间较长的电动机，上式的系数应增加到 3～3.5。

3）对多台电动机的短路保护，熔体的额定电流应大于或等于其中最大容量电动机的额定电流 I_{Nmax} 的 1.5～2.5 倍加上其他电动机额定电流的总和 $\sum I_N$。即

$$I_{RN} \geq （1.5～2.5）I_{Nmax} + \sum I_N \tag{1-2}$$

在电动机的功率较大而实际负载较小时，熔体额定电流可适当小些，小到电动机启动时熔体不熔断为准。

（3）熔断器额定电压和额定电流的选择。熔断器的额定电压必须等于或大于线路的额定电压；熔断器的额定电流必须等于或大于所装熔体的额定电流。

（4）熔断器的分断能力应大于电路中可能出现的最大短路电流。

4．熔断器的安装与使用

（1）熔断器应完整无损，安装时应保证熔体的夹头以及夹头和夹座接触良好，并且有额定电压、额定电流值标志。

（2）插入式熔断器应垂直安装，螺旋式熔断器的电源线应接在瓷底座的下接线座上，负载线应接在螺纹壳的上接线座上。这样在更换熔断管时，旋出螺帽后螺纹壳上不带电，保证了操作者的安全。

（3）熔断器内要安装合格的熔体，不能用多根小规格熔体并联代替一根大规格熔体。

（4）安装熔断器时，各级熔体应相互配合，并做到下一级熔体规格比上一级熔体规格小。

（5）安装熔丝时，熔丝应在螺栓上沿顺时针方向缠绕，压在垫圈下，拧紧螺钉的力应适

当，以保证接触良好，同时注意不能损伤熔丝，以免减小熔体的截面积，产生局部发热而导致误动作。

（6）更换熔体或熔管时，必须切断电源。尤其不允许带负荷操作，以免发生电弧灼伤。

（7）对 RM10 系列熔断器，在切断过三次相当于分断能力的电流后，必须更换熔断管，以保证能可靠地切断所规定分断能力的电流。

（8）熔断器兼做隔离器件使用时应安装在控制开关的电源进线端；若仅做短路保护用，应装在控制开关的出线端。

熔断器的常见故障及处理见表 1-8。

表 1-8　熔断器的常见故障及处理方法

故障现象	可能原因	处理方法
电路接通瞬间，熔体熔断	熔体电流等级选择过小	更换熔体
	负载侧短路或接地	排除负载故障
	熔体安装时受机械损伤	更换熔体
熔体未见熔断，但电路不通	熔体或接线座接触不良	重新连接

【例 1.2】某机床电动机的型号为 Y112M－4，额定功率为 4kW，额定电压为 380V，额定电流为 8.8A；该电动机正常工作时不需频繁启动。若用熔断器为该电动机提供短路保护，试确定熔断器的型号规格。

解：（1）选择熔断器的类型。该电动机是在机床中使用，所以熔断器可选用 RL1 系列螺旋式熔断器。

（2）选择熔体额定电流。由于所保护的电动机不需经常启动，则熔体额定电流

$$I_{RN} \geq （1.5 \sim 2.5）I_N=（1.5 \sim 2.5）\times 8.8=13.2 \sim 22A$$

查表 1-5 得熔体额定电流为：$I_{RN}=20A$。

（3）选择熔断器额定电流和电压。查表 1-5，可选取 RL1－60/20 型熔断器，其额定电流为 60A，额定电压为 500V。

1.1.3.4　接触器

接触器是一种自动的电磁式开关，适用于远距离频繁地接通或断开交、直流电路及大容量控制电路。其主要控制对象是电动机，也可用于控制其他负载，如电热设备、电焊机以及电容器组等。它不仅能实现远距离自动操作和欠电压释放保护功能，而且具有控制容量大、工作可靠、操作频率高、使用寿命长等优点，因而在电力拖动系统中得到了广泛应用。

接触器按主触头通过的电流种类，分为交流接触器和直流接触器两种。

交流接触器的种类很多，目前常用的有我国自行设计生产的 CJ0、CJ10 和 CJ20 等系列以及引进国外先进技术生产的 B 系列、3TB 系列等，如图 1-12 所示是部分实物图。另外，各种新型接触器，如真空接触器、固体接触器等在电力拖动系统中逐步得到推广和应用。下面以 CJ10 系列为例介绍交流接触器。

（a）专用接触器

（b）机械联锁可逆接触器

（c）电磁式接触器

（d）直流接触器

图 1-12　部分接触器的实物图

1．接触器型号及含义

接触器型号及含义如下所示：

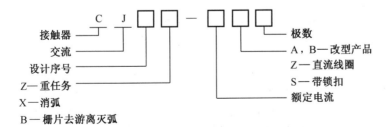

2．接触器的结构

接触器主要由电磁系统、触头系统、灭弧系统及辅助系统等组成。CJ10－20 型交流接触器的结构原理如图 1-13 所示。

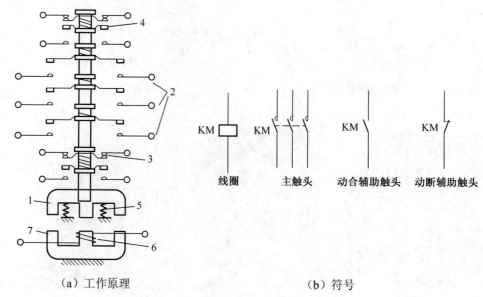

（a）工作原理　　　　　　　　　　　（b）符号

图 1-13　交流接触器的工作原理图及电气符号

1—动铁心；2—主触头；3—动断辅助触头；4—动合辅助触头；5—恢复弹簧；6—吸引线圈；7—（静）铁心

（1）电磁系统。交流接触器的电磁系统主要由线圈、铁心（静铁心）和衔铁（动铁心）三部分组成。其作用是利用电磁线圈的通电或断电，使衔铁和铁心吸合或释放，从而带动动触头与静触头闭合或分断，实现接通或断开电路的目的。

常见的磁路结构如图 1-14 所示。CJ10 系列交流接触器的衔铁运动方式有两种，对于额定电流为 40A 及以下的接触器，采用如图 1-14（a）所示的衔铁直线运动的螺管式；对于额定电流为 60A 及以上的接触器，采用如图 1-14（b）所示的衔铁绕轴转动的拍合式。

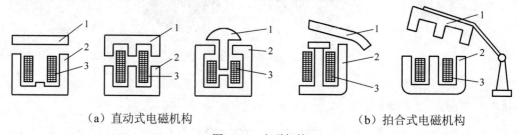

（a）直动式电磁机构　　　　　　　　　　　（b）拍合式电磁机构

图 1-14　电磁机构

1—衔铁；2—静铁心；3—励磁线圈

为了减少工作过程中交变磁场在铁心中产生的涡流及磁滞损耗，避免铁心过热，交流接触器的铁心和衔铁一般用 E 形硅钢片叠压铆成。尽管如此，铁心仍是交流接触器发热的主要部件。为增大铁心的散热面积，又避免线圈与铁心直接接触而受热烧毁，交流接触器的线圈一般做成粗而短的圆筒形，并且绕在绝缘骨架上，使铁心与线圈之间有一定间隙。另外，E 形铁心的中柱端面需留有 0.1～0.2mm 的气隙，以减小剩磁影响，避免线圈断电后衔铁粘住不能释放。

交流接触器在运行过程中，线圈中通入的交流电在铁心中产生交变的磁通，因而铁心与衔铁间的吸力也是变化的。这会使衔铁产生振动，发出噪声。为消除这一现象，在交流接触器铁心和衔铁的两个不同端部各开一个槽，槽内嵌装一个用铜、康铜或镍铬合金材料制成的短路环，又称减振环或分磁环，如图 1-15（a）所示。铁心装短路环后，当线圈通以交流电时，线圈电流 I_1 产生磁通 Φ_1，Φ_1 的一部分穿过短路环，在环中产生感生电流 I_2，I_2 又会产生一个磁通 Φ_2，由电磁感应定律知，Φ_1 和 Φ_2 的相位不同，即 Φ_1 和 Φ_2 不同时为零，则由 Φ_1 和 Φ_2 产生的电磁吸力 F_1 和 F_2 不同时为零，如图 1-15（b）所示。这就保证了铁心与衔铁在任何时刻都有吸力，衔铁将始终被吸住，振动和噪声会显著减小。

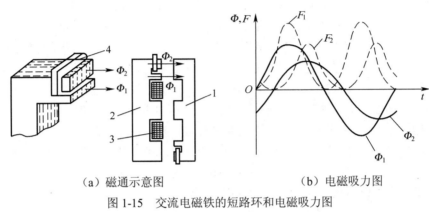

（a）磁通示意图　　　　　　　　（b）电磁吸力图

图 1-15　交流电磁铁的短路环和电磁吸力图

1—衔铁；2—铁心；3—线圈；4—短路环

（2）触头系统。交流接触器的触头按接触情况可分为点接触式、线接触式和面接触式三种，分别如图 1-16（a）（b）和（c）所示；按触头的结构形式划分，有桥式触头和指形触头两种，如图 1-17 所示。

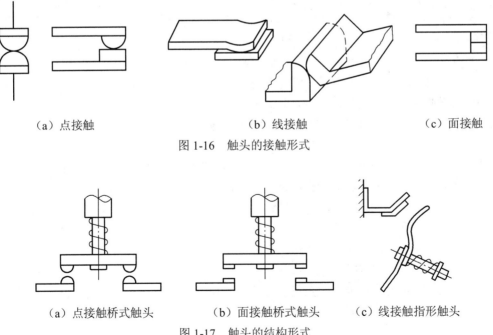

（a）点接触　　　　　　　　（b）线接触　　　　　　　　（c）面接触

图 1-16　触头的接触形式

（a）点接触桥式触头　　　　（b）面接触桥式触头　　　　（c）线接触指形触头

图 1-17　触头的结构形式

CJ10 系列交流接触器的触头一般采用双断点桥式触头。其动触头桥用紫铜片冲压而成。由于铜的表面易氧化并形成一层导电性能很差的氧化铜,而银的接触电阻小且其黑色氧化物对接触电阻的影响不大,所以在触头桥的两端镶有银基合金制成的触头块。静触头一般用黄铜板冲压而成,一端镶焊触头块,另一端为接线座。在触头上装有压力弹簧以减小接触电阻并消除开始接触时产生的有害振动。

按通断能力划分,交流接触器的触头分为主触头和辅助触头。主触头用以通断电流较大的主电路,一般由三对接触面较大的常开触头组成。辅助触头用以通断电流较小的控制电路,一般由两对常开和两对常闭触头组成。所谓触头的常开和常闭,是指电磁系统未通电动作时触头的状态。常开触头和常闭触头是联动的。当线圈通电时,常闭触头先断开,常开触头随后闭合。而线圈断电时,常开触头首先恢复断开,随后常闭触头恢复闭合。两种触头在改变工作状态时,先后有个时间差,尽管这个时间差很短,但对分析线路的控制原理却很重要。

（3）灭弧装置。交流接触器在断开大电流或高电压电路时,在动、静触头之间会产生很强的电弧。电弧是触头间气体在强电场作用下产生的放电现象。电弧的产生,一方面会灼伤触头,减少触头的使用寿命;另一方面会使电路切断时间延长,甚至造成弧光短路或引起火灾事故,因此我们希望触头间的电弧能尽快熄灭。实验证明,触头开合过程中的电压越高、电流越大、弧区温度越高,电弧就越强。低压电器中通常采用拉长电弧、冷却电弧或将电弧分成多段等措施,促使电弧尽快熄灭。在交流接触器中常用的灭弧方法有以下几种:

1）双断口电动力灭弧。双断口结构的电动力灭弧装置如图 1-18 所示。这种灭弧方法将整个电弧分割成两段,同时利用触头加回路本身的电动力 F 把电弧向两侧拉长,使电弧热量在拉长的过程中散发、冷却而熄灭。容量较小的交流接触器,如 CJ10−10 型等,多采用这种方法灭弧。

2）纵缝灭弧。纵缝灭弧装置如图 1-19 所示。由耐弧陶土、石棉水泥等材料制成的灭弧罩内每相有一个或多个纵缝,缝的下部较宽以便放置触头;缝的上部较窄,以便压缩电弧,使电弧与灭弧室壁有很好的接触。当触头分断时,电弧被外

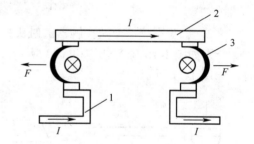

图 1-18 双断口电动力吹弧
1—静触头；2—动触头；3—电弧

磁场或电动力吹入缝内,其热量传递给室壁,电弧被迅速冷却熄灭。CJ10 系列交流接触器额定电流在 20A 及以上的,均采用这种方法灭弧。

3）栅片灭弧。栅片灭弧装置的结构及工作原理如图 1-20 所示。金属栅片由镀铜或镀锌铁片制成,形状一般为人字形,栅片插在灭弧罩内,各片之间相互绝缘。当动触头与静触头分断时,在触头间产生电弧,电弧电流在其周围产生磁场。由于金属栅片的磁阻远小于空气的磁阻,因此电弧上部的磁通容易通过金属栅片而形成闭合磁路,这就造成了电弧周围空气中的磁场上疏下密。这一磁场对电弧产生向上的作用力,将电弧拉到栅片间隙中,栅片将电弧分割成若干个串联的短电弧。每个栅片成为短电弧的电极,将总电弧压降分成几段,栅片间的电弧电压都低于燃弧电压,同时栅片将电弧的热量吸收散发,使电弧迅速冷却,促使电弧尽快熄灭。容量较大的交流接触器多采用这种方法灭弧,如 CJ0−40 型交流接触器。

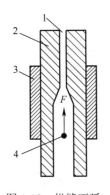

图 1-19　纵缝灭弧

1—纵缝；2—介质；3—磁性夹板；4—电弧

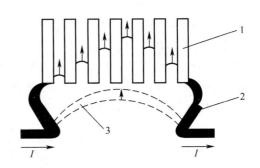

图 1-20　栅片灭弧示意图

1—灭弧栅片；2—触头；3—电弧

（4）辅助部件。交流接触器的辅助部件有反作用弹簧、缓冲弹簧、触头压力弹簧、传动机构及底座、接线柱等。

反作用弹簧安装在动铁心和线圈之间，其作用是线圈断电后，推动衔铁释放，使各触头恢复原状态。缓冲弹簧安装在静铁心与线圈之间，其作用是缓冲衔铁在吸合时对静铁心和外壳的冲击力，保护外壳。触头压力弹簧安装在动触头上面，其作用是增加动、静触头之间的压力，从而增大接触面积，以减小接触电阻，防止触头过热灼伤。传动机构的作用是在衔铁或反作用弹簧的作用下，带动动触头实现与静触头的接通或分断。

3．交流接触器的工作原理

交流接触器的工作原理如图 1-13（a）所示。当接触器的线圈通电后，线圈中流过的电流产生磁场，使铁心产生足够大的吸力，克服反作用弹簧的反作用力，将衔铁吸合，通过传动机构带动三对主触头和辅助常开触头闭合，辅助常闭触头断开。当接触器线圈断电或电压显著下降时，由于电磁吸力消失或过小，衔铁在反作用弹簧力的作用下复位，带动各触头恢复到原始状态。

交流接触器在电路图中的符号如图 1-13（b）所示。

4．交流接触器的选用

电力拖动系统中，交流接触器可按下列方法选用：

（1）选择接触器主触头的额定电压。接触器主触头的额定电压应大于或等于控制线路的额定电压。

（2）选择接触器主触头的额定电流。接触器控制电阻性负载时，主触头的额定电流应等于负载的额定电流。控制电动机时，主触头的额定电流应大于或稍大于电动机的额定电流。或按下列经验公式计算（仅适用于 CJ0、CJ10 系列）：

$$I_\mathrm{C} = \frac{P_\mathrm{N} \times 10^3}{K U_\mathrm{N}} \tag{1-3}$$

式中　K——经验系数，一般取 1～1.4；

　　　P_N——被控制电动机的额定功率，kW；

　　　U_N——被控制电动机的额定电压，V；

　　　I_C——接触器主触头电流，A。

接触器若使用在频繁启动、制动及正反转的场合，应将接触器主触头的额定电流降低一个等级使用。

（3）选择接触器吸引线圈的电压。当控制线路简单，使用电器较少时，为节省变压器可直接选用 380V 或 220V 的电压。当线路复杂，使用电器超过 5 个时，从人身和设备安全角度考虑，吸引线圈电压要选低一些，可用 36V 或 110V 电压的线圈。

（4）选择接触器的触头数量及类型。接触器的触头数量、类型应满足控制线路的要求。

常用交流接触器的技术数据见表 1-9。

表 1-9　交流接触器的技术数据

型号	主触头			辅助触头			线圈		可控制三相异步电动机的最大功率/kW		额定操作频率/（次/h）
	对数	额定电流/A	额定电压/V	对数	额定电流/A	额定电压/V	电压/V	功率/（V·A）	220V	380V	
C10—10	3	10	380	均为两常开、两常闭	5	380	可为36、110、(127)、220、380	14	2.5	4	≤1200
C10—20	3	20						33	5.5	10	
C10—40	3	40						33	11	20	
C10—75	3	75						55	22	40	
C10—10	3	10						11	2.2	4	≤600
C10—20	3	20						22	5.05	10	
C10—40	3	40						32	11	20	
C10—60	3	60						70	17	30	

5．交流接触器的安装与使用

（1）安装前的检查。

1）检查接触器铭牌与线圈的技术数据（如额定电压、电流、操作频率等）是否符合实际使用要求。

2）检查接触器外观，应无机械损伤；用手推动接触器可动部分时，接触器应动作灵活，无卡阻现象；灭弧罩应完整无损，固定牢固。

3）将铁心极面上的防锈油脂或粘在极面上的铁垢用煤油擦净，以免多次使用后衔铁被粘住，造成断电后不能释放。

4）测量接触器的线圈电阻和绝缘电阻。

（2）交流接触器的安装。

1）交流接触器一般应安装在垂直面上，倾斜度不得超过 5°；若有散热孔，应将有孔的一面放在垂直方向上，以利散热，并按规定留有适当的飞弧空间，以免飞弧烧坏相邻电器。

2）安装和接线时，注意不要将零件失落或掉入接触器内部。安装孔的螺钉应装有弹簧垫圈和平垫圈，并拧紧螺钉以防振动松脱。

3）安装完毕，检查接线正确无误后，在主触头不带电的情况下操作几次，然后测量产品的动作值和释放值，所测数值应符合产品的规定要求。

（3）日常维护。

1）应对接触器作定期检查，观察螺钉有无松动，可动部分是否灵活等。

2）接触器的触头应定期清扫，保持清洁，但不允许涂油。当触头表面因电灼作用形成金属小颗粒时，应及时清除。

3）拆装时注意不要损坏灭弧罩。带灭弧罩的交流接触器绝不允许不带灭弧罩或带破损的灭弧罩运行，以免发生电弧短路故障。

6. 交流接触器的常见故障及处理方法

表 1-10 列出了接触器使用时的常见故障、原因及处理方法。

表 1-10 接触器使用时的常见故障、原因及处理方法

故障现象	可能原因	处理方法
接触器不吸合或吸不牢	电源电压过低	调高电源电压
	线圈短路	调换线圈
	线圈技术参数与使用条件不符	调换线圈
	铁心机械卡阻	排除卡阻物
线圈断电，接触器不释放或释放缓慢	触头熔焊	排除熔焊故障
	铁心表面有油垢	清理铁心极面油垢
	触头弹簧压力过小或反作用弹簧损坏	调整触头弹簧压力或更换反作用弹簧
	机械卡阻	排除卡阻物
触头熔焊	操作频率过高或过负载作用	调换合适的接触器或减小负载
	负载侧短路	排除短路故障，更换触头
	触头弹簧压力过小	调整触头弹簧压力
	触头表面有电弧灼伤	清理触头表面
	机械卡阻	排除卡阻物
铁心噪声过大	电源电压过低	检查线路并提高电源电压
	短路环断裂	调换铁心或短路环
	铁心机械卡阻	排除卡阻物
	铁心极面有油垢或磨损不平	用汽油清洗极面或调换铁心
	触头弹簧压力过大	调整触头弹簧压力
线圈过热或烧毁	线圈匝间短路	更换线圈并找出故障原因
	操作频率过高	调换合适的接触器
	线圈参数与实际使用不符	调换线圈或接触器
	铁心机械卡阻	排除卡阻物

1.1.3.5 按钮

按钮是一种具有用人体某一部分（一般为手指或手掌）所施加力而操作的操动器，并具有储能（弹簧）复位的一种控制开关，属于主令电器的一种。按钮的触头允许通过的电流较小，一般不超过 5A，因此一般情况下它不直接控制主电路的通断，而是在控制电路中发出指令或信号去控制接触器、继电器等电器，再由它们去控制主电路的通断、功能转换或电气联锁。

1. 按钮的型号及含义

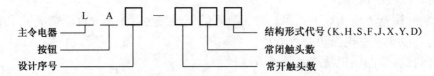

其中结构形式代号的含义为：

K—开启式，适用于嵌装在操作面板上；

H—保护式，带保护外壳，可防止内部零件受机械损伤或人偶然触及带电部分；

S—防水式，具有密封外壳，可防止雨水浸入；

F—防腐式，能防止腐蚀性气体进入；

J—紧急式，带有红色大蘑菇钮头（突出在外），作紧急切断电源用；

X—旋钮式，用旋钮旋转进行操作，有通和断两个位置；

Y—钥匙操作式，用钥匙插入进行操作，可防止误操作或供专人操作；

D—光标按钮，按钮内装有信号灯，兼作信号指示。

2. 按钮的外形及结构

部分常见按钮的外形及实物如图 1-21 所示。

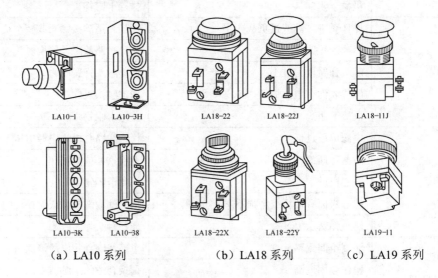

（a）LA10 系列　　　　　（b）LA18 系列　　　　　（c）LA19 系列

图 1-21　部分按钮的外形及实物图

按钮一般由按钮帽、复位弹簧、桥式动触头、静触头、支柱连杆及外壳等部分组成，如图 1-22 所示。

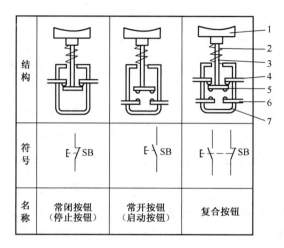

图 1-22　按钮的结构与符号

1—按钮帽；2—复位弹簧；3—支柱连杆；4—常闭静触头；5—桥式动触头；6—常开静触头；7—外壳

按钮按静态（不受外力作用）时触头的分合状态，可分为常开按钮（启动按钮）、常闭按钮（停止按钮）和复合按钮（常开、常闭组合为一体的按钮）。

常开按钮：未按下时，触头是断开的；按下时触头闭合；当松开后，按钮自动复位。

常闭按钮：与常开按钮相反，未按下时，触头是闭合的；按下时触头断开；当松开后，按钮自动复位。

复合按钮：将常开和常闭按钮组合为一体。按下复合按钮时，其常闭触头先断开，然后常开触头再闭合；而松开时，常开触头先断开，然后常闭触头再闭合。

按钮的符号如图 1-22 所示。不同类型和用途的按钮在电路图中的符号不完全相同。

目前在生产机械中常用的按钮有 LA18、LA19 和 LA20 等系列。其中，LA18 系列采用积木式拼接装配基座，触头数目可按需要拼装，一般装成两常开、两常闭，也可装成四常开、四常闭或六常开、六常闭。结构形式有揿钮式、旋钮式、紧急式和钥匙式。LA19 系列的结构和 LA18 相似，但只有一对常开和一对常闭触头。该系列中有在按钮内装有信号灯的光标按钮，其按钮帽用透明塑料制成，兼做信号灯罩。LA20 系列与 LA18、LA19 系列相似，也是组合式的，它除了有光标式外，还有由两个或三个元件组合为一体的开启式和保护式产品。它具有一常开、一常闭，两常开、两常闭和三常开、三常闭三种。

为了便于操作人员识别，避免发生误操作，生产中用不同的颜色和符号标志来区分按钮的功能及作用。按钮颜色的含义见表 1-11。

表 1-11　按钮颜色的含义

颜色	含义	说明	应用示例
红	紧急	危险或紧急情况时操作	急停
黄	异常	异常情况时操作	干预、制止异常情况 干预、重新启动中断了的自动循环

续表

颜色	含义	说明	应用示例
绿	安全	安全情况或为正常情况准备时操作	启动/接通
蓝	强制性的	要求强制动作情况下的操作	复位功能
白	未赋予特定含义	除急停以外的一般功能的启动（见注）	启动/接通（优先） 停止/断开
灰			启动/接通 停止/断开
黑			启动/接通 停止/断开（优先）

注：如果用代码的辅助手段（如标记、形状、位置）来识别按钮操作件，则白、灰或黑同一颜色可用于标注各种不同功能（如白色用于标注启动/接通和停止/断开）。

光标按钮的颜色应符合表 1-11 及指示灯颜色含义的要求，当难以选定适当的颜色时，应使用白色。急停操作件的红色不应依赖于其灯光的照度。

3. 按钮的选择

（1）根据使用场合和具体用途选择按钮的种类。例如，嵌装在操作面板上的按钮可选用开启式；需显示工作状态的选用光标式；在非常重要处，为防止无关人员误操作宜用钥匙操作式；在有腐蚀性气体处要用防腐式。

（2）根据工作状态指示和工作情况要求，选择按钮或指示灯的颜色。例如，启动按钮可选用白、灰或黑色，优先选用白色，也允许选用绿色。急停按钮应选红色。停止按钮可选用黑、灰或白色，优先用黑色，也允许选用红色。

（3）根据控制回路的需要选择按钮的数量。如单联钮、双联钮和三联钮等。

4. 按钮的安装与使用

（1）按钮安装在面板上时，应布置整齐，排列合理，如根据电动机启动的先后顺序，从上到下或从左到右排列。

（2）同一机床运动部件有几种不同的工作状态时（如上、下、前、后、松、紧等），应使每一对相反状态的按钮安装在一组。

（3）按钮的安装应牢固，安装按钮的金属板或金属按钮盒必须可靠接地。

（4）由于按钮的触头间距较小，如有油污等极易发生短路故障，所以应注意保持触头间的清洁。

（5）光标按钮一般不宜用于需长期通电显示处，以免塑料外壳过度受热而变形，使更换灯泡困难。

5. 按钮的常见故障及处理方法

按钮的常见故障及处理方法见表 1-12。

1.1.3.6   三相异步电动机单向运行的点动控制

三相异步电动机单向运行的点动正转控制线路是用按钮、接触器来控制电动机运转的最简单的正转控制线路，如图 1-23 所示。

表 1-12　按钮的常见故障及处理方法

故障现象	可能的原因	处理方法
触头接触不良	触头烧损	修整触头或更换产品
	触头表面有尘垢	清洁触头表面
	触头弹簧失效	重绕弹簧或更换产品
触头间短路	塑料受热变形，导致接线螺钉相碰短路	更换产品，并查明发热原因，如灯泡发热所致，可降低电压
	杂物或油污在触头间形成通路	清洁按钮内部

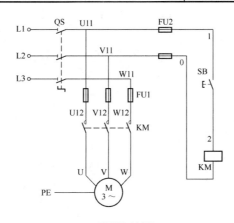

Y112M-4.4 kW
△接法，380V，8.8A，1440r/min

（a）电气原理图

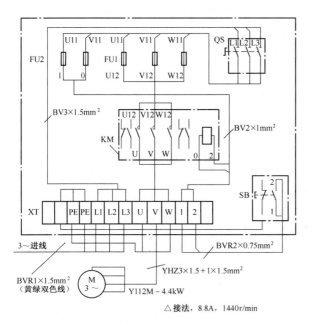

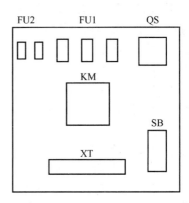

（b）电气安装接线图　　　　　　　　（c）电器元件布置图

图 1-23　三相异步电动机单向运行点动正转控制线路

　　如图 1-23（a）为三相异步电动机单向运行的点动正转控制线路电气原理图，其绘制原则将在下一任务中详述。按照电气原理图的绘制原则，三相交流电源线 L1、L2、L3 依次水平地画在图的上方，电源开关 QS 水平画出；由熔断器 FU1、接触器 KM 的三对主触头和电动机 M 组成的主电路，垂直电源线画在图的左侧；由启动按钮 SB、接触器 KM 的线圈组成的控制电路跨接在 L1 和 L2 两条电源线之间，垂直画在主电路的右侧，且耗能元件 KM 的线圈与下边电源线 L2 相连画在电路的下方，启动按钮 SB 则画在 KM 线圈与上边电源线 L1 之间。图中接触器 KM 采用分开表示法，其三对主触头画在主电路中，而线圈画在控制电路中，为表示它们是同一电器，在它们的图形符号旁边标注相同的文字符号 KM。线路按规定在各接点进行编号。图中没有专门的指示电路和照明电路。图 1-23（b）和（c）分别为三相异步电动机单向运行的点动正转控制线路的安装接线图和电器元件布置图，图 1-24 为三相异步电动机单向运行的点动正转控制线路的实物安装接线图片和电器元件布置图片（考虑到是第一次进行安装，实际安装接线时省掉了熔断器，以便让每一个学生都能看到自己的安装效果，激发学生继续完成后面任务的热情）。

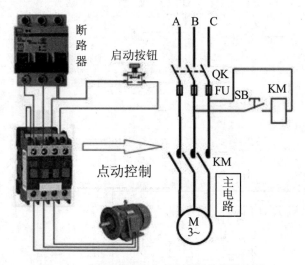

图 1-24　单向运行点动正转控制安装接线图

　　所谓点动控制是指按下按钮，电动机就得电运转；松开按钮，电动机就失电停转。这种控制方法常用于电动葫芦的起重电动机控制和车床拖板箱快速移动的电动机控制。

　　点动控制线路中，组合开关 QS 作电源隔离开关；熔断器 FU1、FU2 分别作主电路、控制电路的短路保护；启动按钮 SB 控制接触器 KM 的线圈得电、失电；接触器 KM 的主触头控制电动机 M 的启动与停止。

　　线路的工作原理如下：当电动机 M 需要点动时，先合上组合开关 QS，此时电动机 M 尚未接通电源。按下启动按钮 SB，接触器 KM 的线圈得电，使衔铁吸合，同时带动接触器 KM 的三对主触头闭合，电动机 M 便接通电源启动运转。当电动机需要停转时，只要松开启动按钮 SB，使接触器 KM 的线圈失电，衔铁在复位弹簧作用下复位，带动接触器 KM 的三对主触头恢复分断，电动机 M 失电停转。

　　在分析各种控制线路的原理时，为了简单明了，常用电器文字符号和箭头配有少量文字说明来表达线路的工作原理。如单向运行的点动控制线路的工作原理可叙述如下：

先合上电源开关 QS。

启动：按下 SB→KM 线圈得电→KM 主触头闭合→电动机 M 启动运转。

停止：松开 SB→KM 线圈失电→KM 主触头分断→电动机 M 失电停转。

停止使用时，断开电源开关 QS。

1.1.4　任务实施

三相异步电动机点动控制电路的安装

1. 目的要求

（1）熟悉已学低压电器的结构、工作原理。

（2）理解点动单向控制原理，掌握点动单向控制线路的安装。

2. 工具、仪表及器材

（1）工具：测电笔、螺钉旋具、尖嘴钳、斜口钳、剥线钳、电工刀等。

（2）仪表：兆欧表、钳形电流表、万用表。

（3）器材。

1）控制板一块（500mm×400mm×20mm）。

2）导线规格：主电路采用 BV1.5mm² 和 BVR1.5mm²（黑色）；控制电路采用 BV1mm²（红色）；按钮线采用 BVR0.75mm²（红色）；接地线采用 BVR1.5mm²（黄绿双色）。导线数量由教师根据实际情况确定。

国家标准 GB/T5226.1－1996《工业机械电气设备　第一部分：通用技术条件》规定：虽然 1 类导线主要用于固定的、不移动的部件之间，但它们也可用于出现极小弯曲的场合，条件是截面积小于 0.5mm²。易遭受频繁运动（如机械工作每小时运动一次）的所有导线，均应采用 5 类或 6 类绞合软线。

对导线的颜色在初级阶段训练时，除接地线外，可不必强求，但应使主电路与控制电路有明显区别。

3）紧固体和编码套管按实际需要发给，简单线路可不用编码套管。

4）电器元件见表 1-13。

表 1-13　元件明细表

代号	名称	型号	规格	数量
M	三相异步电动机	Y112M－4	4kW、380V、△接法、8.8A、1440r/min	1
QS	断路器	DZ47	50Hz/60Hz、230V/400V、63A	1
FU1	螺旋式熔断器	RL1－60/25	500V、60A、配熔体额定电流25A	3
FU2	螺旋式熔断器	RL1－15/2	500V、15A、配熔体额定电流2A	2
KM	交流接触器	CJ10－20	20A、线圈电压380V	1
SB	按钮	LA10－3H	保护式、按钮数3（代用）	1
XT	端子板	JX2－1015	10A、15节、380V	1
	走线槽		18mm×25mm	若干
	控制板		500mm×400mm×20mm	1

3．安装步骤和工艺要求

（1）识读点动正转控制线路（见图1-23），明确线路所用电器元件及作用，熟悉线路的工作原理。

（2）按表 1-13 配齐所用电器元件，并进行检验。

1）电器元件的技术数据（如型号、规格、额定电压、额定电流等）应完整并符合要求，外观无损伤，备件、附件齐全完好。

2）电器元件的电磁机构动作是否灵活，有无衔铁卡阻等不正常现象。用万用表检查电磁线圈的通断情况以及各触头的分合情况。

3）接触器线圈额定电压和电源电压是否一致。

4）对电动机的质量进行常规检查。

（3）在控制板上按布置图 1-23（c）安装电器元件，并贴上醒目的文字符号。工艺要求如下：

1）断路器、熔断器的受电端子应安装在控制板的外侧，并使熔断器的受电端为底座的中心端。

2）各元件的安装位置应整齐、匀称，间距合理，便于元件的更换。

3）紧固各元件时要用力均匀，紧固程度适当。在紧固熔断器、接触器等易碎裂元件时，应用手按住元件，一边轻轻摇动，一边用旋具轮换旋紧对角线上的螺钉，直到手摇不动后再适当旋紧些即可。

（4）按接线图图 1-23（c）的走线方法进行板前明线布线和套编码套管。可以参考图 1-24 安装接线。

板前明线布线的工艺要求是：

1）布线通道尽可能少，同路并行导线按主、控电路分类集中，单层密排，紧贴安装面布线。

2）同一平面的导线应高低一致或前后一致，不能交叉。非交叉不可时，该根导线应在接线端子引出时，水平架空跨越，但必须走线合理。

3）布线应横平竖直，分布均匀。变换走向时应垂直。

4）布线时严禁损坏线芯和导线绝缘。

5）布线顺序一般以接触器为中心，由里向外，由低至高，先控制电路，后主电路进行，以不妨碍后续布线为原则。

6）在每根剥去绝缘层导线的两端套上编码套管。所有从一个接线端子（或接线桩）到另一个接线端子（或接线桩）的导线必须连续，中间无接头。

7）导线与接线端子或接线桩连接时，不得压绝缘层、不反圈及不露铜过长。

8）同一元件、同一回路的不同接点的导线间距离应保持一致。

9）一个电器元件接线端子上的连接导线不得多于两根，每节接线端子板上的连接导线一般只允许连接一根。

（5）根据电路图（见图 1-23）检查控制板布线的正确性。

（6）安装电动机。

（7）连接电动机和按钮金属外壳的保护接地线。

（8）连接电源、电动机等控制板外部的导线。

（9）自检。安装完毕的控制线路板，必须经过认真检查以后，才允许通电试车，以防止错接、漏接造成不能正常运转或短路事故。

1）按电路图或接线图从电源端开始，逐段核对接线及接线端子处线号是否正确，有无漏接、错接之处。检查导线接点是否符合要求，压接是否牢固。接触要良好，以免带负载运行时产生闪弧现象。

2）用万用表检查线路的通断情况。检查时，应选用低倍率适当的电阻挡，并进行校零，以防短路故障的发生。对控制电路的检查（可断开主电路），可将表棒分别搭在 U11、V11 线端上，读数应为"∞"。按下 SB 时，读数应为接触器线圈的直流电阻值。然后断开控制电路再检查主电路有无开路或短路现象，此时可用手动来代替接触器通电进行检查。

3）用兆欧表检查线路的绝缘电阻应不得小于 1MΩ。

（10）交验。

（11）通电试车。为保证人身安全，在通电试车时，要认真执行安全操作规程的有关规定，一人监护，一人操作。试车前应检查与通电试车有关的电气设备是否有不安全的因素存在，若查出应立即整改，然后方能试车。

1）通电试车前，必须征得指导教师同意，并由教师接通三相电源 L1、L2、L3，同时在现场监护。学生合上电源开关 QS 后，用测电笔检查熔断器出线端，若氖管亮，说明电源接通。按下 SB，观察接触器情况是否正常，是否符合线路功能要求；观察电器元件动作是否灵活，有无卡阻及噪声过大等现象；观察电动机运行是否正常等。但不得对线路接线是否正确进行带电检查。观察过程中，若有异常现象应马上停车。当电动机运转平稳后，用钳形电流表测量三相电流是否平衡。

2）试车成功率以通电后第一次按下按钮时计算。

3）出现故障后，学生应独立进行检修。若需要带电进行检查时，指导教师必须在现场监护。检修完毕后，如果需要再次试车，也应该有指导教师监护，并做好时间记录。

4）通电试车完毕，停转，切断电源。先拆除三相电源线，再拆除电动机线。

4．注意事项

（1）电动机及按钮的金属外壳必须可靠接地。接至电动机的导线必须穿在导线通道内加以保护，或采用坚韧的四芯橡皮线或塑料护套线，进行临时通电校验。

（2）电源进线应接在螺旋式熔断器的下接线座上，出线端则应接在上接线座上。

（3）按钮内接线时，用力不可过猛，以防螺钉打滑。

（4）训练应在规定定额时间内完成。训练结束后，安装的控制板留用。

5．安装评价

安装评价按照表 1-14 进行。

表 1-14 安装接线评分

项目内容	配分	评分标准	扣分	得分
安装接线	40 分	（1）按照元器件明细表配齐元器件并检查质量，因元器件质量问题影响通电，一次扣 10 分； （2）不按电路图接线，每处扣 10 分； （3）接点不符合要求，每处扣 5 分； （4）损坏元器件，每个扣 2 分； （5）损坏设备，此项分全扣		

续表

项目内容	配分	评分标准	扣分	得分
通电试车	40 分	通电一次不成功，扣 10 分； 通电二次不成功，扣 20 分； 通电三次不成功，扣 40 分		
安全文明操作	10 分	视具体情况扣分		
操作时间	10 分	规定时间为 60 分钟，每超过 5 分钟扣 5 分		
说明	除定额时间外，各项目的最高扣分不应该超过配分数			
开始时间		结束时间	实际时间	

1.1.5　任务考核

任务考核按照表 1-15 进行。

表 1-15　任务考核评价

评价项目	评价内容	自评	互评	师评
学习态度（10分）	能否认真听讲，答题是否全面			
安全意识（10分）	是否按照安全规范操作并服从教学安排			
完成任务情况 （40分）	元器件布局合适与否			
	电器元件安装符合要求与否			
	电路接线正确与否			
	试车操作过程正确与否			
完成任务情况 （30分）	调试过程中出现故障检修正确与否			
	仪表使用正确与否			
	通电试验后各结束工作完成如何			
协作能力（10分）	与同组成员交流讨论解决了一些问题			
总评	好（85～100分），较好（70～85分），一般（少于70分）			

任务 1.2　三相异步电动机的单向运行具有过载保护的接触器自锁控制电路安装

1.2.1　任务目标

（1）认识热继电器。
（2）熟悉低压开关、熔断器、接触器及按钮的结构、工作原理及使用方法。
（3）熟悉三相异步电动机单向运行具有过载保护的接触器自锁控制电路的构成和工作原理。

（4）熟悉实训室电气实训设备的使用方法及注意事项。

（5）熟悉实施三相异步电动机单向运行具有过载保护的接触器自锁控制电路的电气安装基本步骤及安全操作规范。

1.2.2　任务内容

（1）学习三相异步电动机单向运行具有过载保护的接触器自锁控制电路的相关知识。

（2）了解三相异步电动机单向运行具有过载保护的接触器自锁控制电路的电气原理图。

（3）设计三相异步电动机单向运行具有过载保护的接触器自锁控制电路的电器布置图。

（4）绘制三相异步电动机单向运行具有过载保护的接触器自锁控制电路的电气安装接线图。

（5）按照电气控制原理图、布置图和接线图，完成三相异步电动机点动控制电路的安装。

（6）学习电气基本控制线路图的绘制及安装原则。

1.2.3　相关知识

1.2.3.1　热继电器

热继电器是利用流过继电器的电流所产生的热效应而反时限动作的继电器。所谓反时限动作，是指电器的延时动作时间随通过电路电流的增加而缩短。热继电器主要用于电动机的过载保护、断相保护、电流不平衡运行的保护及其他电气设备发热状态的控制。

热继电器的形式有多种，其中双金属片式的应用最多。按极数划分，热继电器可分为单极、两极和三极三种，其中三极的又包括带断相保护装置的和不带断相保护装置的；按复位方式分，有自动复位式（触头动作后能自动返回原来位置）和手动复位式。图 1-25 为部分热继电器的外形图。

图 1-25　部分热继电器的外形图

1. 热继电器的型号及含义

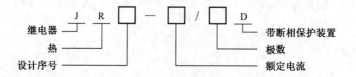

2. 热继电器的结构及工作原理

目前我国在生产中常用的热继电器有国产的 JR16、JR20 等系列以及引进的 T 系列、3UA 等系列产品，均为双金属片式。下面以 JR16 系列为例，介绍热继电器的结构及工作原理。

（1）结构。JR16 系列热继电器的外形和结构如图 1-26 所示。它主要由热元件、动作机构、触头系统、电流整定装置、复位机构和温度补偿元件等部件组成。

1）热元件。热元件是热继电器的主要组成部分，由主双金属片和绕在外面的电阻丝组成。主双金属片是由两种热膨胀系数不同的金属片复合而成，金属片的材料多为铁镍铬合金和铁镍合金。电阻丝一般用康铜或镍铬合金等材料制成。

2）动作机构和触头系统。动作机构利用杠杆传递及弓簧式瞬跳机构保证触头动作的迅速、可靠。触头为单断点弓簧跳跃式动作，一般为一个常开触头、一个常闭触头。

3）电流整定装置。通过旋钮和电流调节凸轮调节推杆间隙，改变推杆移动距离，从而调节整定电流值。

4）温度补偿元件。温度补偿元件也为双金属片，其受热弯曲的方向与主双金属片一致，它能保证热继电器的动作特性在-30～+40℃的环境温度范围内基本上不受周围介质温度的影响。

5）复位机构。复位机构有手动和自动两种形式，可根据使用要求通过复位调节螺钉来自由调整选择。一般自动复位的时间不大于 5min，手动复位时间不大于 2min。

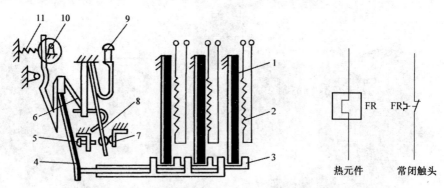

图 1-26　双金属片式热继电器结构原理图及符号

1—主双金属片；2—电阻丝；3—导板；4—补偿双金属片；5—螺钉；
6—推杆；7—静触头；8—动触头；9—复位按钮；10—调节凸轮；11—弹簧

（2）工作原理。使用时，将热继电器的三相热元件分别串接在电动机的三相主电路中，常闭触头接在控制电路的接触器线圈回路中。当电动机过载时，流过电阻丝的电流超过热继电器的整定电流，电阻丝发热，主双金属片向左弯曲，推动导板 3 向左移动，通过温度补偿双金属片 4 推动推杆 6 绕轴转动,从而推动触头系统动作,动触头 8 与常闭静触头 7 分开,使接触器线圈断电,接触器触头断开,将电源切除起保护作用。电源切除后,主双金属片逐渐冷却恢复原位,于是动触头在失去作用力的情况下,靠动触头弓簧的弹性自动复位。

这种热继电器也可采用手动复位,以防止故障排除前设备带故障再次投入运行。将复位调节螺钉 5 向外调节到一定位置,使动触头弓簧的转动超过一定角度失去反弹性,此时即使主双金属片冷却复原,动触头也不能自动复位,必须采用手动复位。按下复位按钮 9,动触头弓簧恢复到具有弹性的角度,推动动触头与静触头恢复闭合。

当环境温度变化时,主双金属片会发生零点漂移,即热元件未通过电流时主双金属片即产生变形,使热继电器的动作性能受环境温度影响,导致热继电器的动作产生误差。为补偿这种影响,设置了温度补偿双金属片,其材料与主双金属片相同。当环境温度变化时,温度补偿双金属片与主双金属片产生同一方向上的附加变形,从而使热继电器的动作特性在一定温度范围内基本不受环境温度的影响。

热继电器整定电流的大小可通过旋转电流整定旋钮来调节,旋钮上刻有整定电流值标尺。所谓热继电器的整定电流,是指热继电器连续工作而不动作的最大电流,超过整定电流,热继电器将在负载未达到其允许的过载极限之前动作。

3. 带断相保护装置的热继电器

JR16 系列热继电器有带断相保护装置和不带断相保护装置两种类型。三相异步电动机的电源或绕组断相是导致电动机过热烧毁的主要原因之一,普通结构的热继电器能否对电动机进行断相保护,取决于电动机绕组的连接方式。

对定子绕组采用 Y 形连接的电动机而言,若运行中发生断相,通过另外两相的电流会增大,而流过热继电器的电流(即线电流)就是流过电动机绕组的电流(即相电流),普通结构的热继电器都可以对此做出反应。而绕组接成△形的电动机若运行中发生断相,流过热继电器的电流(线电流)与流过电动机非故障绕组的电流(相电流)的增加比例不相同,在这种情况下,电动机非故障相流过的电流可能超过其额定电流,而流过热继电器的电流却未超过热继电器的整定值,热继电器不动作,但电动机的绕组可能会因过载而烧毁。

为了对定子绕组采用△接法的电动机实行断相保护,必须采用三相结构带断相保护装置的热继电器。JR16 系列中部分热继电器带有差动式断相保护装置,其结构及工作原理如图 1-27 所示。图 1-27(a)所示为未通电时的位置;图 1-27(b)所示为三相均通有额定电流时的情况,此时三相主双金属片均匀受热,同时向左弯曲,内、外导板一起平行左移一段距离但未超过临界位置,触头不动作;图 1-27(c)所示为三相均过载时,三相主双金属片均受热向左弯曲,推动外导板并带动内导板一起左移,超过临界位置,通过动作机构使常闭触头断开,从而切断控制回路,达到保护电动机的目的;图 1-27(d)所示是电动机在运行中发生断相(如 W 相)断线故障时的情况,此时该相主双金属片逐渐冷却,向右移动,并带动内导板同时右移,这样内导板和外导板产生了差动放大作用,通过杠杆的放大作用使继电器迅速动作,切断控制电路,使电动机得到保护。

由于热继电器主双金属片受热膨胀的热惯性及动作机构传递信号的惰性原因,热继电器从电动机过载到触头动作需要一定的时间,也就是说,即使电动机严重过载甚至短路,热继电器也不会瞬时动作,因此热继电器不能作短路保护。但也正是这个热惯性和机械惰性,保证了热继电器在电动机启动或短时过载时不会动作,从而满足了电动机的运行要求。

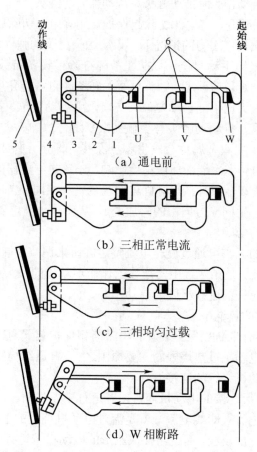

图 1-27　差动式断相保护机构及工作原理

1—上导板；2—下导板；3—杠杆；4—顶头；5—补偿双金属片；6—主双金属片

常用热继电器的主要技术规格见表 1-16。

表 1-16　常用热继电器的主要技术规格

型号	额定电压 /V	额定电流 /A	相数	热元件			断相保护	温度补偿	复位方式	动作灵活性检查装置	动作后的指示	触头数量
				最小规格 /A	最大规格 /A	挡数						
JR16 (JR0)	380	20	3	0.25～0.35	14～22	12	有	有	手动或自动	无	无	1常闭、1常开
		60		14～22	10～63	4						
		150		40～63	100～160	4						
JR15		10	2	0.25～0.35	6.8～11	10	无					
		40		6.8～11	30～45	5						
		100		32～50	60～100	3						
		150		68～110	100～150	2						

型号	额定电压/V	额定电流/A	相数	热元件 最小规格/A	热元件 最大规格/A	挡数	断相保护	温度补偿	复位方式	动作灵活性检查装置	动作后的指示	触头数量
JR20	660	6.3	3	0.1～0.15	5～7.4	14	无	有	手动或自动	有	有	1常闭、1常开
		16		3.5～5.3	14～18	6	有					
		32		8～12	28～36	6						
		63		16～24	55～71	6						
		160		33～47	144～170	9						
		250		83～125	167～250	4						
		400		130～195	267～400	4						
		630		200～300	420～630	4						

JR16（JR0）系列热继电器元件的等级见表 1-17。

表 1-17 JR16 系列热继电器热元件的等级

型号	额定电流/A	热元件等级 额定电流/A	热元件等级 刻度电流调节范围/A
JR0－20/3 JR0－20/3D JR16－20/3 JR16－20/3D	20	0.35	0.25～0.30～0.35
		0.5	0.32～0.4～0.5
		0.72	0.45～0.6～0.72
		1.1	0.68～0.9～1.1
		1.6	1.0～1.3～1.6
		2.4	1.5～2.0～2.4
		3.5	2.2～2.8～3.5
		5.0	3.2～4.0～5.0
		7.2	4.5～6.0～7.2
		11	6.8～9.0～11.0
		16	10.0～13.0～16.0
		22	14.0～18.0～22.0
JR0－40/3 JR16－40/3D	40	0.64	0.4～0.64
		1.0	0.64～1.0
		1.6	1～1.6
		2.5	1.6～2.5
		4.0	2.5～4.0
		6.4	4.0～6.4
		10	6.4～10
		16	10～16
		25	16～25
		40	25～40

【例 1.3】某机床电动机的型号为 Y132MI－6，定子绕组为△接法，额定功率 4kW，额定电流 9.4A，额定电压 380V，要对该电动机进行过载保护，试选择热继电器的型号、规格。

解: 根据电动机的额定电流值 9.4A，查表 1-17 可知，应选择额定电流为 20A 的热继电器，其整定电流可取电动机的额定电流，即 9.4A，则应选用电流等级为 11A 的热元件，其调节范围为 6.8～11A；由于电动机的定子绕组采用△连接，应选择带断相保护装置的热继电器。据此，应选用型号为 JR16－20/3D 的热继电器，热元件电流等级选用 11A。

4．热继电器的安装和使用

（1）热继电器必须按照产品说明书中规定的方式安装。安装处的环境温度应与电动机所处环境温度基本相同。当与其他电器安装在一起时，应注意将热继电器安装在其他电器的下方，以免其动作特性受到其他电器发热的影响。

（2）热继电器安装时应清除触头表面尘污，以免因接触电阻过大或电路不通而影响热继电器的动作性能。

（3）热继电器出线端的连接导线，应按表 1-18 的规定选用。这是因为导线的粗细和材料将影响到热元件端接点传导到外部热量的多少。导线过细，轴向导热性差，热继电器可能提前动作；反之，导线过粗，轴向导热快，热继电器可能滞后动作。

表 1-18　热继电器连接导线选用表

热继电器额定电流/A	连接导线截面积/mm^2	连接导线种类
10	2.5	单股铜芯塑料线
20	4	单股铜芯塑料线
60	16	多股铜芯橡皮线

（4）使用中的热继电器应定期通电校验。此外，当发生短路事故后，应检查热元件是否已发生永久变形。若已变形，则需通电校验。因热元件变形或其他原因致使动作不准确时，只能调整其可调整部件，而绝不能弯折热元件。

（5）热继电器在出厂时均调整为手动复位方式，如果需要自动复位，只要将复位螺钉顺时针方向旋 3～4 圈，并稍微拧紧即可。

（6）热继电器的使用中应定期用布擦净尘埃和污垢，若发现双金属片上有锈斑，应用清洁棉布蘸汽油轻轻擦除，切忌用砂纸打磨。

5．热继电器的常见故障及处理方法

热继电器的常见故障及处理方法见表 1-19。

表 1-19　热继电器的常见故障及处理方法

故障现象	故障原因	维修方法
热元件烧断	负载侧短路，电流过大	排除故障、更换热继电器
	操作频率过高	更换合适参数的热继电器
热继电器不动作	热继电器的额定电流值选用不合适	按保护容量合理选用
	整定值偏大	合理调整整定值
	动作触头接触不良	消除触头接触不良因素

故障现象	故障原因	维修方法
热继电器不动作	热元件烧断或脱掉	更换热继电器
	动作机构卡阻	消除卡阻因素
	导板脱出	重新放入并测试
热继电器动作不稳定、时快时慢	热继电器内部机构某些部件松动	将这些部件加以紧固
	在检修中弯折了双金属片	用两倍电流预试几次或将双金属片拆下来热处理（一般约 240℃）以去除内应力
	通电电流波动太大，或接线螺钉松动	检查电源电压或拧紧接线螺钉
热继电器动作太快	整定值偏小	合理调整整定值
	电动机启动时间过长	按启动时间要求，选择具有合适的可返回时间的热继电器或在启动过程中将热继电器短接
	连接导线太细	选用标准导线
	操作频率过高	更换合适的型号
	使用场合有强烈冲击和振动	选用带防振动冲击的或采取防振动措施
	可逆转换频繁	改用其他保护方式
	安装热继电器处与电动机处环境温差太大	按两地温差情况配置适当的热继电器
主电路不通	热元件烧断	更换热元件或热继电器
	接线螺钉松动或脱落	紧固接线螺钉
控制电路不通	触头烧坏或动触头片弹性消失	更换触头或簧片
	可调整式旋钮转到不合适的位置	调整旋钮或螺钉
	热继电器动作后未复位	按动复位按钮

1.2.3.2 绘制与识读电气控制线路图的原则

由于各种生产机械的工作性质和加工工艺不同，使得它们对电动机的控制要求不同。要使电动机按照生产机械的要求正常安全地运转，必须配备一定的电器，组成一定的控制线路，才能达到目的。在生产实践中，一台生产机械的控制线路可以比较简单，也可能相当复杂，但任何复杂的控制线路总是由一些基本控制线路有机地组合起来的。电动机常见的基本控制线路有以下几种：点动控制线路、正转控制线路、正反转控制线路、位置控制线路、顺序控制线路、多地控制线路、降压启动控制线路、调速控制线路和制动控制线路等。在项目七中，专题讲述电气图的识读、绘制及安装。为了能很好地理解和掌握电动机的基本控制电气图，这里先简要地介绍一部分。

电气控制系统图一般有三种：电气原理图、电气安装接线图和电器元件布置图。

1. 电气原理图

电气原理图是根据生产机械运动形式对电气控制系统的要求，采用国家统一规定的电气图形符号和文字符号，按照电气设备和电器的工作顺序，详细表示电路、设备或成套装置的全部基本组成和连接关系，而不考虑其实际位置的一种简图。

电气原理图能充分表达电气设备和电器的用途、作用和工作原理，是电气线路安装、调试和维修的理论依据。

绘制、识读电气原理图时应遵循以下原则：

（1）电气原理图一般分电源电路、主电路和辅助电路三部分绘制。

1）电源电路画成水平线，三相交流电源相序 L1、L2、L3 自上而下依次画出，中线 N 和保护地线 PE 依次画在相线之下。直流电源的"＋"端画在上边，"－"端在下边画出。电源开关要水平画出。

2）主电路是指受电的动力装置及控制、保护电器的支路等，它是由主熔断器、接触器的主触头、热继电器的热元件以及电动机等组成。主电路通过的电流是电动机的工作电流，电流较大。主电路图要画在电路图的左侧并垂直电源电路。

3）辅助电路一般包括控制主电路工作状态的控制电路；显示主电路工作状态的指示电路；提供机床设备局部照明的照明电路等。它是由主令电器的触头、接触器线圈及辅助触头、继电器线圈及触头、指示灯和照明灯等组成。辅助电路通过的电流都较小，一般不超过 5A。画辅助电路图时，辅助电路要跨接在两相电源线之间，一般按照控制电路、指示电路和照明电路的顺序依次垂直画在主电路图的右侧，且电路中与下边电源线相连的耗能元件（如接触器继电器的线圈、指示灯、照明灯等）要画在电路图的下方，而电器的触头要画在耗能元件与上边电源线之间。为读图方便，一般应按照自左至右、自上而下的排列来表示操作顺序。

（2）电气原理图中，各电器的触头位置都按电路未通电或电器未受外力作用时的常态位置画出。分析原理时，应从触头的常态位置出发。

（3）电气原理图中，不画各电器元件实际的外形图，而采用国家统一规定的电气图形符号画出。

（4）电气原理图中，同一电器的各元件不按它们的实际位置画在一起，而是按其在线路中所起的作用分画在不同电路中，但它们的动作是相互关联的，因此，必须标注相同的文字符号。若图中相同的电器较多时，需要在电器文字符号后面加注不同的数字，以示区别，如 KM1、KM2 等。

（5）画电气原理图时，应尽可能减少线条和避免线条交叉。对有直接电联系的交叉导线连接点，要用小黑圆点表示；无直接电联系的交叉导线则不画小黑圆点。

（6）电气原理图采用电路编号法，即对电路中的各个接点用字母或数字编号。

1）主电路在电源开关的出线端按相序依次编号为 U11、V11、W11。然后按从上至下、从左至右的顺序，每经过一个电器元件后，编号要递增，如 U12、V12、W12；U13、V13、W13……。单台三相交流电动机（或设备）的三根引出线按相序依次编号为 U、V、W。对于多台电动机引出线的编号，为了不致引起误解和混淆，可在字母前用不同的数字加以区别，如 1U、1V、1W；2U、2V、2W……

2）辅助电路编号按"等电位"原则从上至下、从左至右的顺序用数字依次编号，每经过一个电器元件后，编号要依次递增。控制电路编号的起始数字必须是 1，其他辅助电路编号的起始数字依次递增 100，如照明电路编号从 101 开始；指示电路编号从 201 开始等。

2．电气安装接线图

电气安装接线图是根据电气设备和电器元件的实际位置和安装情况绘制的，只用来表示电气设备和电器元件的位置、配线方式和接线方式，而不明显表示电气动作原理。主要用于安装接线、线路的检查维修和故障处理。

绘制、识读电气安装接线图应遵循以下原则：

（1）接线图中一般示出如下内容：电气设备和电器元件的相对位置、文字符号、端子号、导线号、导线类型、导线截面积、屏蔽和导线绞合等。

（2）所有的电气设备和电器元件都按其所在的实际位置绘制在图纸上，且同一电器的各元件根据其实际结构，使用与电气原理图相同的图形符号画在一起，并用点划线框上，其文字符号以及接线端子的编号应与电路图中的标注一致，以便对照检查接线。

（3）接线图中的导线有单根导线、导线组（或线扎）、电缆等之分，可用连续线和中断线来表示。凡导线走向相同的可以合并，用线束来表示，到达接线端子板或电器元件的连接点时再分别画出。在用线束表示导线组、电缆等时可用加粗的线条表示，在不引起误解的情况下也可采用部分加粗。另外，导线及管子的型号、根数和规格应标注清楚。

3．电器元件布置图

布置图是根据电器元件在控制板上的实际安装位置，采用简化的外形符号（如正方形、矩形、圆形等）而绘制的一种简图。它不表达各电器的具体结构、作用、接线情况以及工作原理，主要用于电器元件的布置和安装。图中各电器的文字符号必须与电气原理图和电气安装接线图的标注相一致。

绘制、识读电器元件布置图应遵循以下原则：

（1）在电器元件布置图中，机床的轮廓线用细实线或点划线表示，电器元件均用粗实线绘制出简单的外形轮廓。

（2）在电器元件布置图中，电动机要和被拖动的机械装置画在一起；行程开关应画在获取信息的地方；操作手柄应画在便于操作的地方。

（3）在电器元件布置图中，各电器元件之间，上、下、左、右应保持一定的间距，并且应考虑器件的发热和散热因素，应便于布线、接线和检修。

在实际中，电气原理图、电器安装接线图和电器元件布置图要结合起来使用。

1.2.3.3　电动机基本控制线路的安装步骤

电动机基本控制线路的安装，一般应按以下步骤进行：

（1）识读电气原理图，明确线路所用电器元件及其作用，熟悉线路的工作原理。

（2）根据电气原理图或元件明细表配齐电器元件，并进行检验。

（3）根据电器元件选配安装工具和控制面板。

（4）根据电气原理图绘制电器元件布置图和安装接线图，然后按要求在控制板上固定电器元件（电动机除外），并贴上醒目的文字符号。

（5）根据电动机容量选配主电路导线的截面。控制电路导线一般采用截面为 $1mm^2$ 的铜芯线（BVR）；按钮线一般采用截面为 $0.75mm^2$ 的铜芯线（BVR）；接地线一般采用截面不小于 $1.5mm^2$ 的铜芯线（BVR）。

（6）根据电器安装接线图布线，同时将剥去绝缘层的两端线头套上标有与电气原理图相一致编号的编码套管。

（7）安装电动机。

（8）连接电动机和所有电器元件金属外壳的保护接地线。

（9）连接电源、电动机等控制板外部的导线。

（10）自检。

（11）交验。

（12）通电试车。

1.2.3.4　单向运行的接触器自锁控制

在要求电动机启动后能连续运转时，采用点动正转控制线路显然是不行的。为实现电动机的连续运转，可采用如图 1-28 所示的接触器自锁控制线路。这种线路的主电路和点动控制线路的主电路相同，但在控制电路中又串接了一个停止按钮 SB2，在启动按钮 SB1 的两端并接了接触器 KM 的一对常开辅助触头。

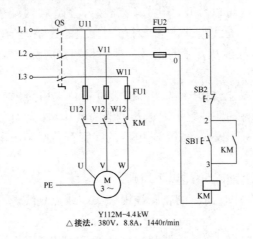

（a）电气原理图

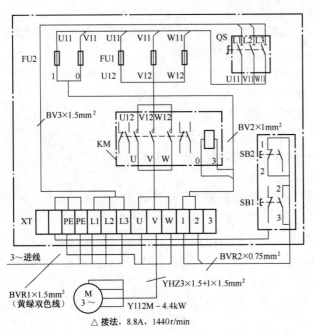

（b）电气安装接线图

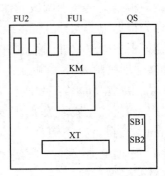

（c）电器元件布置图

图 1-28　接触器自锁控制

如图 1-28（a）所示电路图中，按照电气原理图的绘制原则，三相交流电源线 L1、L2、L3 依次水平地画在图的上方，电源开关 QS 水平画出；由熔断器 FU1、接触器 KM 的三对主触头和电动机 M 组成的主电路，垂直电源线画在图的左侧，由停止按钮 SB2、启动按钮 SB1、接触器 KM 的辅助触头及线圈组成的控制电路跨接在 L1 和 L2 两条电源线之间，垂直画在主电路的右侧，且耗能元件 KM 的线圈与下边电源线 L2 相连画在电路的下方，停止按钮 SB2 和启动按钮 SB1 则画在 KM 线圈与上边电源线 L1 之间。图中接触器 KM 采用分开表示法，其三对主触头画在主电路中，而线圈画在控制电路中，为表示它们是同一电器，在它们的图形符号旁边标注相同的文字符号 KM。线路按规定在各接点进行编号。图中没有专门的指示电路和照明电路。

图 1-29 为三相异步电动机单向运行的自锁正转控制线路图。该控制线路带信号灯指示（考虑到是第二次进行安装了，实际安装接线时只在控制电路接了一个熔断器，但为了更好地激发学生学习的热情，在控制电路接入了停止和启动的两个指示灯，请大家注意接线位置）。

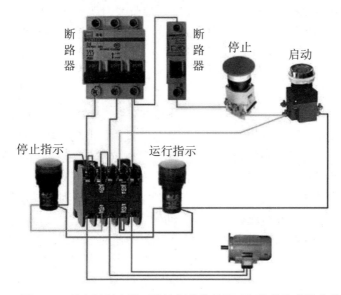

图 1-29 单向运行自锁正转控制带信号指示灯的线路实物安装接线图

线路的工作原理如下（先合上电源开关 QS）。

当松开 SB1，其常开触头恢复分断后，因为接触器 KM 的常开辅助触头闭合时已将 SB1 短路，控制电路仍保持接通，所以接触器 KM 继续得电，电动机 M 实现连续运转。像这种当松开启动按钮 SB1 后，接触器 KM 通过自身常开辅助触头而使线圈保持得电的作用叫作自锁。与启动按钮 SB1 并联起自锁作用的常开辅助触头叫自锁触头。

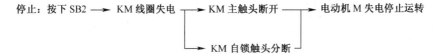

当松开 SB2，其常闭触头恢复闭合后，因接触器 KM 的自锁触头在切断控制电路时已分断，解除了自锁，SB1 也是分断的，所以接触器 KM 不能得电，电动机 M 也不会转动。

接触器自锁控制线路不但能使电动机连续运转，而且还有一个重要的特点，就是具有欠压和失压（或零压）保护作用。

1. 欠压保护

"欠压"是指线路电压低于电动机应加的额定电压。"欠压保护"是指当线路电压下降到某一数值时，电动机能自动脱离电源停转，避免电动机在欠压下运行的一种保护。采用接触器自锁控制线路就可避免电动机欠压运行。因为当线路电压下降到一定值（一般指低于额定电压85%以下）时，接触器线圈两端的电压也同样下降到此值，从而使接触器线圈磁通减弱，产生的电磁吸力减小。当电磁吸力减小到小于反作用弹簧的拉力时，动铁心被迫释放，主触头、自锁触头同时分断，自动切断主电路和控制电路，电动机失电停转，达到了欠压保护的目的。

2. 失压（或零压）保护

失压保护是指电动机在正常运行中，由于外界某种原因引起突然断电时，能自动切断电动机电源；当重新供电时，保证电动机不能自行启动的一种保护。接触器自锁控制线路也可实现失压保护。因为接触器自锁触头和主触头在电源断电时已经断开，使控制电路和主电路都不能接通，所以在电源恢复供电时，电动机就不会自行启动运转，保证了人身和设备的安全。

1.2.3.5　单向运行具有过载保护的接触器自锁控制

在接触器自锁正转控制线路中，由熔断器 FU 作短路保护，由接触器 KM 作欠压和失压保护，但还不够。因为电动机在运行过程中，如果长期负载过大，或启动操作频繁，或者缺相运行等原因，都可能使电动机定子绕组的电流增大，超过其额定值。在这种情况下，熔断器往往并不熔断，从而引起定子绕组过热，使温度升高，若温度超过允许温升就会使绝缘损坏，缩短电动机的使用寿命，严重时甚至会使电动机的定子绕组烧毁。因此，对电动机还必须采取过载保护措施。过载保护是指当电动机出现过载时能自动切断电动机电源，使电动机停转的一种保护。最常用的过载保护是由热继电器来实现的。具有过载保护的自锁正转控制线路实物安装接线图如图 1-30 所示。

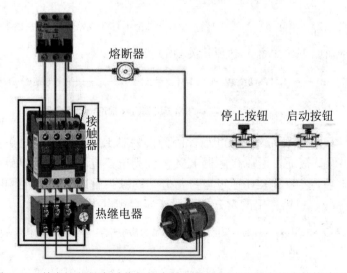

图 1-30　单向运行具有过载保护自锁正转控制线路的实物安装接线图

　　具有过载保护的自锁正转控制线路如图1-31所示。此线路与接触器自锁正转控制线路的区别是增加了一个热继电器FR，并把其热元件串接在三相主电路中，把常闭触头串接在控制电路中。

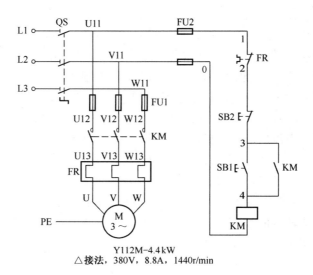

（a）电气原理图

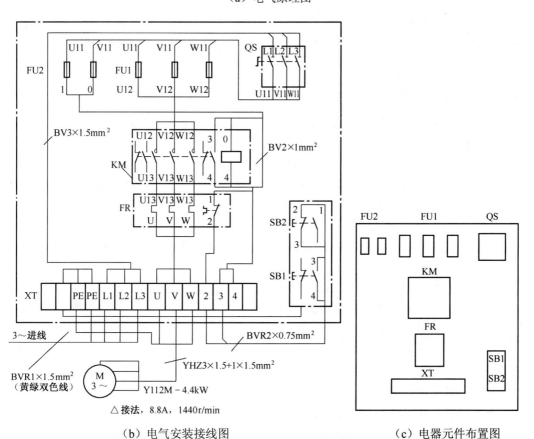

（b）电气安装接线图　　　　　（c）电器元件布置图

图1-31　具有过载保护自锁单向控制

如果电动机在运行过程中，由于过载或其他原因使电流超过额定值，那么经过一定时间，串接在主电路中热继电器的热元件因受热发生弯曲,通过动作机构使串接在控制电路中的常闭触头分断，切断控制电路，接触器 KM 的线圈失电，其主触头、自锁触头分断，电动机 M 失电停转，达到了过载保护的目的。

在照明、电加热等电路中，熔断器 FU 既可以作短路保护，也可以作过载保护。但对三相异步电动机控制线路来说,熔断器只能用作短路保护。因为三相异步电动机的启动电流很大（全压启动时的启动电流能达到额定电流的 4～7 倍），若用熔断器作过载保护，则选择熔断器的额定电流就应等于或略大于电动机的额定电流，这样电动机在启动时，由于启动电流大大超过了熔断器的额定电流，使熔断器在很短的时间内熔断，造成电动机无法启动。所以熔断器只能作短路保护，熔体额定电流应取电动机额定电流的 1.5～2.5 倍。

热继电器在三相异步电动机控制线路中也只能作过载保护，不能作短路保护。因为热继电器的热惯性大，即热继电器的双金属片受热膨胀弯曲需要一定时间。当电动机发生短路时，由于短路电流很大，热继电器还没来得及动作，供电线路和电源设备可能已经损坏。而在电动机启动时，由于启动时间很短，热继电器还未动作，电动机已启动完毕。总之，热继电器与熔断器两者所起的作用不同，不能相互代替。

1.2.4   任务实施

具有过载保护的接触器自锁单向控制线路的安装

1．目的要求

（1）进一步熟悉接触器自锁单向控制线路的工作原理。

（2）掌握具有过载保护的接触器自锁单向控制线路的安装与调试。

2．工具、仪表及器材

（1）工具：测电笔，螺钉旋具，尖嘴钳，斜口钳，剥线钳，电工刀等。

（2）仪表：兆欧表，钳形电流表，万用表。

（3）器材：接触器自锁正转控制线路板一块，三相异步电动机一台（型号：Y112M−4，规格：4kW、380V、△接法、8.8A、1440r/min），热继电器一只（型号：JR16−20/3，规格：三极、20A、热元件11A、整定在8.8A），导线、紧固体及编码套管若干。

3．安装步骤和工艺要求

（1）识读具有过载保护的接触器自锁单向控制线路（见图 1-30），明确线路所用电器元件及作用，熟悉线路的工作原理。

（2）自行配齐所用电器元件，并进行检验。

1）电器元件的技术数据（如型号、规格、额定电压、额定电流等）应完整并符合要求，外观无损伤，备件、附件齐全完好。

2）电器元件的电磁机构动作是否灵活，有无衔铁卡阻等不正常现象。用万用表检查电磁线圈的通断情况以及各触头的分合情况。

3）接触器线圈额定电压和电源电压是否一致。

4）对电动机的质量进行常规检查。

（3）在控制板上按布置图（见图 1-31）安装电器元件，并贴上醒目的文字符号。工艺要求如下：

1）断路器、熔断器的受电端子应安装在控制板的外侧，并使熔断器的受电端为底座的中心端。

2）各元件的安装位置应整齐、匀称，间距合理，便于元件的更换。

3）紧固各元件时要用力均匀，紧固程度适当。在紧固熔断器、接触器等易碎裂元件时，应用手按住元件，一边轻轻摇动，一边用旋具轮换旋紧对角线上的螺钉，直到手摇不动后再适当旋紧些即可。

（4）按接线图（见图1-31）的走线方法进行板前明线布线和套编码套管。可以参考图1-30接线。

板前明线布线的工艺要求是：

1）布线通道尽可能少，同路并行导线按主、控电路分类集中，单层密排，紧贴安装面布线。

2）同一平面的导线应高低一致或前后一致，不能交叉。非交叉不可时，该根导线应在接线端子引出时，水平架空跨越，但必须走线合理。

3）布线应横平竖直，分布均匀。变换走向时应垂直。

4）布线时严禁损坏线芯和导线绝缘。

5）布线顺序一般以接触器为中心，由里向外，由低至高，先控制电路，后主电路进行，以不妨碍后续布线为原则。

6）在每根剥去绝缘层导线的两端套上编码套管。所有从一个接线端子（或接线桩）到另一个接线端子（或接线桩）的导线必须连续，中间无接头。

7）导线与接线端子或接线桩连接时，不得压绝缘层、不反圈及不露铜过长。

8）同一元件、同一回路的不同接点的导线间距离应保持一致。

9）一个电器元件接线端子上的连接导线不得多于两根，每节接线端子板上的连接导线一般只允许连接一根。

（5）根据电路图（见图1-31）检查控制板布线的正确性。

（6）安装电动机。

（7）连接电动机和按钮金属外壳的保护接地线。

（8）连接电源、电动机等控制板外部的导线。

（9）自检。安装完毕的控制线路板，必须经过认真检查以后，才允许通电试车，以防止错接、漏接造成不能正常运转或短路事故。

1）按电路图或接线图从电源端开始，逐段核对接线及接线端子处线号是否正确，有无漏接、错接之处。检查导线接点是否符合要求，压接是否牢固。接触要良好，以免带负载运行时产生闪弧现象。

2）用万用表检查线路的通断情况。检查时，应选用低倍率适当的电阻挡，并进行校零，以防短路故障的发生。对控制电路的检查（可断开主电路），可将表棒分别搭在U11、V11线端上，读数应为"∞"。按下SB1时，读数应为接触器线圈的直流电阻值。然后断开控制电路再检查主电路有无开路或短路现象，此时可用手动来代替接触器通电进行检查。

3）用兆欧表检查线路的绝缘电阻应不得小于1MΩ。

（10）交验。

（11）通电试车。为保证人身安全，在通电试车时，要认真执行安全操作规程的有关规定，一人监护，一人操作。试车前应检查与通电试车有关的电气设备是否有不安全的因素存在，若查出应立即整改，然后方能试车。

1）通电试车前，必须征得指导教师同意，并由教师接通三相电源 L1、L2、L3，同时在现场监护。学生合上电源开关 QS 后，用测电笔检查熔断器出线端，若氖管亮，说明电源接通。按下 SB，观察接触器情况是否正常，是否符合线路功能要求；观察电器元件动作是否灵活，有无卡阻及噪声过大等现象；观察电动机运行是否正常等。但不得对线路接线是否正确进行带电检查。观察过程中，若有异常现象应马上停车。当电动机运转平稳后，用钳形电流表测量三相电流是否平衡。

2）试车成功率以通电后第一次按下按钮时计算。

3）出现故障后，学生应独立进行检修。若需要带电进行检查时，指导教师必须在现场监护。检修完毕后，如果需要再次试车，也应该有指导教师监护，并做好时间记录。

4）通电试车完毕，停转，切断电源。先拆除三相电源线，再拆除电动机线。

4．注意事项

（1）热继电器的热元件应串接在主电路中，其常闭触头应串接在控制电路中。

（2）热继电器的整定电流应按电动机的额定电流自行调整。绝对不允许弯折双金属片。

（3）在一般情况下，热继电器应置于手动复位的位置上。若需要自动复位时，可将复位调节螺钉沿顺时针方向向里旋足。

（4）热继电器因电动机过载动作后，若需再次启动电动机，必须待热元件冷却后，才能使热继电器复位。一般自动复位时间不大于 5min；手动复位时间不大于 2min。

（5）编码套管套装要正确。

（6）启动电动机时，在按下启动按钮 SB1 的同时，还必须按住停止按钮 SB2，以保证万一出现故障时可立即按下 SB2 停车，以防止事故的扩大。

5．安装评价

安装评价按照表 1-20 进行。

表 1-20　安装接线评分

项目内容	配分	评分标准	扣分	得分
安装接线	40 分	（1）按照元器件明细表配齐元器件并检查质量，因元器件质量问题影响通电，一次扣 10 分； （2）不按电路图接线，每处扣 10 分； （3）接点不符合要求，每处扣 5 分； （4）损坏元器件，每个扣 2 分； （5）损坏设备，此项分全扣		
通电试车	40 分	通电一次不成功，扣 10 分； 通电二次不成功，扣 20 分； 通电三次不成功，扣 40 分		
安全文明操作	10 分	视具体情况扣分		
操作时间	10 分	规定时间为 60 分钟，每超过 5 分钟扣 5 分		
说明	除定额时间外，各项目的最高扣分不应该超过配分数			
开始时间		结束时间		实际时间	

1.2.5 任务考核

任务考核按照表 1-21 进行。

表 1-21 任务考核评价

评价项目	评价内容	自评	互评	师评
学习态度（10 分）	能否认真听讲，答题是否全面			
安全意识（10 分）	是否按照安全规范操作并服从教学安排			
完成任务情况 （40 分）	元器件布局合适与否			
	电器元件安装符合要求与否			
	电路接线正确与否			
	试车操作过程正确与否			
完成任务情况 （30 分）	调试过程中出现故障检修正确与否			
	仪表使用正确与否			
	通电试验后各结束工作完成如何			
协作能力（10 分）	与同组成员交流讨论解决了一些问题			
总评	好（85～100 分），较好（70～85 分），一般（少于 70 分）			

任务 1.3 知识拓展：三相异步电动机的单向运行连续与点动混合控制电路的安装

1.3.1 任务目标

（1）了解点动控制与自锁控制在实际机床电路中的应用。

（2）掌握低压开关、熔断器、接触器、按钮及热继电器的结构、工作原理及使用方法。

（3）学会将已学知识点有机结合。

（4）掌握实训室电气实训设备的使用方法及注意事项。

（5）进一步熟悉电气安装基本步骤及安全操作规范。

1.3.2 任务内容

（1）学习如何采用手动开关来实现三相异步电动机单向运行连续与点动混合控制。

（2）学习如何采用复合按钮来实现三相异步电动机单向运行连续与点动混合控制。

（3）根据已有的电气原理图设计三相异步电动机单向运行连续与点动混合控制电路的电器布置图。

（4）绘制三相异步电动机单向运行连续与点动混合控制电路电气安装接线图。

（5）按照电气控制原理图、布置图和接线图，完成三相异步电动机单向运行连续与点动控制混合电路的安装与调试。

1.3.3 相关知识

机床设备在正常工作时，一般需要电动机处在连续运转状态。但在试车或调整刀具与工件的相对位置时，又需要电动机能点动控制，实现这种工艺要求的线路是连续点动混合单向控制线路，电路如图 1-32 所示。如图 1-32（a）所示线路是在接触器自锁正转控制线路的基础上，把手动开关 SA 串接在自锁电路中。显然，当把 SA 闭合或打开时，就可实现电动机的连续或点动控制。

如图 1-32（b）所示线路是在自锁正转控制线路的基础上，增加了一个复合按钮 SB3，来实现连续与点动混合正转控制的。SB3 的常闭触头应与 KM 自锁触头串接。

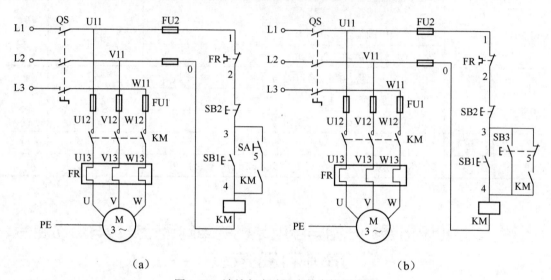

（a）　　　　　　　　　　　　　　（b）

图 1-32　连续与点动混合单向控制线路

线路的工作原理如下（先合上电源开关 QS）。

1．连续控制

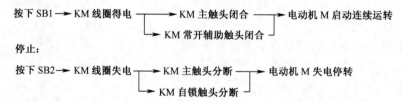

2．点动控制

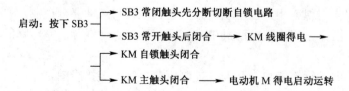

停止：松开 SB3 →
- SB3 常开触头先恢复分断 → KM 线圈失电 →
- SB3 常闭触头后恢复闭合（此时 KM 自锁触头已分断）
- KM 自锁触头分断
- KM 主触头分断 → 电动机 M 失电停转

1.3.4 任务实施

单向运行连续与点动混合控制线路的安装

1．目的要求

（1）掌握单向运行连续与点动混合控制线路的工作原理。

（2）掌握具有过载保护的单向运行连续与点动混合控制线路的安装与调试。

2．工具、仪表及器材

（1）工具：测电笔、螺钉旋具、尖嘴钳、斜口钳、剥线钳、电工刀等。

（2）仪表：兆欧表、钳形电流表、万用表。

（3）器材：接触器自锁正转控制线路板一块，三相异步电动机一台（型号：Y112M－4，规格：4kW、380V、△接法、8.8A、1440r/min），热继电器一只（型号：JR16－20/3，规格：三极、20A、热元件11A、整定在8.8A），导线、紧固体及编码套管若干。

（4）电器元件见表1-22。

表 1-22 元件明细表

代号	名称	型号	规格	数量
M	三相异步电动机	Y112M－4	4kW、380V、△接法、8.8A、1440r/min	1
QS	断路器	DZ47	50Hz/60Hz、230V/400V、63A	1
FU1	螺旋式熔断器	RL1－60/25	500V、60A、配熔体额定电流25A	3
FU2	螺旋式熔断器	RL1－15/2	500V、15A、配熔体额定电流2A	2
KM	交流接触器	CJ10－20	20A、线圈电压380V	1
SB	按钮	LA10－3H	保护式、按钮数3（代用）	3
FR	热继电器	JR16－20	0.4～0.63A	1
XT	端子板	JX2－1015	10A、15节、380V	1
	走线槽		18mm×25mm	若干
	控制板		500mm×400mm×20mm	1

3．安装步骤和工艺要求

（1）识读具有过载保护的单向运行连续与点动混合控制线路（如图1-32所示），明确线路所用电器元件及作用，熟悉线路的工作原理。

（2）自行配齐所用电器元件，并进行检验。

1）电器元件的技术数据（如型号、规格、额定电压、额定电流等）应完整并符合要求，外观无损伤，备件、附件齐全完好。

2）电器元件的电磁机构动作是否灵活，有无衔铁卡阻等不正常现象。用万用表检查电磁线圈的通断情况以及各触头的分合情况。

3）接触器线圈额定电压和电源电压是否一致。

4）对电动机的质量进行常规检查。

（3）在控制板上按实物图（见图1-33）安装电器元件，并贴上醒目的文字符号。工艺要求如下：

1）断路器、熔断器的受电端子应安装在控制板的外侧，并使熔断器的受电端为底座的中心端。

2）各元件的安装位置应整齐、匀称，间距合理，便于元件的更换。

3）紧固各元件时要用力均匀，紧固程度适当。在紧固熔断器、接触器等易碎裂元件时，应用手按住元件，一边轻轻摇动，一边用旋具轮换旋紧对角线上的螺钉，直到手摇不动后再适当旋紧些即可。

（4）按接线图（见图1-33）的走线方法进行板前明线布线和套编码套管。

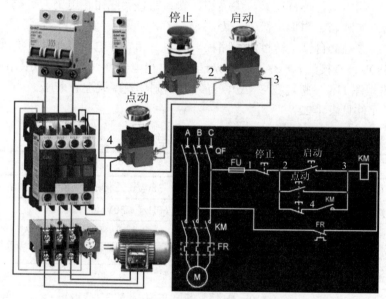

图1-33　连续与点动混合单向控制线路实物接线图

板前明线布线的工艺要求是：

1）布线通道尽可能少，同路并行导线按主、控电路分类集中，单层密排，紧贴安装面布线。

2）同一平面的导线应高低一致或前后一致，不能交叉。非交叉不可时，该根导线应在接线端子引出时，水平架空跨越，但必须走线合理。

3）布线应横平竖直，分布均匀。变换走向时应垂直。

4）布线时严禁损坏线芯和导线绝缘。

5）布线顺序一般以接触器为中心，由里向外，由低至高，先控制电路，后主电路进行，以不妨碍后续布线为原则。

6）在每根剥去绝缘层导线的两端套上编码套管。所有从一个接线端子（或接线桩）到另一个接线端子（或接线桩）的导线必须连续，中间无接头。

7）导线与接线端子或接线桩连接时，不得压绝缘层、反圈及露铜过长。

8）同一元件、同一回路的不同接点的导线间距离应保持一致。

9）一个电器元件接线端子上的连接导线不得多于两根，每节接线端子板上的连接导线一般只允许连接一根。

（5）根据电路图（见图 1-33）检查控制板布线的正确性。

（6）安装电动机。

（7）连接电动机和按钮金属外壳的保护接地线。

（8）连接电源、电动机等控制板外部的导线。

（9）自检。安装完毕的控制线路板，必须经过认真检查以后，才允许通电试车，以防止错接、漏接造成不能正常运转或短路事故。

1）按电路图或接线图从电源端开始，逐段核对接线及接线端子处线号是否正确，有无漏接、错接之处。检查导线接点是否符合要求，压接是否牢固。接触要良好，以免带负载运行时产生闪弧现象。

2）用万用表检查线路的通断情况。检查时，应选用低倍率适当的电阻挡，并进行校零，以防短路故障的发生。对控制电路的检查（可断开主电路），可将表棒分别搭在 U11、V11 线端上，读数应为"∞"。按下 SB1 时，读数应为接触器线圈的直流电阻值。然后断开控制电路再检查主电路有无开路或短路现象，此时可用手动来代替接触器通电进行检查。

3）用兆欧表检查线路的绝缘电阻应不得小于 1MΩ。

（10）交验。

（11）通电试车。为保证人身安全，在通电试车时，要认真执行安全操作规程的有关规定，一人监护，一人操作。试车前应检查与通电试车有关的电气设备是否有不安全的因素存在，若查出应立即整改，然后方能试车。

1）通电试车前，必须征得指导教师同意，并由教师接通三相电源 L1、L2、L3，同时在现场监护。学生合上电源开关 QS 后，用测电笔检查熔断器出线端，若氖管亮，说明电源接通。按下 SB，观察接触器情况是否正常，是否符合线路功能要求；观察电器元件动作是否灵活，有无卡阻及噪声过大等现象；观察电动机运行是否正常等。但不得对线路接线是否正确进行带电检查。观察过程中，若有异常现象应马上停车。当电动机运转平稳后，用钳形电流表测量三相电流是否平衡。

2）试车成功率以通电后第一次按下按钮时计算。

3）出现故障后，学生应独立进行检修。若需要带电进行检查时，指导教师必须在现场监护。检修完毕后，如果需要再次试车，也应该有指导教师监护，并做好时间记录。

4）通电试车完毕，停转，切断电源。先拆除三相电源线，再拆除电动机线。

4. 注意事项

（1）热继电器的热元件应串接在主电路中，其常闭触头应串接在控制电路中。

（2）热继电器的整定电流应按电动机的额定电流自行调整。绝对不允许弯折双金属片。

（3）在一般情况下，热继电器应置于手动复位的位置上。若需要自动复位时，可将复位调节螺钉沿顺时针方向向里旋足。

（4）热继电器因电动机过载动作后，若需再次启动电动机，必须待热元件冷却后，才能使热继电器复位。一般自动复位时间不大于 5min；手动复位时间不大于 2min。

（5）编码套管套装要正确。

（6）启动电动机时，在按下启动按钮 SB1 的同时，还必须按住停止按钮 SB2，以保证万一出现故障时可立即按下 SB2 停车，以防止事故的扩大。

5．安装评价

安装评价按照表 1-23 进行。

表 1-23　安装接线评分

项目内容	配分	评分标准	扣分	得分
安装接线	40 分	（1）按照元器件明细表配齐元器件并检查质量，因元器件质量问题影响通电，一次扣 10 分； （2）不按电路图接线，每处扣 10 分； （3）接点不符合要求，每处扣 5 分； （4）损坏元器件，每个扣 2 分； （5）损坏设备，此项分全扣		
通电试车	40 分	通电一次不成功，扣 10 分； 通电二次不成功，扣 20 分； 通电三次不成功，扣 40 分		
安全文明操作	10 分	视具体情况扣分		
操作时间	10 分	规定时间为 60 分钟，每超过 5 分钟扣 5 分		
说明		除定额时间外，各项目的最高扣分不应该超过配分数		
开始时间		结束时间		实际时间

1.3.5　任务考核

任务考核按照表 1-24 进行。

表 1-24　任务考核评价

评价项目	评价内容	自评	互评	师评
学习态度（10 分）	能否认真听讲，答题是否全面			
安全意识（10 分）	是否按照安全规范操作并服从教学安排			
完成任务情况 （40 分）	元器件布局合适与否			
	电器元件安装符合要求与否			
	电路接线正确与否			
	试车操作过程正确与否			
完成任务情况 （30 分）	调试过程中出现故障检修正确与否			
	仪表使用正确与否			
	通电试验后各结束工作完成如何			
协作能力（10 分）	与同组成员交流讨论解决了一些问题			
总评	好（85～100 分），较好（70～85 分），一般（少于 70 分）			

任务 1.4   三相异步电动机的顺序控制电路的安装

1.4.1   任务目标

（1）熟悉三相异步电动机的顺序控制。
（2）学会将已学知识点有机结合。
（3）掌握实训室电气实训设备的使用方法及注意事项。
（4）进一步熟悉电气安装基本步骤及安全操作规范。

1.4.2   任务内容

（1）学习三相异步电动机顺序控制电路的相关知识。
（2）了解三相异步电动机顺序控制电路的电气原理图。
（3）设计三相异步电动机顺序控制电路的电器布置图。
（4）绘制三相异步电动机顺序控制电路的电气安装接线图。
（5）按照电气控制原理图、布置图和接线图，完成三相异步电动机顺序控制电路的安装。

1.4.3   相关知识

1.4.3.1   主电路实现顺序控制

在装有多台电动机的生产机械上，各电动机所起的作用是不同的，有时需按一定的顺序启动或停止，才能保证操作过程的合理和工作的安全可靠。例如：X62W 型万能铣床上要求主轴电动机启动后，进给电动机才能启动；M7120 型平面磨床的冷却泵电动机，要求当砂轮电动机启动后才能启动。像这种要求几台电动机的启动或停止必须按一定的先后顺序来完成的控制方式，叫作电动机的顺序控制。

主电路实现顺序控制的电路如图 1-34 所示。线路的特点是电动机 M2 的主电路接在 KM（或 KM1）主触头的下面。

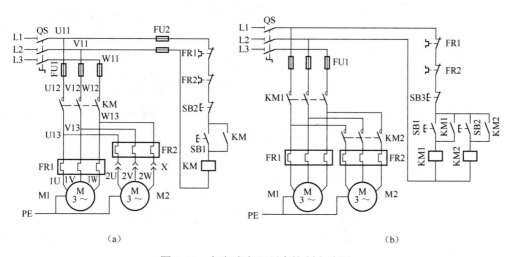

图 1-34   主电路实现顺序控制电路图

如图 1-34（a）所示控制线路中，电动机 M2 是通过接插器 X 接在接触器 KM 主触头的下面，因此，只有当 KM 的主触头闭合，电动机 M1 启动运转后，电动机 M2 才可能接通电源运转。M7120 型平面磨床的砂轮电动机和冷却泵电动机采用这种顺序控制线路。

如图 1-34（b）所示线路中，电动机 M1 和 M2 分别通过接触器 KM1 和 KM2 来控制。接触器 KM2 的主触头接在接触器 KM1 主触头的下面，这样就保证了当 KM1 主触头闭合、电动机 M1 启动运转后，M2 才可能接通电源运转。

线路的工作原理如下：

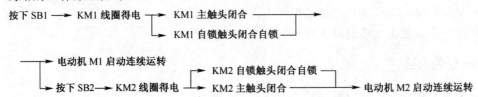

1.4.3.2　控制电路实现顺序控制

几种在控制电路实现电动机顺序控制的电路如图 1-35 所示。

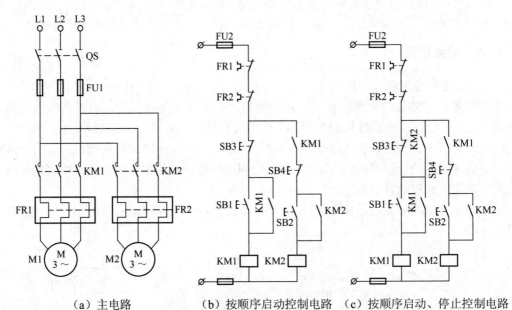

（a）主电路　　　（b）按顺序启动控制电路　（c）按顺序启动、停止控制电路

图 1-35　控制电路实现顺序控制电路图

如图 1-35（b）所示控制线路的特点是：在电动机 M2 的控制电路中串接了接触器 KM1 常开辅助触头。显然，只要 M1 不启动，即使按下 SB2，由于 KM1 的常开辅助触头未闭合，KM2 线圈也不能得电，从而保证了 M1 启动后，M2 才能启动的控制要求。线路中停止按钮 SB3 控制两台电动机同时停止，SB4 控制 M2 的单独停止。

如图 1-35（c）所示控制线路，是在图 1-35（b）所示线路中的 SB3 的两端并接了接触器 KM2 的常开辅助触头，从而实现了 M1 启动后 M2 才能启动；而 M2 停止后，M1 才能停止的控制要求，M1、M2 是顺序启动，逆序停止。

1.4.4　任务实施

1. 任务实施准备

（1）工具：测试笔、螺丝旋具、斜口钳、剥线钳、电工刀等。

（2）仪表：万用表、兆欧表。

（3）器材：见表 1-25。

表 1-25　元件明细表

代号	名称	型号	规格	数量
M	三相异步电动机	Y112M−4	4kW、380V、△接法、8.8A、1440r/min	2
QS	断路器	DZ47	50Hz/60Hz、230V/400V、63A	1
FU1 FU2	螺旋式熔断器	RL1−60/25	500V、60A、配熔体额定电流25A	6
FU3	螺旋式熔断器	RL1−15/2	500V、15A、配熔体额定电流2A	2
KM	交流接触器	CJ10−20	20A、线圈电压380V	2
SB	按钮	LA10−3H	保护式、按钮数3（代用）	3
FR	热继电器	JR16−20	0.4～0.63A	2
XT	端子板	JX2−101	10A、15节、380V	1
	走线槽		18mm×25mm	若干
	控制板		500mm×400mm×20mm	1

2. 三相异步电动机顺序控制电气原理图［见图 1-35（c）］

3. 任务实施内容与步骤

（1）电器元件安装固定。

1）清点、检查元器件。

2）设计三相异步电动机顺序控制线路电器元件布置图（自行画出）。

3）根据电气安装工艺规范安装固定电器元件。

（2）电气控制电路连接。

1）设计三相异步电动机顺序控制线路电气接线图（自行画出）。

2）按电气安装工艺规范实施电路布线连接。

（3）电气控制电路通电试验、调试及排故。

1）安装完毕的控制线路板，必须按要求进行认真检查，确保无误后才允许通电试车。可根据参考图 1-36 接线。

2）经指导教师复查认可，且在现场监护的情况下进行通电校验。

3）如若在校验过程中出现故障，学生应独立进行调试和排故。

4）断开电源，等电动机停止转动后，先拆除三相电源线，再拆除电动机接线，然后整理训练场地，恢复原状。

4. 安装评价

安装评价按照表 1-26 进行。

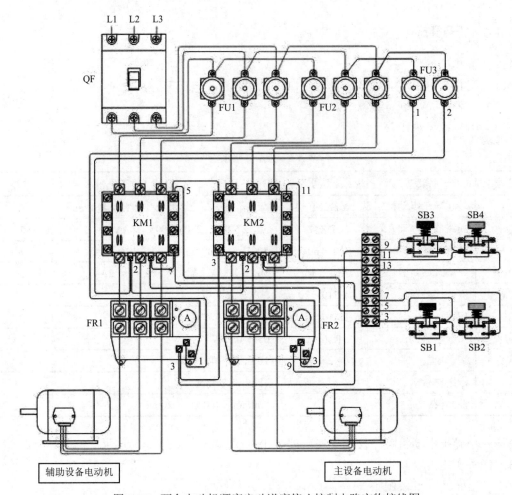

图 1-36　两台电动机顺序启动逆序停止控制电路实物接线图

表 1-26　安装接线评分

项目内容	配分	评分标准	扣分	得分
安装接线	40 分	（1）按照元器件明细表配齐元器件并检查质量，因元器件质量问题影响通电，一次扣 10 分； （2）不按电路图接线，每处扣 10 分； （3）接点不符合要求，每处扣 5 分； （4）损坏元器件，每个扣 2 分； （5）损坏设备，此项分全扣		
通电试车	40 分	通电一次不成功，扣 10 分； 通电二次不成功，扣 20 分； 通电三次不成功，扣 40 分		
安全文明操作	10 分	视具体情况扣分		
操作时间	10 分	规定时间为 60 分钟，每超过 5 分钟扣 5 分		
说明		除定额时间外，各项目的最高扣分不应该超过配分数		
开始时间		结束时间	实际时间	

1.4.5　任务考核

任务考核按照表 1-27 进行。

表 1-27　任务考核评价

评价项目	评价内容	自评	互评	师评
学习态度（10 分）	能否认真听讲，答题是否全面			
安全意识（10 分）	是否按照安全规范操作并服从教学安排			
完成任务情况 （40 分）	元器件布局合适与否			
	电器元件安装符合要求与否			
	电路接线正确与否			
	试车操作过程正确与否			
完成任务情况 （30 分）	调试过程中出现故障检修正确与否			
	仪表使用正确与否			
	通电试验后各结束工作完成如何			
协作能力（10 分）	与同组成员交流讨论解决了一些问题			
总评	好（85～100 分），较好（70～85 分），一般（少于 70 分）			

任务 1.5　知识拓展：单台单向运行电动机的两地点动与连续控制电路安装

1.5.1　任务目标

（1）熟悉三相异步电动机的多地控制。
（2）学会将已学知识点有机结合。
（3）掌握实训室电气实训设备的使用方法及注意事项。
（4）进一步熟悉电气安装基本步骤及安全操作规范。

1.5.2　任务内容

（1）学习三相异步电动机多地控制电路的相关知识。
（2）了解三相异步电动机多地控制电路的电气原理图。
（3）设计三相异步电动机多地控制电路的电器布置图。
（4）绘制三相异步电动机多地控制电路的电气安装接线图。
（5）按照电气控制原理图、布置图和接线图，完成三相异步电动机多地控制电路的安装。

1.5.3 相关知识

1.5.3.1 多地控制

能在两地或多地控制同一台电动机的控制方式叫作电动机的多地控制。如图 1-37 所示为两地控制的具有过载保护接触器自锁正转控制电路图。其中 SB11、SB12 为安装在甲地的启动按钮和停止按钮；SB21、SB22 为安装在乙地的启动按钮和停止按钮。线路的特点是：两地的启动按钮 SB11、SB21 要并联接在一起；停止按钮 SB12、SB22 要串联接在一起。这样就可以分别在甲、乙两地启动和停止同一台电动机，达到操作方便的目的。

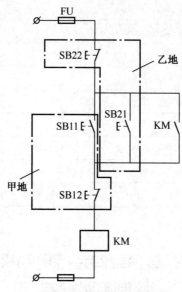

图 1-37   两地控制电路图

对三地或多地控制，只要把各地的启动按钮并接、停止按钮串接就可以实现。

1.5.3.2 单台单向运行电动机的两地点动与连续控制

多数机床因加工需要，为方便加工人员在机床正面和侧面均能进行操作，需具有多地控制功能；此外，电动机在调试模具的位置或者打样产品以及小机床上调节距离（例如车床、铂床走刀，钻床看钻头装正没等）还需要用到点动。

图 1-38 是能在 A、B 两地分别控制同一台电动机单向连续运行与点动控制的电气原理图。SB1 和 SB2 分别是电动机在 A、B 两地的停止运行控制按钮；SB3 和 SB4 分别是电动机在 A、B 两地的连续运行控制按钮；SB5 和 SB6 分别是电动机在 A、B 两地的点动控制按钮。

1.5.4 任务实施

1. 任务实施准备

（1）工具：测试笔、螺丝旋具、斜口钳、剥线钳、电工刀等。

（2）仪表：万用表、兆欧表。

（3）器材：见表 1-28。

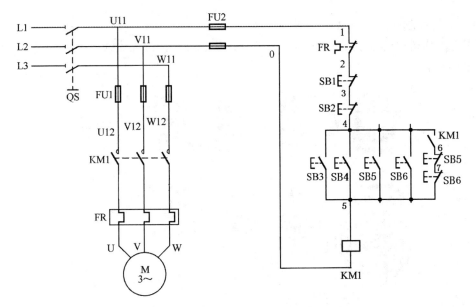

图 1-38 单台单向运行电动机的两地点动与连续控制电路图

表 1-28 元件明细表

代号	名称	型号	规格	数量
M	三相异步电动机	Y112M-4	4kW、380V、△接法、8.8A、1440r/min	1
QS	断路器	DZ47	50Hz/60Hz、230V/400V、63A	1
FU1	螺旋式熔断器	RL1-60/25	500V、60A、配熔体额定电流25A	3
FU2	螺旋式熔断器	RL1-15/2	500V、15A、配熔体额定电流2A	2
KM	交流接触器	CJ10-20	20A、线圈电压380V	1
SB	按钮	LA10-3H	保护式、按钮数3（代用）	6
FR	热继电器	JR16-20	0.4～0.63A	1
XT	端子板	JX2-101	10A、15 节、380V	1
	走线槽		18mm×25mm	若干
	控制板		500mm×400mm×20mm	1

2. 单台单向运行电动机的两地点动与连续控制控制电气原理图（见图 1-38）

3. 任务实施内容与步骤

（1）电器元件安装固定。

1）清点、检查元器件。

2）设计三相异步电动机顺序控制线路电器元件布置图（自行画出）。

3）根据电气安装工艺规范安装固定电器元件。

（2）电气控制电路连接。

1）设计三相异步电动机顺序控制线路电气接线图（自行画出）。

2）按电气安装工艺规范实施电路布线连接。

（3）电气控制电路通电试验、调试及排故。

1）安装完毕的控制线路板，必须按要求进行认真检查，确保无误后才允许通电试车。参考图 1-39 接线。

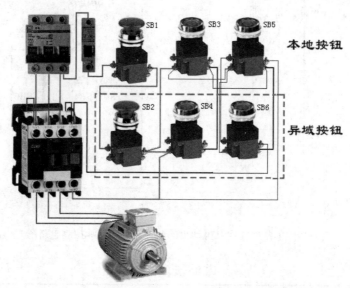

图 1-39　单台单向运行电动机的两地点动与连续控制电路实物接线图

2）经指导教师复查认可，且在现场监护的情况下进行通电校验。

3）如若在校验过程中出现故障，学生应独立进行调试和排故。

4）断开电源，等电动机停止转动后，先拆除三相电源线，再拆除电动机接线，然后整理训练场地，恢复原状。

4．安装评价

安装评价按照表 1-29 进行。

表 1-29　安装接线评分

项目内容	配分	评分标准	扣分	得分
安装接线	40 分	（1）按照元器件明细表配齐元器件并检查质量，因元器件质量问题影响通电，一次扣 10 分； （2）不按电路图接线，每处扣 10 分； （3）接点不符合要求，每处扣 5 分； （4）损坏元器件，每个扣 2 分； （5）损坏设备，此项分全扣		
通电试车	40 分	通电一次不成功，扣 10 分； 通电二次不成功，扣 20 分； 通电三次不成功，扣 40 分		
安全文明操作	10 分	视具体情况扣分		
操作时间	10 分	规定时间为 60 分钟，每超过 5 分钟扣 5 分		
说明		除定额时间外，各项目的最高扣分不应该超过配分数		
开始时间		结束时间	实际时间	

1.5.5　任务考核

任务考核按照表 1-30 进行。

表 1-30　任务考核评价

评价项目	评价内容	自评	互评	师评
学习态度（10 分）	能否认真听讲，答题是否全面			
安全意识（10 分）	是否按照安全规范操作并服从教学安排			
完成任务情况 （40 分）	元器件布局合适与否			
	电器元件安装符合要求与否			
	电路接线正确与否			
	试车操作过程正确与否			
完成任务情况 （30 分）	调试过程中出现故障检修正确与否			
	仪表使用正确与否			
	通电试验后各结束工作完成如何			
协作能力（10 分）	与同组成员交流讨论解决了一些问题			
总评	好（85～100 分），较好（70～85 分），一般（少于 70 分）			

知识梳理与总结

　　本项目介绍了三相异步电动机单向运行控制电路所用低压电器,包括低压开关、熔断器、接触器、按钮、热继电器等内容，并着重介绍了它们的结构、工作原理、型号、部分技术参数、选择、使用与故障维修，以及图形符号与文字符号，为正确选择、使用和维修低压电器打下基础。

　　为使电器适应不同的工作条件，各种电器都规定了一系列技术参数，如使用类别、额定电压、额定电流等，在选用时要根据具体使用条件正确选择。各类电器的型号规格、技术数据是选用的主要依据，必须学会从产品说明书和电工手册中查找它们的方法。

　　为了更好地接受电气控制线路的内容，该项目简单地介绍了电气原理图及接线图的有关国家标准，还介绍了部分图形符号、文字符号，以及电气原理图和接线图的绘制原则及要求。应加强学习，遵规执行，以便阅读、绘制、分析和设计有关的电气图形和技术资料。

　　在介绍了三相异步电动机单向运行控制电路所用低压电器和电动机基本控制线路图的绘制及线路安装之后，该项目又着重介绍了电气控制线路基本控制环节中的三相异步电动机单向运行控制电路，包括单向运行的点动控制线路、单向运行的接触器自锁控制线路、单向运行的具有过载保护的接触器自锁控制线路、单向运行的连续与点动混合控制线路、两台电动机单向运行顺序控制及电动机的多地控制等。多地控制的原则是将各地的启动按钮并接、停止按钮串接。在介绍的过程中对控制电路的工作原理、各种保护环节做了比较详细的分析，并附有接线图、元器件布置图。

为了巩固所学知识，每一个任务都配备有一定量的技能训练，并详细地介绍了制作、安装、调试及维修过程。

为了拓展学生思维，还增设了两个知识拓展任务，以激发学生学习热情。

熟悉掌握这些基本知识，学会分析其工作原理，可以为后续学习打下良好的基础。

思考与练习

1. 什么是电器？什么是低压电器？
2. 按动作方式不同，低压电器可分为哪几类？
3. 如何选用开启式负荷开关？
4. 组合开关的用途有哪些？如何选用？
5. 组合开关能否用来分断故障电流？
6. 低压断路器具有哪些优点？
7. DZ5－20 型低压断路器主要由哪几部分组成？
8. 低压断路器有哪些保护功能？分别由低压断路器的哪些部件完成？
9. 简述低压断路器的选用原则。
10. 如果低压断路器不能合闸，可能的故障原因有哪些？
11. 熔断器主要由哪几部分组成？各部分的作用是什么？
12. 什么是熔体的额定电流？它与熔断器的额定电流是否相同？
13. 熔断器为什么一般不能作过载保护？
14. 常用的熔断器有哪几种类型？
15. RL1 系列螺旋式熔断器有何特点？适用于哪些场合？
16. RM10 系列无填料封闭管式熔断器的结构有何特点？
17. 如何正确选用熔断器？
18. 在安装和使用熔断器时，应注意哪些问题？
19. 生产车间的电源开关和机床电气设备应分别选择哪种熔断器作短路保护？
20. 如何正确选用按钮？
21. 交流接触器主要由哪几部分组成？
22. 交流接触器的铁心结构有什么特点？
23. 为什么交流接触器的铁心加装短路环后，其振动和噪声会显著减小？
24. 交流接触器在动作时，常开和常闭触头的动作顺序是怎样的？
25. 交流接触器常用的灭弧方法有哪几种？
26. 交流接触器的铁心噪声过大的原因主要有哪些？
27. 触头的常见故障有哪几种？原因分别是什么？
28. 交流接触器为什么不允许操作频率过高？
29. 什么是热继电器？它有哪些用途？
30. 为什么说对△接法的电动机进行断相保护，必须采用三相带断相保护装置的热继电器？
31. 热继电器能否作短路保护？为什么？
32. 什么是电路图？简述绘制、识读电路图时应遵循的原则。

33．什么是接线图？简述绘制、识读接线图时应遵循的原则。

34．什么是布置图？

35．简述电动机基本控制线路的安装步骤。

36．什么叫点动控制？试分析判断题图 1-1 所示各控制电路能否实现点动控制？若不能，试分析说明原因，并加以改正。

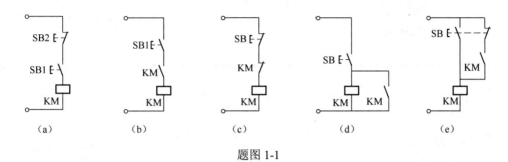

题图 1-1

37．什么叫自锁控制？试分析判断题图 1-2 所示各控制电路能否实现自锁控制？若不能，试分析说明原因，并加以改正。

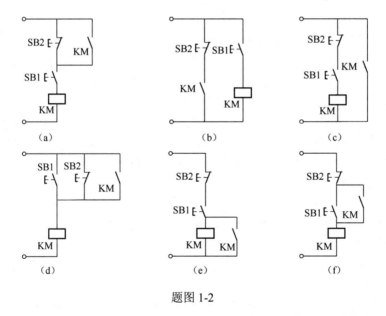

题图 1-2

38．什么是欠压保护？什么是失压保护？为什么说接触器自锁控制线路具有欠压和失压保护作用？

39．什么是过载保护？为什么对电动机要采取过载保护？

40．在电动机的控制线路中，短路保护和过载保护各由什么电器来实现？它们能否相互代替使用？为什么？

41．试为某生产机械设计电动机和电气控制线路。要求如下：①既能点动控制又能连续控制；②有短路、过载、失压和欠压保护作用。

项目二
三相异步电动机的双向控制线路及其安装与调试

【知识能力目标】

1. 熟悉双向运行所需低压电器的结构、工作原理、使用和选用;
2. 掌握双向运行基本电气控制线路安装、调试与检修;
3. 掌握电气图的识读和绘制方法;
4. 掌握双向运行电气接线规范和要求;
5. 掌握双向运行电气控制线路的故障查找方法。

【专业能力目标】

1. 能正确安装和调试三相异步电动机双向运行控制电路;
2. 能正确使用相关仪器仪表对三相异步电动机双向运行控制电路进行检测;
3. 能正确检修和排除三相异步电动机双向运行控制电路的典型故障;
4. 能正确识读和绘制三相异步电动机双向运行控制电路。

【其他能力目标】

1. 培养学生谦虚、好学的能力;培养学生勤于思考、做事认真的良好作风;培养学生良好的职业道德。

2. 学生分析问题、解决问题的能力的培养;学生质量意识、安全意识的培养;培养学生的团结协作能力。

3. 遵守工作时间,在教学活动中渗透企业的 6S 制度(整理/整顿/清扫/清洁/素养/安全)。

4. 整理、积累技术资料的能力;在进行电路装接、故障排除之后能对所进行的工作任务进行资料收集、整理、存档。

任务 2.1　倒顺开关控制三相异步电动机的双向控制电路及其安装与调试

2.1.1　任务目标

（1）认识组合开关。

（2）了解三相异步电动机双向运行在电气控制系统中的实际应用。

（3）熟悉三相异步电动机双向运行控制原理。

（4）能够正确使用倒顺开关控制三相异步电动机双向运行。

（5）熟悉实施三相异步电动机双向运行控制电路的电气安装基本步骤及安全操作规范。

2.1.2　任务内容

（1）学习倒顺开关控制三相异步电动机双向运行控制电路的相关知识。

（2）了解倒顺开关控制三相异步电动机双向运行控制电路的电气原理图。

（3）设计倒顺开关控制三相异步电动机双向运行控制电路的电器布置图。

（4）绘制倒顺开关控制三相异步电动机双向运行控制电路的电气安装接线图。

（5）按照电气控制原理图、布置图和接线图，完成倒顺开关控制三相异步电动机双向运行控制电路的安装。

（6）完成倒顺开关控制三相异步电动机双向运行控制线路故障的检测与排除。

2.1.3　相关知识

单向控制线路只能使电动机朝一个方向旋转，带动生产机械的运动部件朝一个方向运动。但在生产实际中，许多生产机械往往要求运动部件能向正、反两个方向运动。如机床工作台的前进与后退；万能铣床主轴的正转与反转；起重机的上升与下降等，这些生产机械要求电动机能实现正、反转控制。

由电动机原理可知，当改变通入电动机定子绕组的三相电源的相序，即把接入电动机三相电源进线的任意两相对调接线时，电动机即可反转。通过上一章的学习，我们已经知道了电气原理图的电路编号法，为了使电路简单明了，从本章开始，有些电路图不再做详细的编号，读者在安装时可自行编号。下面介绍几种常用的正、反转控制线路。

2.1.3.1　组合开关

组合开关又叫转换开关，实质为刀开关，它体积小，触头对数多，灭弧性能比刀开关好，接线方式灵活，操作方便，常用于交流 50Hz、380V 以下及直流 220V 以下的电气线路中，非频繁的接通和分断电路、换接电源和负载以及控制 5kW 以下小容量感应电动机的启动、停止和正反转。它的种类很多，有单极、双极、三极和四极等几种。常用的是三极的组合开关，其外形、符号、内部结构如图 2-1 所示。

1. 组合开关的型号及含义

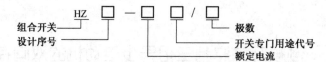

2. 组合开关的结构与工作原理

HZ 系列组合开关有 HZ1、HZ2、HZ3、HZ4、HZ5 以及 HZ10 等系列产品，其中 HZ10 系列是全国统一设计的产品，其通用性强，具有性能可靠、结构简单、组合性强、寿命长等优点。

HZ10－10/3 的三对静触头分别装在三层绝缘垫板上，并附有接线柱，用于与电源及用电设备相接。动触头是由磷铜片（或硬紫铜片）和具有良好灭弧性能的绝缘钢纸板铆合而成，并和绝缘垫板一起套在附有手柄的方形绝缘转轴上。手柄和转轴能在平行于安装面的平面内，沿顺时针或逆时针方向每次转动 90 度，带动三个动触头分别与三对静触头接触或分离，实现接通或分断电器的目的。开关的顶盖部分是由滑板、凸轮、扭簧和手柄等构成的操作机构。由于采用了扭簧储能，可使触头快速闭合或分断，从而提高了开关的通断能力。

组合开关的绝缘垫板可以一层层组合起来，最多可达六层。按不同方式配置动触头和静触头，可得到不同类型的组合开关，以满足不同的控制要求。

组合开关的实物图和结构图分别如图 2-1（a）和（b）所示，其在电路图中的符号如图 2-1（c）所示。

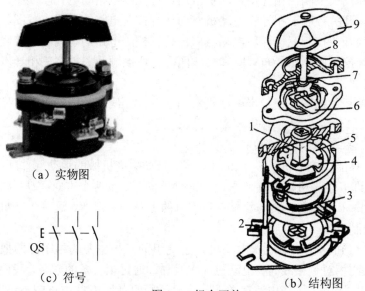

（a）实物图　（c）符号　（b）结构图

图 2-1　组合开关

1—绝缘杆；2—接线柱；3—静触片；4—动触片；5—绝缘垫板；6—凸轮；7—弹簧；8—转轴；9—手柄

组合开关中，有一类是专为控制小容量三相异步电动机的正反转而设计生产的，如 HY23－132 型组合开关，俗称倒顺开关或可逆转换开关，如图 2-2（a）所示。开关的两边各装有三副静触头，右边标有符号 L1、L2 和 W，左边标有符号 U、V 和 L3。转轴上固定着六副不同形状的动触头。开关的手柄有"倒""停""顺"三个位置，手柄只能从"停"位置左转 45 度或右转 45 度。当手柄位于"停"位置时，两组动触头都不与静触头接触；手柄位于"顺"位置或"倒"位置时，动触头与静触头接通，如图 2-2（b）所示，其触点接线图如图 2-2（d）所示。触头的通断情况见表 2-1。表中"×"表示触头接通，空白处表示触头断开。

适用范围：HY2 系列倒顺开关适用于交流 50Hz，额定电压至 380V 的电路中，可直接通断单台异步电动机使其起动、运转、停止及反向。

结构特征：HY2 系列倒顺开关设计成手柄旋转操作式，共有三部分组成，即操作机构、触头系统、手柄，具有薄钢板防护外壳。触头材料为银，由金属凸轮及滚子可靠操作其接通与分断，机电寿命长。

倒顺开关在电路图中的符号如图 2-2（c）所示，可用 QS 表示，也可用 SA 表示。

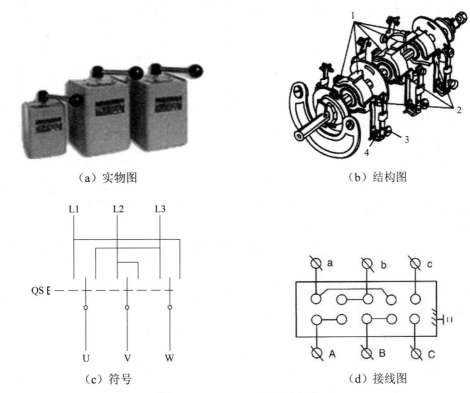

（a）实物图　　　　　　　　　　　　　（b）结构图

（c）符号　　　　　　　　　　　　　（d）接线图

图 2-2　HY23－132 型组合开关

1—动触头；2—静触头；3—调节螺钉；4—触头压力弹簧

表 2-1　倒顺开关触头分合表

触头	手柄位置		
	倒	停	顺
L1—U	×		×
L2—W	×		
L3—V	×		
L2—V			×
L3—W			×

3．组合开关的选用

组合开关应根据电源种类、电压等级、所需触头数、接线方式和负载容量进行选用。

（1）用于照明或电热电路时，组合开关的额定电流应等于或大于电路中各负载电流的总和。

（2）用于直接控制异步电动机的启动和正反转时，开关的额定电流一般取电动机额定电流的 1.5～2.5 倍。

HZ10 系列组合开关的主要技术数据见表 2-2。

表 2-2　HZ10 系列组合开关的主要技术数据

型号	额定电压/V	额定电流/A	极数	极限操作电流/A		可控电动机最大容量和额定电流		在额定电压、电流下的通断次数	
						最大容量/kW	额定电流/A	交流λ	
				接通	分断			≥0.8	0.3≥
HZ10-10	交流380	6	单极	94	62	3	7	20000	10000
		10							
HZ10-25		25	2、3	155	108	5.5	12		
HZ10-60		60							
HZ10-100		100						10000	5000

4．组合开关的安装与使用

（1）HZ10 系列组合开关应安装在控制箱（或壳体）内，其操作手柄最好在控制箱的前面或侧面。开关为断开状态时应使手柄在水平旋转位置。HZ3 系列组合开关外壳上的接地螺钉应可靠接地。

（2）若需在箱内操作，开关最好装在箱内右上方，并且在它的上方不安装其他电器，否则应采取隔离或绝缘措施。

（3）组合开关的通断能力较低，不能用来分断故障电流。用于控制异步电动机的正反转时，必须在电动机完全停止转动后才能反向启动，且每小时的接通次数不能超过 15～20 次。

（4）当操作频率过高或负载功率因数较低时，应降低开关的容量使用，以延长其使用寿命。

（5）倒顺开关接线时，应将开关两侧进出线中的一相互换，并看清开关接线端的标记，切忌接错，以免产生电源两相短路故障。

5．组合开关的常见故障及处理方法（见表 2-3）

表 2-3　组合开关的常见故障及处理方法

故障现象	可能原因	处理方法
手柄转动后，内部触头未动	手柄上的轴孔磨损变形	调换手柄
	绝缘杆变形（由方形磨为圆形）	更换绝缘杆
	手柄与方轴，或轴与绝缘杆配合松动	紧固松动部件
	操作机构损坏	修理更换
手柄转动后，动、静触头不能按要求动作	组合开关的型号选用不正确	更换开关
	触头角度装配不正确	重新装配
	触头失去弹性或接触不良	更换触头或清除氧化层或尘污
接线柱间短路	因铁屑或油污附着接线柱部，形成导电层，将胶木烧焦，绝缘损坏而形成短路	更换开关

2.1.3.2　倒顺开关控制三相异步电动机的双向运转

倒顺开关正反转控制电路如图 2-3 所示。万能铣床主轴电动机的正反转控制是采用倒顺开关来实现的。

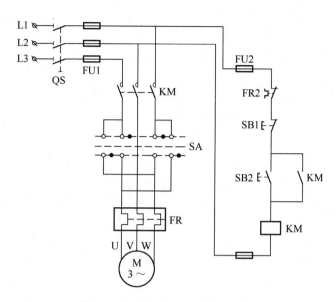

图 2-3　倒顺开关正反转控制电路

线路的工作原理如下：合上电源开关 QS，操作组合开关 SA，当手柄处于"停"位置时，SA 的动、静触头不接触，电路不通，电动机不转；当手柄扳至"顺"位置时，SA 的动触头和左边的静触头相接触，按下 SB2，KM 线圈得电，KM 的三对主触头闭合，同时 KM 的自锁触头也闭合，电路按 L1−U、L2−V、L3−W 接通，输入电动机定子绕组的电源电压为 L1−L2−L3，电动机正转；当手柄扳至"倒"位置时，SA 的动触头和右边的静触头相连接，电路按 L1−W、L2−V、L3−U 接通，输入电动机定子绕组的电源相序变为 L3−L2−L1，电动机反转。

必须注意的是当电动机处于正转状态时，要使它反转，应先把手柄扳到"停"的位置（或按下 SB1），使电动机先停转，然后再把手柄扳到"倒"的位置，使它反转。若直接把手柄由"顺"扳至"倒"的位置，电动机的定子绕组会因为电源突然反接而产生很大的反接电流，易使电动机定子绕组因过热而损坏。

2.1.4　任务实施

1．任务实施准备

（1）工具：测试笔、螺丝旋具、斜口钳、尖嘴钳、剥线钳、电工刀等。

（2）仪表：万用表、兆欧表。

（3）器材：见表 2-4。

2．倒顺开关控制三相异步电动机双向运行控制电气原理图（见图 2-3）

3．任务实施内容与步骤

（1）电器元件安装固定。

1）清点、检查元器件。

表 2-4　元件明细表

代号	名称	型号	规格	数量
M	三相异步电动机	Y112M—4	4kW、380V、△接法、8.8A、1440r/min	1
QS	断路器	DZ47	50Hz/60Hz、230V/400V、63A	1
SA	倒顺开关	HY23—133	380V、30A	1
FU	螺旋式熔断器	RL1—60/25	500V、60A、配熔体额定电流25A	3
KM	交流接触器	CJ10—20	20A、线圈电压380V	1
SB	按钮	LA10—3H	保护式、按钮数3（代用）	3
FR	热继电器	JR16—20	0.4~0.63A	1
XT	端子板	JX2—101	10A、15节、380V	1
	走线槽		18mm×25mm	若干
	控制板		500mm×400mm×20mm	1

2）设计倒顺开关控制三相异步电动机双向运行控制线路电器元件布置图（自行画出）。

3）根据电气安装工艺规范安装固定电器元件。

（2）电气控制电路连接。

1）设计倒顺开关控制三相异步电动机双向运行控制线路电气接线图（自行画出）。

2）按电气安装工艺规范实施电路布线连接。

（3）电气控制电路通电试验、调试及排故。

1）安装完毕的控制线路板，必须按要求进行认真检查，确保无误后才允许通电试车。特别注意认清倒顺开关的结构和接线方式后方可接线，参考图 2-2（d）接线。

2）经指导教师复查认可，且在现场监护的情况下进行通电校验。

3）如若在校验过程中出现故障，学生应独立进行调试和排故。

4）断开电源，等电动机停止转动后，先拆除三相电源线，再拆除电动机接线，然后整理训练场地，恢复原状。

4．安装评价

安装评价按照表 2-5 进行。

表 2-5　安装接线评分

项目内容	配分	评分标准	扣分	得分
安装接线	40分	（1）按照元器件明细表配齐元器件并检查质量，因元器件质量问题影响通电，一次扣10分； （2）不按电路图接线，每处扣10分； （3）接点不符合要求，每处扣5分； （4）损坏元器件，每个扣2分； （5）损坏设备，此项分全扣		
通电试车	40分	通电一次不成功，扣10分； 通电二次不成功，扣20分； 通电三次不成功，扣40分		

续表

项目内容	配分	评分标准	扣分	得分
安全文明操作	10分	视具体情况扣分		
操作时间	10分	规定时间为60分钟，每超过5分钟扣5分		
说明		除定额时间外，各项目的最高扣分不应该超过配分数		
开始时间		结束时间	实际时间	

2.1.5 任务考核

任务考核按照表2-6进行。

表2-6 任务考核评价

评价项目	评价内容	自评	互评	师评
学习态度（10分）	能否认真听讲，答题是否全面			
安全意识（10分）	是否按照安全规范操作并服从教学安排			
完成任务情况（40分）	元器件布局合适与否			
	电器元件安装符合要求与否			
	电路接线正确与否			
	试车操作过程正确与否			
完成任务情况（30分）	调试过程中出现故障检修正确与否			
	仪表使用正确与否			
	通电试验后各结束工作完成如何			
协作能力（10分）	与同组成员交流讨论解决了一些问题			
总评	好（85～100分），较好（70～85分），一般（少于70分）			

任务2.2 三相异步电动机的接触器联锁正反转控制电路及其安装与调试

2.2.1 任务目标

（1）掌握三相异步电动机接触器联锁正反转控制电路的构成和工作原理。
（2）能够正确进行三相异步电动机接触器联锁正反转控制电路的安装和调试。
（3）掌握实施三相异步电动机接触器联锁正反转控制电路的电气安装基本步骤及安全操作规范。

2.2.2 任务内容

（1）学习三相异步电动机接触器联锁正反转控制电路的相关知识。

（2）了解三相异步电动机接触器联锁正反转控制电路的电气原理图。

（3）设计三相异步电动机接触器联锁正反转控制电路的电器布置图。

（4）绘制三相异步电动机接触器联锁正反转控制电路的电气安装接线图。

（5）按照电气控制原理图、布置图和接线图，完成三相异步电动机接触器联锁正反转控制电路的安装。

（6）完成三相异步电动机接触器联锁正反转控制电路故障的检测与排除。

2.2.3　相关知识

组合开关正反转控制线路虽然所用电器较少，线路较简单，但它是一种手动控制线路，在频繁换向时，操作人员劳动强度大，操作不安全，所以这种线路一般用于控制额定电流10A、功率在 3kW 及以下的小容量电动机。在生产实践中更常用的是接触器联锁的正反转控制线路。

接触器联锁的正反转控制线路如图 2-4（a）所示。线路中采用了两个接触器，即正转用的接触器 KM1 和反转用的接触器 KM2，它们分别由正转按钮 SB1 和反转按钮 SB2 控制。从主电路图中可以看出，这两个接触器的主触头所接通的电源相序不同，KM1 按 L1－L2－L3 相序联接，KM2 则按 L3－L2－L1 相序联接。相应地控制电路有两条：一条是由按钮 SB1 和 KM1 线圈等组成的正转控制电路；另一条是由按钮 SB2 和 KM2 线圈等组成的反转控制电路。

三相异步电动机接触器联锁正反转控制电路的电器布置图如图 2-4（b）所示，其电气安装接线图如图 2-4（c）所示。

必须指出，接触器 KM1 和 KM2 的主触头绝不允许同时闭合，否则将造成两相电源（L1 相和 L3 相）短路事故。为了避免两个接触器 KM1 和 KM2 同时得电动作，在正、反转控制电路中分别串接了对方接触器的一对常闭辅助触头。这样，当一个接触器得电动作时，通过其常闭辅助触头使另一个接触器不能得电动作，接触器间这种相互制约的作用叫接触器联锁（或互锁）。实现联锁作用的常闭辅助触头称为联锁触头（或互锁触头），联锁符号用"▽"表示。

线路的工作原理如下（先合上电源开关 QS）。

（1）正转控制。

（2）反转控制。

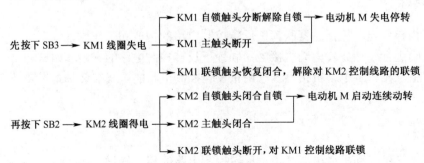

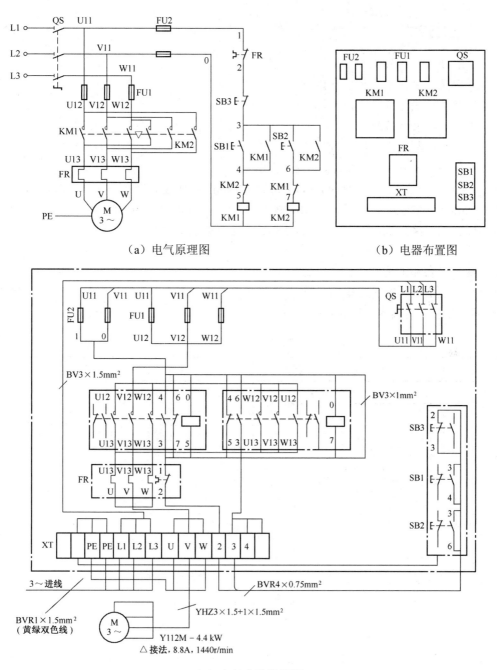

（a）电气原理图　　　　　　　　　（b）电器布置图

（c）电气安装接线图

图 2-4　三相异步电动机接触器联锁正反转控制线路

接触器联锁正反转控制线路的优点是工作安全可靠，缺点是操作不便。因为电动机从正转变为反转时，必须先按下停止按钮后，才能按反转启动按钮，否则由于接触器的联锁作用，不能实现反转。为克服此线路的不足，可采用按钮联锁或按钮和接触器双重联锁的正反转控制线路。

2.2.4　任务实施

1．目的要求

（1）熟悉接触器联锁正反转控制线路的工作原理。

（2）掌握接触器联锁正反转控制线路的安装。

2．工具、仪表及器材

（1）工具：测电笔、螺钉旋具、尖嘴钳、斜口钳、剥线钳、电工刀、校验灯等。

（2）仪表：兆欧表、钳形电流表、万用表。

（3）器材：控制板一块（500mm×400mm×20mm）；导线规格：动力电路采用 BV 1.5mm^2 和 BVR 1.5mm^2（黑色）塑铜线，控制电路采用 BVR 1mm^2 塑铜线（红色），接地线采用 BVR（黄绿双色）塑铜线（截面至少 1.5mm^2）；紧固体及编码套管等；其数量按需要而定。电器元件见表 2-7。

3．安装步骤和工艺要求

（1）按表 2-7 配齐所用电器元件，并进行质量检验。电器元件应完好无损，各项技术指标符合规定要求，否则应予以更换。

表 2-7　元件明细表

代号	名称	型号	规格	数量
M	三相异步电动机	Y112－4	4kW、380V、△接法、8.8A、1440r/min	1
QS	组合开关	HZ10－25/3	三极、25A	1
FU1	熔断器	RL1－60/25	500V、60A、配熔体 25A	3
FU2	熔断器	RL1－15/2	500V、15A、配熔体 2A	2
KM1、KM2	交流接触器	CJ10－20	20A、线圈电压 380V	2
FR	热继电器	JR16－20/3	三极、20A、整定电流 8.8A	1
SB1~SB2	按钮	LA－10－3H	保护式、380V、5A 按钮数 3	1
XT	端子板	JX－1015	380V、10A、15 节	1

（2）根据如图 2-4（b）电器元件布置图，在控制板上按图安装所有的电器元件，并贴上醒目的文字符号。安装时，组合开关、熔断器的受电端子应安装在控制板的外侧；元件排列要整齐、匀称、间距合理，且便于元件的更换；紧固电器元件时用力要均匀，紧固程度适当，做到既要元件安装牢固，又不使其损坏。

（3）按如图 2-4（c）电气控制接线图，进行板前明线布线和套编码套管。做到布线横平竖直、整齐、分布均匀、紧贴安装面、走线合理；套编码套管要正确；严禁损伤线芯和导线绝缘；接点牢靠，不得松动，不得压绝缘层，不反圈及不露铜过长等。图 2-5 可作为安装接线参考。

（4）根据如图 2-4（a）所示电路图检查控制板布线的正确性。

（5）安装电动机。做到安装牢固平稳，以防止在换向时产生滚动而引起事故。

（6）可靠连接电动机和按钮金属外壳的保护接地线。

（7）连接电源、电动机等控制板外部的导线。导线要敷设在导线通道内，或采用绝缘良好的橡皮进行通电校验。

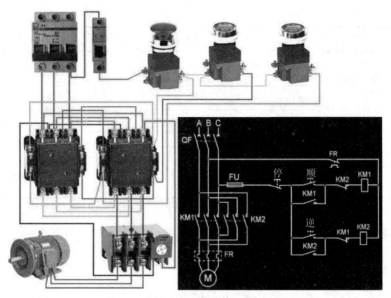

图 2-5　三相异步电动机接触器联锁正反转控制线路实物接线图

（8）自检。安装完毕的控制线路板，必须按要求进行认真检查，确保无误后才允许通电试车。

（9）交验合格后，通电试车。通电时，必须经指导教师同意后，由指导教师接通电源，并在现场进行监护。出现故障后，学生应独立进行检修。若需带电检查时，也必须有教师在现场监护。

（10）通电试车完毕，停转、切断电源。先拆除三相电源线，再拆除电动机负载线。

4．注意事项

（1）螺旋式熔断器的接线要正确，以确保用电安全。

（2）接触器联锁触头接线必须正确，否则将会造成主电路中两相电源短路事故。

（3）通电试车时，应先合上 QS，再按下 SB1（或 SB2）及 SB3，看控制是否正确，并在按下 SB1 后再按下 SB2，观察有无联锁作用。

（4）训练应在规定的定额时间内完成，同时要做到安全操作和文明生产。训练结束后，安装的控制板留用。

5．安装评价

安装评价按照表 2-8 进行。

表 2-8　安装接线评分

项目内容	配分	评分标准	扣分	得分
安装接线	40 分	（1）按照元器件明细表配齐元器件并检查质量，因元器件质量问题影响通电，一次扣 10 分； （2）不按电路图接线，每处扣 10 分； （3）接点不符合要求，每处扣 5 分； （4）损坏元器件，每个扣 2 分； （5）损坏设备，此项分全扣		

续表

项目内容	配分	评分标准	扣分	得分
通电试车	40分	通电一次不成功，扣10分； 通电二次不成功，扣20分； 通电三次不成功，扣40分		
安全文明操作	10分	视具体情况扣分		
操作时间	10分	规定时间为60分钟，每超过5分钟扣5分		
说明		除定额时间外，各项目的最高扣分不应该超过配分数		
开始时间		结束时间	实际时间	

2.2.5 任务考核

任务考核按照表2-9进行。

表2-9 任务考核评价

评价项目	评价内容	自评	互评	师评
学习态度（10分）	能否认真听讲，答题是否全面			
安全意识（10分）	是否按照安全规范操作并服从教学安排			
完成任务情况 （40分）	元器件布局合适与否			
	电器元件安装符合要求与否			
	电路接线正确与否			
	试车操作过程正确与否			
完成任务情况 （30分）	调试过程中出现故障检修正确与否			
	仪表使用正确与否			
	通电试验后各结束工作完成如何			
协作能力（10分）	与同组成员交流讨论解决了一些问题			
总评	好（85～100分），较好（70～85分），一般（少于70分）			

任务2.3 三相异步电动机的按钮与接触器双重联锁正反转控制电路及其安装与调试

2.3.1 任务目标

（1）掌握三相异步电动机按钮联锁及按钮接触器双重联锁正反转控制电路的构成和工作原理。

（2）能够正确进行三相异步电动机按钮联锁及按钮接触器双重联锁正反转控制电路的安装和调试。

（3）掌握实施三相异步电动机按钮联锁及按钮与接触器双重联锁正反转控制电路的电气安装基本步骤及安全操作规范。

2.3.2　任务内容

（1）学习三相异步电动机按钮联锁及按钮与接触器双重联锁正反转控制电路的相关知识。

（2）了解三相异步电动机按钮联锁及按钮与接触器双重联锁正反转控制电路的电气原理图。

（3）设计三相异步电动机按钮联锁及按钮与接触器双重联锁正反转控制电路的电器布置图。

（4）绘制三相异步电动机按钮联锁及按钮与接触器双重联锁正反转控制电路的电气安装接线图。

（5）按照电气控制原理图、布置图和接线图，完成三相异步电动机按钮联锁及按钮与接触器双重联锁正反转控制电路的安装。

（6）完成三相异步电动机按钮联锁及按钮与接触器双重联锁正反转控制电路故障的检测与排除。

2.3.3　相关知识

2.3.3.1　按钮联锁正反转控制

为克服接触器联锁正反转控制线路操作不便的缺点，把正转按钮 SB1 和反转按钮 SB2 换成两个复合按钮，并使两个复合按钮的常闭触头代替接触器的联锁触头，就构成了按钮联锁的正反转控制线路，如图 2-6（a）所示。

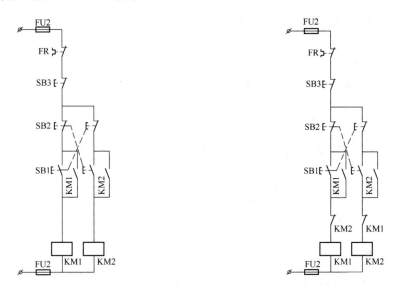

（a）按钮联锁的双向控制线路　　　（b）按钮与接触器双重联锁的正反转控制线路

图 2-6　三相异步电动机按钮联锁的正反转控制线路

这种控制线路的工作原理与接触器联锁的正反转控制线路的工作原理基本相似，只是当电动机从正转变为反转时，直接按下反转按钮 SB2 即可实现，不必先按停止按钮 SB3。因为当按下反转按钮 SB2 时，串接在正转控制电路中 SB2 的常闭触头先分断，使正转接触器 KM1 线圈失电，KM1 的主触头和自锁触头分断，电动机 M 失电，惯性运转。SB2 的常闭触头分断后，其常开触头才随后闭合，接通反转控制电路，电动机 M 便反转。这样既保证了 KM1 和 KM2 的线圈不会同时通电，又可不按停止按钮而直接按反转按钮实现反转。同样，若使电动机从反转运行变为正转运行时，也只要直接按下正转按钮 SB1 即可。

这种线路的优点是操作方便。缺点是容易产生电源两相短路故障。例如：当正转接触器 KM1 发生主触头熔焊或被杂物卡住等故障时，即使 KM1 线圈失电，主触头也分断不开，这时若直接按下反转按钮 SB2，KM2 得电动作，触头闭合，必然造成电源两相短路故障。所以采用此线路工作有一定不安全隐患。在实际工作中，经常采用按钮、接触器双重联锁的正反转控制线路。

2.3.3.2　按钮与接触器双重联锁正反转控制

为克服接触器联锁正反转控制线路和按钮联锁正反转控制线路的不足，在按钮联锁的基础上，又增加了接触器联锁，构成按钮、接触器双重联锁正反转控制线路，如图 2-6（b）所示。该线路兼有两种联锁控制线路的优点，操作方便，工作安全可靠。

线路的工作原理如下（先合上电源开关 QS）。

（1）正转控制。

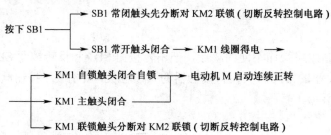

（2）反转控制。

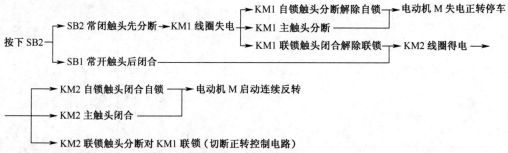

若要停止，按下 SB3，整个控制电路失电，主触头分断，电动机 M 失电停转。

2.3.4　任务实施

双重联锁正反转控制线路的安装与检修

1. 目的要求

（1）熟悉接触器、按钮双重联锁正反转控制线路的工作原理。

（2）掌握双重联锁正反转控制线路的正确安装和检修。

2. 工具、仪表及器材

（1）工具：测电笔、螺钉旋具、尖嘴钳、斜口钳、剥线钳、电工刀、校验灯等。

（2）仪表：兆欧表、钳形电流表、万用表。

（3）器材：接触器联锁正反转控制线路板一块；导线规格：动力电路采用 BV 1.5mm² 和 BVR 1.5mm²（黑色）塑铜线，控制电路采用 BVR 1mm² 塑铜线（红色），接地线采用 BVR（黄绿双色）塑铜线（截面至少 1.5mm²）；紧固体及编码套管等，其数量按需要而定。

3．安装训练

（1）在 2.2.4 任务实施的基础上，根据如图 2-6（b）所示的电路图，将其改画成双重联锁正反转控制的接线图。

（2）根据电路图和接线图，将 2.2.4 任务实施中装好留用的线路板，改装成双重联锁的正反转控制线路。图 2-7 可作为参考图接线。操作时，注意体会该线路的优点。

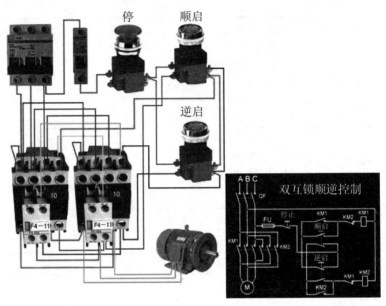

图 2-7　三相异步电动机按钮与接触器联锁正反转控制线路实物接线图

4．检修训练

（1）故障设置。在控制电路或主电路中人为设置电气自然故障两处。

（2）教师示范检修。教师进行示范检修时，可把下述检修步骤及要求贯穿其中，直至故障排除。

1）用试验法观察故障现象。主要注意观察电动机的运行情况、接触器的动作情况和线路的工作情况等，如发现有异常情况，应马上断电检查。

2）用逻辑分析法缩小故障范围，并在电路图上用虚线标出故障部位的最小范围。

3）用测量法正确、迅速地找出故障点。

4）根据故障点的不同情况采取正确的修复方法，迅速排除故障。

5）排除故障后通电试车。

（3）学生检修。教师示范检修后，再由指导教师重新设置两个故障点，让学生进行检修。在学生检修的过程中，教师可进行启发性的示范指导。

（4）注意事项。检修训练时应注意以下几点：

1）要认真听取和仔细观察指导教师在示范过程中的讲解和检修操作。

2）要熟练掌握电路图中各个环节的作用。

3）在排除故障过程中，故障分析的思路和方法要正确。

4）工具和仪表的使用要正确。

5）带电检修故障时，必须有指导教师在现场监护，并要确保用电安全。

6）检修必须在定额时间内完成。

5．安装评价

安装评价按照表 2-10 进行。

表 2-10　安装接线评分

项目内容	配分	评分标准	扣分	得分
安装接线	40 分	（1）按照元器件明细表配齐元器件并检查质量，因元器件质量问题影响通电，一次扣 10 分； （2）不按电路图接线，每处扣 10 分； （3）接点不符合要求，每处扣 5 分； （4）损坏元器件，每个扣 2 分； （5）损坏设备，此项分全扣		
通电试车	40 分	通电一次不成功，扣 10 分； 通电二次不成功，扣 20 分； 通电三次不成功，扣 40 分		
安全文明操作	10 分	视具体情况扣分		
操作时间	10 分	规定时间为 60 分钟，每超过 5 分钟扣 5 分		
说明	除定额时间外，各项目的最高扣分不应该超过配分数			
开始时间		结束时间	实际时间	

2.3.5　任务考核

任务考核按照表 2-11 进行。

表 2-11　任务考核评价

评价项目	评价内容	自评	互评	师评
学习态度（10 分）	能否认真听讲，答题是否全面			
安全意识（10 分）	是否按照安全规范操作并服从教学安排			
完成任务情况 （40 分）	元器件布局合适与否			
	电器元件安装符合要求与否			
	电路接线正确与否			
	试车操作过程正确与否			
完成任务情况 （30 分）	调试过程中出现故障检修正确与否			
	仪表使用正确与否			
	通电试验后各结束工作完成如何			
协作能力（10 分）	与同组成员交流讨论解决了一些问题			
总评	好（85～100 分），较好（70～85 分），一般（少于 70 分）			

任务 2.4　三相异步电动机的行程控制电路及其安装与调试

2.4.1　任务目标

（1）掌握三相异步电动机行程控制电路的构成和工作原理。
（2）能够正确进行三相异步电动机行程控制电路的安装和调试。
（3）掌握实施三相异步电动机行程控制电路的电气安装基本步骤及安全操作规范。

2.4.2　任务内容

（1）学习三相异步电动机行程控制电路的相关知识。
（2）了解三相异步电动机行程控制电路的电气原理图。
（3）设计三相异步电动机行程控制电路的电器布置图。
（4）绘制三相异步电动机行程控制电路的电气安装接线图。
（5）按照电气控制原理图、布置图和接线图，完成三相异步电动机行程控制电路的安装。
（6）完成三相异步电动机行程控制电路故障的检测与排除。

2.4.3　相关知识

2.4.3.1　位置开关

位置开关是操作机构在机器的运动部件到达一个预定位置时操作的一种指示开关。它包括行程开关（限位开关）、微动开关及接近开关等。这里着重介绍在生产中应用较广泛的行程开关，并简单介绍接近开关的作用及工作原理。位置开关的部分实物图如图 2-8 所示。

（a）直动式行程开关　　　　（b）单轮滚动式行程开关　　　　（c）微动开关

（d）双轮滚动式行程开关　　　　（e）接近开关

图 2-8　位置开关实物图

1．行程开关

行程开关是一种按工作机械的行程，发出操作命令以控制其运动方向和行程大小的开关。其作用原理与按钮相同，区别在于它不是靠手指的按压而是利用生产机械运动部件的碰压使其触头动作，从而将机械信号转变为电信号，用以控制机械动作或用作程序控制。通常行程开关用来限制机械运动的位置或行程，使运动机械按一定的位置或行程实现自动停止、反向运动、变速运动或自动往返运动等。

（1）型号及含义。目前机床中常用的行程开关有 LX19 和 JLXK1 等系列，其型号及含义如下：

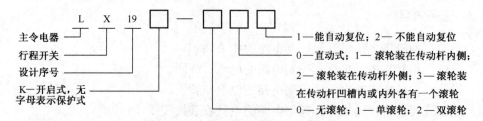

（2）结构及工作原理。各系列行程开关的基本结构大体相同，都是由触头系统、操作机构和外壳组成。以某种行程开关元件为基础，装置不同的操作机构，可得到各种不同形式的行程开关，常见的有按钮式（直动式）和旋转式（滚轮式）。

1）直动式行程开关的动作原理如图 2-9 所示。其作用原理与按钮相同，只是它用运动部件上的挡铁碰压行程开关的推杆。直动式行程开关虽然结构简单，但是触点的分合速度取决于碰块移动的速度。若碰块移动的速度太慢，则触点不能瞬时切断电路，使电弧在触点上停留时间过长，易于烧蚀触点。因此，这种开关不宜用在碰块移动速度小于 0.4m/min 的场合。

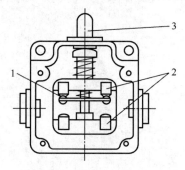

图 2-9　直动式行程开关
1—动触头；2—静触头；3—推杆

2）滚轮旋转式行程开关的动作原理如图 2-10（a）所示。为了克服直动式行程开关的缺点，可采用能瞬时动作的滚轮旋转式行程开关。当运动部件上的挡铁碰压行程开关的滚轮 1 时，上传臂 2 向左下方转动，推杆 4 向右转动，并压缩右边弹簧 8，同时下面的小滚轮 5 也很快沿着擒纵件 6 向右转动，小滚轮滚动又压缩弹簧 7，当滚轮 5 走过擒纵件 6 的中点时，盘形弹簧 3 和弹簧 7 都使擒纵件 6 迅速转动，因而使动触点迅速地与右边的静触头分开，并与左边的静触点闭合。这样就减少了电弧对触点的损坏，并保证了动作的可靠性。这类行程开关适用于低速运动的机械。

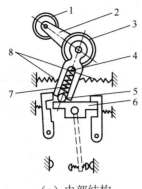 

（a）内部结构　　　　　　　　　（b）符号

图 2-10　滚轮旋转式行程开关的内部结构及行程开关的符号

1—滚轮；2—上传臂；3—盘形弹簧；4—推杆；5—小滚轮；6—擒纵件；7—压缩弹簧；8—左右弹簧

行程开关动作后，复位方式有自动复位和非自动复位两种。如图 2-9 和图 2-10 所示的直动按钮式和单轮旋转式均为自动复位式，即当挡铁移开后，在复位弹簧的作用下，行程开关的各部分能自动恢复原始状态。但有的行程开关动作后不能自动复位，如双轮旋转式行程开关。当挡铁碰压这种行程开关的一个滚轮时，杠杆转动一定角度后触头瞬时动作；当挡铁离开滚轮后，开关不自动复位。只有运动机械反向移动，挡铁从相反方向碰压另一滚轮时，触头才能复位。这种非自动复位式的行程开关价格较贵，但运行较可靠。

行程开关在电路图中的符号如图 2-10（b）所示。

（3）选用。行程开关主要根据动作要求、安装位置及触头数量选择。

LX19 和 JLXK1 系列行程开关的主要技术数据见表 2-12。

表 2-12　LX19 和 JLXK1 系列行程开关的主要技术数据

型号	额定电压，额定电流	结构特点	触头对数		工作行程	起行程	触头转换时间
			常开	常闭			
LX19		元件	1	1	3mm	1mm	
LX19—111		单轮，滚轮装在传动杆内侧，能自动复位	1	1	约30°	约20°	
LX19—121		单轮，滚轮装在传动杆外侧，能自动复位	1	1	约30°	约20°	
LX19—131		单轮，滚轮装在传动杆凹槽内，能自动复位	1	1	约30°	约20°	
LX19—212	380V 5A	双轮，滚轮装在 U 形传动杆内侧，不能自动复位	1	1	约30°	约15°	≤0.04s
LX19—222		双轮，滚轮装在 U 形传动杆外侧，不能自动复位	1	1	约30°	约15°	
LX19—232		双轮，滚轮装在 U 形传动杆内外侧各一个，不能自动复位	1	1	约30°	约15°	
LX19—001		无滚轮，仅有径向传动杆，能自动复位	1	1	<4mm	3mm	
JLXK1—111		单轮防护式	1	1	12~15°	≤30°	
JLXK1—211	500V 5A	双轮防护式	1	1	约40°	≤45°	≤0.04s
JLXK1—311		直动防护式	1	1	1~3mm	2~4mm	
JLXK1—411		直动滚轮防护式	1	1	1~3mm	2~4mm	

（4）常见故障及处理方法。行程开关的常见故障及处理方法见表 2-13。

表 2-13　常见故障及处理方法

故障现象	可能原因	处理方法
挡铁碰撞位置开关后，触头不动作	安装位置不准确	调整安装位置
	触头接触不良或接线松脱	清刷触头或紧固接线
	触头弹簧失效	更换弹簧
杠杆已经偏转，或无外界机械力作用，但触头不复位	复位弹簧失效	更换弹簧
	内部碰撞卡阻	清扫内部杂物
	调节螺钉太长，顶住开关按钮	检查调节螺钉

（5）安装与使用。

1）行程开关安装时，安装位置要准确，安装要牢固；滚轮的方向不能装反，挡铁与其碰撞的位置应符合控制线路的要求，并确保能可靠地与挡铁碰撞。

2）行程开关在使用中，要定期检查和保养，除去油污及粉尘，清理触头，经常检查其动作是否灵活、可靠，及时排除故障，防止因行程开关触头接触不良或接线松脱产生误动作而导致设备和人身安全事故。

2. 接近开关

接近开关又称为无触点位置开关，是一种与运动部件无机械接触而能操作的位置开关。当运动的物体靠近开关到一定位置时，开关发出信号，达到行程控制、计数及自动控制的作用。它的用途除了行程控制和限位保护外，还可作为检测金属体的存在、高速计数、测速、定位、变换运动方向、检测零件尺寸、液面控制及用作无触点按钮等。与行程开关相比，接近开关具有定位精度高、工作可靠、寿命长、操作频率高以及能适应恶劣工作环境等优点。但接近开关在使用时，一般需要有触点继电器作为输出器。

按工作原理来分，接近开关有高频振荡型、感应电桥型、霍尔效应型、光电型、永磁及磁敏元件型、电容型和超声波型等多种类型，其中以高频振荡型最为常用。其电路结构可以归纳为如图 2-11 所示的组成部分。

高频振荡型接近开关的工作原理为：当有金属物体靠近一个以一定频率稳定振荡的高频振荡器的感应头附近时，由于感应作用，该物体内部会产生涡流及磁滞损耗，以致振荡回路因电阻增大、能耗增加而使振荡减弱，直至停止振荡。检测电路根据振荡器的工作状态控制输出电路的工作，输出信号去控制继电器或其他电器，以达到控制目的。

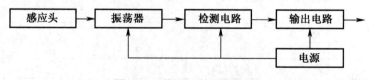

图 2-11　接近开关原理框图

目前在工业生产中，LJ1、LJ2 等系列晶体管接近开关已逐步被 LJ、LXJ10 等系列集成电路接近开关所取代。LJ 系列集成电路接近开关是由德国西门子公司元器件组装而成。其性能可靠，安装使用方便，产品品种规格齐全，应用广泛。

LJ 系列接近开关分交流和直流两种类型，交流型为两线制，有常开式和常闭式两种。直流型分为两线制、三线制和四线制。除四线制为双触头输出（含有一个常开和一个常闭输出触头）外，其余均为单触头输出（含有一个常开或一个常闭触头）。交流两线接近开关的外形和接线方式如图 2-12 所示。接近开关电路图中的符号如图 2-12（c）所示。

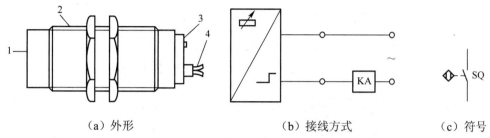

（a）外形　　　　　　　　（b）接线方式　　　　　（c）符号

图 2-12　交流两线接近开关的外形和接线方式

1—感应面；2—圆柱螺纹型外壳；3—LED 指示；4—电缆

3．微动开关

微动开关是行程非常小的瞬时动作开关，其特点是操作力小和操作行程短。微动开关也可看成尺寸很小而又非常灵活的行程开关。

随着生产发展的需要，微动开关向体积小和操作行程小发展，控制电流却有增大的趋势，在结构上有向封闭型发展的趋势，以避免空气中尘埃进入触点之间影响触点的可靠导电。微动开关的结构如图 2-13 所示。常用的有 LXW－11 系列产品。

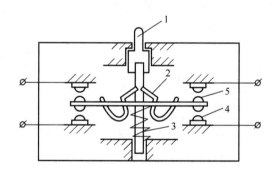

图 2-13　微动式行程开关

1—推杆；2—弹簧；3—压缩弹簧；4—动断触点；5—动合触点

LXW 系列微动开关（以下简称微动开关）适用于交流 50Hz（60Hz），额定工作电压 250V，额定电流 16A 的控制电路中，将机械信号转换为电器信号，作为控制电路的通断行程之用。由于优异的设计，动作准确、可靠，被广泛用于机械、纺织、轻工、电子仪器等各种设备的控制系统上，例如家用电器、电动工具、检测仪器、医疗器具等均有该产品与之配套。

2.4.3.2　三相异步电动机的行程控制

实际生产过程中，一些生产机械运动部件的行程或位置要受到限制，或者需要其运动部件在一定范围内自行往返循环等。如在摇臂钻床、万能铣床、桥式起重机及各种自动或半自动控制机床设备中就经常遇到这种要求。实现这种控制要求所依靠的主要电器是位置开关。

位置控制线路又称行程控制或限位控制线路，其控制线路如图 2-14 所示。

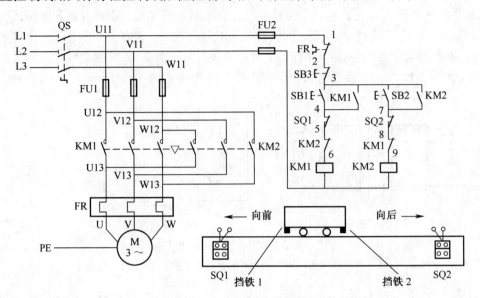

图 2-14　位置控制电路图

　　工厂车间里的行车常采用这种线路，图 2-14 右下角是行车运动示意图，行车的两头终点处各安装一个位置开关 SQ1 和 SQ2，将这两个位置开关的常闭触头分别串接在正转控制电路和反转控制电路中。行车前后各装有挡铁 1 和挡铁 2，行车的行程和位置可通过移动位置开关的安装位置来调节。

　　线路的工作原理叙述如下（先合上电源开关 QS）。

　　（1）行车向前运动。

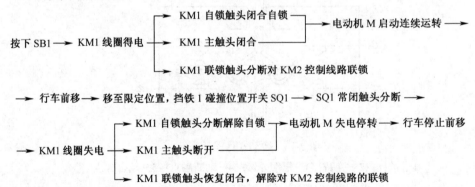

　　此时，即使再按下 SB1，由于 SQ1 常闭触头已分断，接触器 KM1 线圈也不会得电，保证行车不会超过 SQ1 所在的位置。

　　（2）行车向后运动。

　　原理分析同上，请读者自行分析。停车时只需按下 SB3 即可。

　　2.4.3.3　三相异步电动机的自动往返行程控制

　　有些生产机械，要求工作台在一定的行程内能自动往返运动，以便实现对工件的连续加工，提高生产效率。这就需要电气控制线路能对电动机实现自动转换正反转控制。由位置开关控制的工作台自动往返控制线路如图 2-15（a）所示。图 2-15（b）是工作台自动往返运动的示意图。

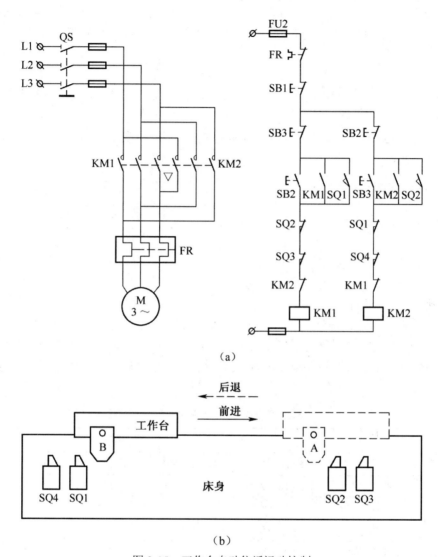

（a）

（b）

图 2-15　工作台自动往返运动控制

为了使电动机的正反转控制与工作台的左右运动相配合，在控制线路中设置了四个位置开关 SQ1、SQ2、SQ3 和 SQ4，并把它们安装在工作台需限位的地方。其中 SQ1、SQ2 用来自动换接电动机正反转控制电路，实现工作台的自动往返行程控制；SQ3、SQ4 用来作终端保护，以防止 SQ1、SQ2 失灵，工作台越过限定位置而造成事故。在工作台边的 T 形槽中装有两块挡铁，挡铁 B 只能和 SQ1、SQ4 相碰撞，挡铁 A 只能和 SQ2、SQ3 相碰撞。当工作台运动到所限位置时，挡铁碰撞位置开关，使其触头动作，自动换接电动机正反转控制电路，通过机械传动机构使工作台自动往返运动。工作台行程可通过移动挡铁位置来调节，拉开两块挡铁间的距离，行程就短，反之则长。

线路的工作原理如下：先合上 QS，按下正转按钮 SB2，接触器 KM1 线圈通电并自锁，电动机正向旋转，拖动工作台前进，到达加工终点，挡铁压下 SQ2，其常闭触头断开，KM1失电，电动机停止正转，但 SQ2 常开触头闭合，又使接触器 KM2 线圈通电并自锁，电动机反向启动运转，拖动工作台后退，当后退到加工终点时，挡铁压下 SQ1，其常闭触头断开，KM2失电，KM1 线圈通电并自锁，电动机由反转变为正转，工作台由后退变为前进，如此反复地自动往返工作。

按下停止按钮 SB1 时，电动机停止，工作台停止运动。

若 SQ1、SQ2 失灵，则由极限限位开关 SQ3、SQ4 实现保护，避免工作台因超出极限位置而发生事故。

这里 SB2、SB3 分别作为正转启动按钮和反转启动按钮，若启动时工作台在右端，则应按下 SB3 进行启动。

2.4.4　任务实施

工作台自动往返控制线路的安装与检修

1．目的要求

（1）熟悉位置控制线路的工作原理。

（2）掌握工作台自动往返控制线路的安装与检修以及位置开关的作用。

2．工具、仪表及器材

（1）工具：测电笔、螺钉旋具、尖嘴钳、斜口钳、剥线钳、电工刀等。

（2）仪表：兆欧表、钳形电流表、万用表。

（3）器材：各种规格的紧固体、针形及叉形轧头、金属软管、编码套管等。电器元件见表 2-14。

表 2-14　元件明细表

代号	名称	型号	规格	数量
M	三相异步电动机	Y112－4	4kW、380V、△接法、8.8A、1440r/min	1
QS	断路器	HZ10－25/3	三极、25A	1
FU1	熔断器	RL1－60/25	500V、60A、配熔体25A	3
FU2	熔断器	RL1－15/2	500V、15A、配熔体2A	2
KM1、KM2	交流接触器	CJ10－20	20A、线圈电压380V	1
FR	热继电器	JR16－20/3	三极、20A、整定电流8.8A	4
SB1～SB2	按钮	JLXK1－111	保护式、380V、5A 按钮数 3	1
SQ1～SQ2	位置开关	LA－10－3H	380V、10A、20 节	1
XT	端子板	JX－1020	1.5mm² （7×0.52mm）	若干
	主电路导线	BVR－1.0	1mm² （7×0.43 mm）	若干
	控制电路导线	BVR－0.75	0.75mm²	若干
	按钮线	BVR－1.5	1.5mm²	若干
	走线槽		18mm×25mm	若干
	控制板		500mm×400mm×20mm	1

3．安装训练

安装步骤及工艺要求。

（1）按表 2-14 配齐所用电器元件，并检验元件质量。

（2）在控制板上按如图 2-15 所示电路图画出电器元件布置图。

（3）根据电器元件布置图安装走线槽和所有电器元件，并贴上醒目的文字符号。安装走线槽时，应做到横平竖直、排列整齐匀称、安装牢固和便于走线等。

（4）按如图 2-15 所示的电路图进行板前线槽配线，并在导线端部套编码套管和冷压接线头。安装接线可以参考图 2-16。板前线槽配线的具体工艺要求是：

1）所有导线的截面积在等于或大于 0.5mm^2 时，必须采用软线。考虑机械程度的原因，所用导线的最小截面积，在控制箱外为 1mm^2，在控制箱内为 0.75mm^2。但对控制箱内很小电流的电路连线，如电子逻辑电路，可用 0.2mm^2，并且可以采用硬线，但只能用于不移动又无振动的场合。

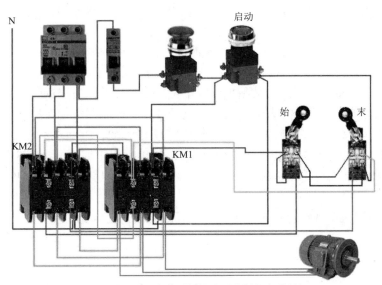

启动顺转→撞末行程顺停逆启动→撞始行程逆停顺启动不断循环

图 2-16　工作台自动往返运动控制实物接线图

2）布线时，严禁损伤线芯和导线绝缘。

3）各电器元件接线端子引出导线的走向，以元件的水平中心线为界线，在水平中心线以上接线端子引出的导线，必须进入元件上面的走线槽；在水平中心线以下接线端子引出的导线，必须进入元件下面的走线槽。任何导线都不允许从水平方向进入走线槽内。

4）各电器元件接线端子上引出或引入的导线，除间距很小和元件机械强度很差允许直接架空敷设外，其他导线必须经过走线槽进行连接。

5）进入走线槽内的导线要完全置于走线槽内，并应尽可能避免交叉，装线不要超过其容量的 70%，以便于能盖上线槽盖和以后的装配及维修。

6）各电器元件与走线槽之间的外露导线，应走线合理，并尽可能做到横平竖直，变换走向要垂直。同一个元件上位置一致的端子和同型号电器元件中位置一致的端子上引出或引入的导线，要敷设在同一个平面上，并应做到高低一致或前后一致，不得交叉。

7）所有接线端子、导线线头上都应套有与电路图上相应接点线号一致的编码套管，并按线号进行连接，连接必须牢靠，不得松动。

8）在任何情况下，接线端子必须与导线截面积和材料性质相适应。当接线端子不适合连接软线或较小截面积的软线时，可以在导线端头穿上针形或叉形轧头并压紧。

9）一般一个接线端子只能连接一根导线，如果采用专门设计的端子，可以连接两根或多根导线，但导线的连接方式，必须是公认的、在工艺上成熟的各种方式，如夹紧、压接、焊接、绕接等，并应严格按照连接工艺的工序要求进行。

（5）根据电路图检验控制板内部布线的正确性。

（6）安装电动机。

（7）可靠连接电动机和各电器元件金属外壳的保护接地线。

（8）连接电源、电动机等控制板外部的导线。

（9）自检。

（10）检查无误后通电试车。

4．注意事项

（1）位置开关可以先安装好，不占定额时间。位置开关必须牢固安装在合适的位置上。安装后，必须用手动工作台或受控机械进行试验，合格后才能使用。训练中若无条件进行实际机械安装试验时，可将位置开关安装在控制板下方两侧进行手控模拟试验。

（2）通电校验时，必须先手动位置开关，试验各行程控制和终端保护动作是否正常可靠。若在电动机正转（工作台向右运动）时，扳动位置开关 SQ2，电动机不反转，且继续正转，则可能是由于 KM2 的主触头接线不正确引起，需断电进行纠正后再试，以防止发生设备事故。

（3）走线槽安装后可不必拆卸，以供后面技能训练时使用。安装线槽的时间不计入定额时间内。

（4）安装训练应在规定定额时间内完成。同时要做到安全操作和文明生产。

5．安装评价

安装评价按照表 2-15 进行。

表 2-15 安装接线评分

项目内容	配分	评分标准	扣分	得分
安装接线	40 分	（1）按照元器件明细表配齐元器件并检查质量，因元器件质量问题影响通电，一次扣 10 分； （2）不按电路图接线，每处扣 10 分； （3）接点不符合要求，每处扣 5 分； （4）损坏元器件，每个扣 2 分； （5）损坏设备，此项分全扣		
通电试车	40 分	通电一次不成功，扣 10 分； 通电二次不成功，扣 20 分； 通电三次不成功，扣 40 分		
安全文明操作	10 分	视具体情况扣分		
操作时间	10 分	规定时间为 60 分钟，每超过 5 分钟扣 5 分		
说明		除定额时间外，各项目的最高扣分不应该超过配分数		
开始时间		结束时间		实际时间	

2.4.5　任务考核

任务考核按照表 2-16 进行。

表 2-16　任务考核评价

评价项目	评价内容	自评	互评	师评
学习态度（10分）	能否认真听讲，答题是否全面			
安全意识（10分）	是否按照安全规范操作并服从教学安排			
完成任务情况（40分）	元器件布局合适与否			
	电器元件安装符合要求与否			
	电路接线正确与否			
	试车操作过程正确与否			
完成任务情况（30分）	调试过程中出现故障检修正确与否			
	仪表使用正确与否			
	通电试验后各结束工作完成如何			
协作能力（10分）	与同组成员交流讨论解决了一些问题			
总评	好（85～100分），较好（70～85分），一般（少于70分）			

任务 2.5　知识拓展：电动机的多种功能控制

2.5.1　任务目标

培养学生独立思考能力，开启学生创新思维。

2.5.2　任务内容

（1）学习如何实现三相异步电动机多种功能控制。
（2）了解三相异步电动机多种功能控制电路的电气原理图。
（3）设计三相异步电动机多种功能控制电路的电器布置图。
（4）绘制三相异步电动机多种功能控制电路的电气安装接线图。
（5）按照电气控制原理图、布置图和接线图，完成三相异步电动机多种功能控制电路的安装。
（6）完成三相异步电动机多种功能控制电路故障的检测与排除。

2.5.3　相关知识

2.5.3.1　单台双向运行电动机的点动与连续控制

图 2-17 是电动机双向点动与连续控制电气原理图。SB1 是总停按钮，SB2 和 SB3 分别控制电动机正转的连续和点动运行；SB4 和 SB5 分别控制电动机反转的连续和点动运行。

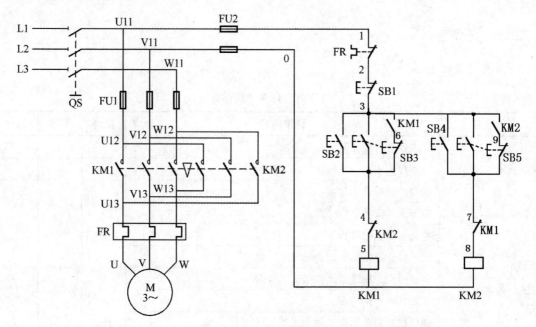

图 2-17　单台双向运行电动机的点动与连续控制电路图

2.5.3.2　单台双向运行电动机的双重联锁两地控制

图 2-18 是能在 A、B 两地分别控制同一台电动机双向运行电气原理图。SB1 和 SB4 分别是电动机在 A、B 两地的停止运行控制按钮；SB2 和 SB5 分别是电动机在 A、B 两地的正转运行控制按钮；SB3 和 SB6 分别是电动机在 A、B 两地的反转运行控制按钮。

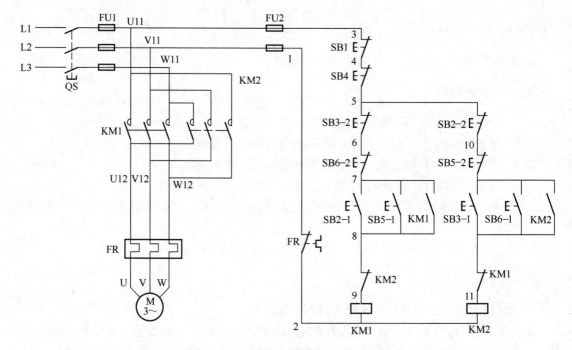

图 2-18　单台双向运行电动机的双重联锁两地控制电路图

2.5.4　任务实施

（有兴趣的读者自行分析工作原理并实施完成）

2.5.5　任务考核

任务考核按照表 2-17 进行。

表 2-17　任务考核评价

评价项目	评价内容	自评	互评	师评
学习态度（10分）	能否认真听讲，答题是否全面			
安全意识（10分）	是否按照安全规范操作并服从教学安排			
完成任务情况 （40分）	元器件布局合适与否			
	电器元件安装符合要求与否			
	电路接线正确与否			
	试车操作过程正确与否			
完成任务情况 （30分）	调试过程中出现故障检修正确与否			
	仪表使用正确与否			
	通电试验后各结束工作完成如何			
协作能力（10分）	与同组成员交流讨论解决了一些问题			
总评	好（85～100分），较好（70～85分），一般（少于70分）			

知识梳理与总结

　　本项目介绍了组合开关及位置控制电路中所用低压电器位置开关，着重介绍了位置开关的结构、工作原理、型号、部分技术参数、选择、使用与故障维修，以及图形符号与文字符号，为正确选择、使用和维修低压电器打下基础。

　　本项目着重介绍了电气控制线路基本控制环节中的三相异步电动机双向运行控制电路，包括组合开关双向运转控制线路、接触器联锁的双向运转控制线路、按钮联锁的双向运转控制线路及接触器、按钮双重联锁的双向运转控制线路；位置开关控制电路中的位置控制线路、自动循环控制线路。在介绍的过程中非常详细地分析了各控制电路的工作原理、设计指导思想，以及各种保护环节。对接触器联锁的双向运转控制线路还附有接线图、元器件布置图，以求达到抛砖引玉的效果。

　　为了巩固所学知识，本项目每个任务都配备有一定量的技能训练，并详细地介绍了制作、安装、调试及维修过程。另外，在训练的过程中，有些训练留有接线图、元器件布置图的练习环节，以达到真正掌握接线图、元器件布置图的画法。

　　为了拓展学生思维，还增设了知识拓展任务，以激发学生学习热情。

　　熟悉掌握这些基本知识，学会分析其工作原理，可以为后续学习打下良好的基础。

思考与练习

1．行程开关的触头动作方式有哪几种？各有什么特点？

2．什么是接近开关？它有什么特点？

3．如何使电动机改变转向？

4．用倒顺开关控制电动机正反转时，为什么不允许把手柄从"顺"的位置直接扳到"倒"的位置？

5．试分析判断题图 2-1 所示主电路或控制电路能否实现正反转控制？若不能，试说明原因。

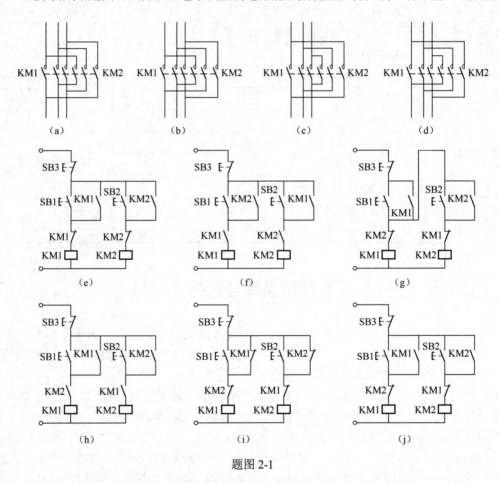

题图 2-1

6．试画出点动的双重联锁正反转控制线路的电路图。

7．某车间有两台电动机，一台是主轴电动机，要求能正反转控制；另一台是冷却泵电动机，只要求正转；两台电动机都要求有短路、过载、欠压和失压保护，试设计出满足要求的电路图。

8．什么是位置控制？

9．什么叫联锁控制？在电动机正反转控制线路中为什么必须有联锁控制？试指出题图 2-2 所示控制电路中哪些电器元件起联锁作用，各线路有什么优缺点。

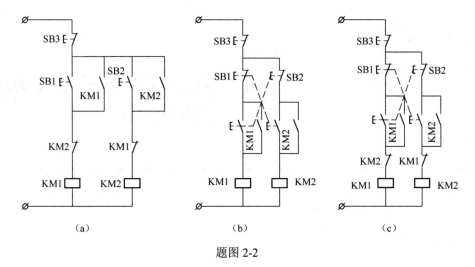

题图 2-2

10．什么是顺序控制？常见的顺序控制有哪些？各举一例说明。

11．什么叫电动机的多地控制？线路的接线特点是什么？

12．试画出能在两地控制同一台电动机正反转的点动控制电路图。

13．题图 2-3 所示是两条传送带运输机的示意图。
请按下述要求画出两条传送带运输机的控制电路。

（1）1 号启动后，2 号才能启动；

（2）1 号必须在 2 号停止后才能停止；

（3）具有短路、过载、欠压及失压保护。

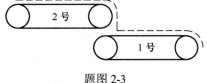

题图 2-3

14．题图 2-4 所示是两种在控制电路实现电动机
顺序控制的线路（主电路略），试分析各线路有什么特点，能满足什么控制要求。

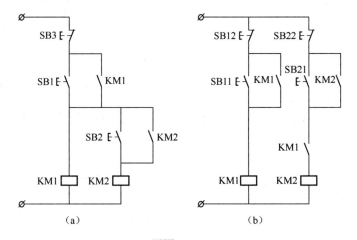

题图 2-4

15．某控制线路可以实现以下控制要求：①M1、M2 可以分别启动和停止；②M1、M2 可以同时启动、同时停止；③当一台电动机发生过载时，两台电动机同时停止。试设计该控制线路，并分析工作原理。

项目三
三相异步电动机降压启动控制线路设计、安装与调试

【知识能力目标】

1. 熟悉降压启动控制所需低压电器的结构、工作原理、使用和选用；
2. 掌握降压启动基本电气控制线路设计、安装、调试与检修；
3. 掌握降压启动控制电气图的识读和绘制方法；
4. 掌握降压启动电气控制线路的故障查找方法。

【专业能力目标】

1. 能正确设计、安装和调试三相异步电动机降压启动控制电路；
2. 能正确使用相关仪器仪表对三相异步电动机降压启动控制电路进行检测；
3. 能正确检修和排除三相异步电动机降压启动控制电路的典型故障；
4. 能正确识读和绘制三相异步电动机降压启动控制电路。

【其他能力目标】

1. 培养学生谦虚、好学的能力；培养学生勤于思考、做事认真的良好作风；培养学生良好的职业道德。

2. 学生分析问题、解决问题的能力的培养；学生勇于创新、敬业乐业的工作作风的培养；学生质量意识、安全意识的培养；培养学生的团结协作能力；能根据工作任务进行合理的分工，互相帮助、协作完成工作任务。

3. 遵守工作时间，在教学活动中渗透企业的 6S 制度（整理/整顿/清扫/清洁/素养/安全）。

4. 培养学生填写、整理、积累技术资料的能力；在进行电路装接、故障排除之后能对所进行的工作任务进行资料收集、整理、存档。

前面介绍的各种控制线路在启动时，加在电动机定子绕组上的电压为电动机的额定电压，属于全压启动，也称直接启动。直接启动的优点是电气设备少，线路简单，维修量较小。但是全压启动电流很大，启动电流一般为额定电流的4～7倍。在电源变压器容量不够大而电动机功率较大的情况下，直接启动将导致电源变压器输出电压下降，不仅减小电动机本身的启动转矩，而且会影响同一供电线路中其他电气设备的正常工作。因此，较大容量的电动机需采用降压启动。

通常规定：电源容量在180kVA以上，电动机容量在7kW以下的三相异步电动机可采用直接启动。

判断一台电动机能否直接启动，还可以用下面的经验公式来确定：

$$\frac{I_{st}}{I_N} \leqslant \frac{3}{4} + \frac{S}{4P} \tag{3-1}$$

式中　I_{st}——电动机全压启动电流，A；

　　　I_N——电动机额定电流，A；

　　　S——电源变压器容量，kVA；

　　　P——电动机功率，kW。

凡不满足直接启动条件的，均须采用降压启动。

降压启动是指利用启动设备将电压适当降低后加到电动机的定子绕组上进行启动，待电动机启动运转后，再使其电压恢复到额定值正常运转。由于电流随电压的降低而减小，所以降压启动达到了减小启动电流之目的。但是，由于电动机转矩与电压的平方成正比，所以降压启动也将导致电动机的启动转矩大为降低。因此，降压启动需要在空载或轻载下启动。

在实际生产中对要求启动转矩较大且能平滑调速的场合，常常采用三相绕线转子异步电动机。绕线转子异步电动机的优点是可以通过滑环在转子绕组中串接电阻来改善电动机的机械特性，从而达到减小启动电流、增大启动转矩以及平滑调速之目的。

启动时，在转子回路中接入作Y形连接、分级切换的三相启动电阻器，并把可变电阻放到最大位置，以减小启动电流，获得较大的启动转矩。随着电动机转速的升高，可变电阻逐级减小。启动完毕后，可变电阻减小到零，转子绕组被直接短接，电动机便在额定状态下运行。

如果电动机要调速，则将可变电阻调到相应的位置即可，这时可变电阻便成为调速电阻。

下面分别介绍四种三相鼠笼异步电动机降压启动方法和三种三相绕线转子异步电动机降压启动方法。

任务3.1　三相鼠笼异步电动机定子绕组串接电阻降压启动控制电路设计、安装与调试

3.1.1　任务目标

（1）熟悉时间继电器。

（2）了解三相鼠笼式异步电动机定子绕组串电阻降压启动在电气控制系统中的实际应用。

（3）掌握三相鼠笼式异步电动机定子绕组串电阻降压启动控制电路的结构形式及工作原理。

（4）正确识读、分析三相鼠笼式异步电动机定子绕组串电阻降压启动控制线路电气原理图，能根据电气原理图绘制电器元件布置图和电气接线图。

（5）能正确地进行三相鼠笼式异步电动机定子绕组串电阻降压启动控制电路的设计、安装与调试。

（6）学习、掌握并认真实施三相鼠笼式异步电动机定子绕组串电阻降压启动控制电路的电气安装基本步骤及安全操作规范。

3.1.2　任务内容

（1）学习三相鼠笼式异步电动机定子绕组串电阻降压启动控制电路的相关知识。

（2）学习三相鼠笼式异步电动机定子绕组串电阻降压启动控制电路的电气原理图设计。

（3）设计三相鼠笼式异步电动机定子绕组串电阻降压启动控制电路的电器布置图。

（4）绘制三相鼠笼式异步电动机定子绕组串电阻降压启动控制电路的电气安装接线图。

（5）按照电气控制原理图、布置图和接线图，完成三相鼠笼式异步电动机定子绕组串电阻降压启动控制电路的安装。

（6）完成三相鼠笼式异步电动机定子绕组串电阻降压启动控制电路故障的检测与排除。

3.1.3　相关知识

3.1.3.1　时间继电器

在生产中经常需要按一定的时间间隔对生产机械进行控制，例如电动机的降压启动需要一定的时间，然后才能加上额定电压；在一条自动线中的多台电动机，经常需要分批启动，在第一批启动后，需经过一定时间，才能启动第二批等。这类自动控制称为时间控制。时间控制通常是利用时间继电器来实现的。从得到动作信号起至触头动作或输出电路产生跳跃式改变有一定延时时间，该延时时间又符合其准确度要求的继电器称为时间继电器。它广泛用于需要按时间顺序进行控制的电气控制线路中。

常用的时间继电器主要有电磁式、电动式、空气阻尼式、晶体管式等。其中，电磁式时间继电器的结构简单、价格低廉，但体积和重量较大，延时较短（如 JT3 型只有 0.3～5.5s），且只能用于直流断电延时；电动式时间继电器的延时精度高，延时可调范围大（由几分种到几小时），但结构复杂，价格贵。目前在电力拖动线路中应用较多的是空气阻尼式时间继电器。随着电子技术的发展，近年来晶体管式时间继电器的应用日益广泛。

1. JS7－A 系列空气阻尼式时间继电器

空气阻尼式时间继电器又称气囊式时间继电器，是利用气囊中的空气通过小孔节流的原理来获得延时动作的。根据触头延时的特点，可分为通电延时动作型和断电延时复位型两种。

（1）型号及含义。

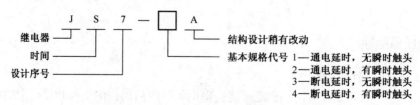

（2）结构。JS7－A 系列空气阻尼式时间继电器的外形和结构如图 3-1 所示。它主要由以

下几部分组成：

1）电磁系统。由线圈、铁心和衔铁组成。

2）触头系统。包括两对瞬时触头（一常开、一常闭）和两对延时触头（一常开、一常闭），瞬时触头和延时触头分别是两个微动开关的触头。

3）空气室。空气室为一空腔，由橡皮膜、活塞等组成。橡皮膜可随空气的增减而移动，顶部的调节螺钉可调节延时时间。

4）传动机构。由推杆、活塞杆、杠杆及各种类型的弹簧等组成。

5）基座。用金属板制成，用以固定电磁机构和气室。

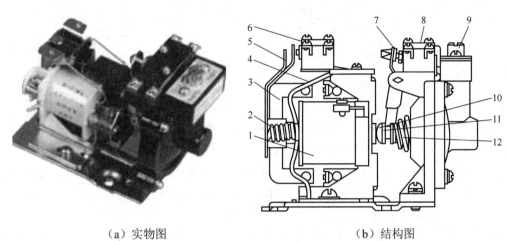

（a）实物图　　　　　　　　　　　（b）结构图

图 3-1　JS7—A 系列空气阻尼式时间继电器的外形和结构

1—线圈；2—反力弹簧；3—衔铁；4—铁心；5—弹簧片；6—瞬时触头；

7—杠杆；8—延时触头；9—调节螺钉；10—推杆；11—活塞；12—宝塔形弹簧

（3）工作原理。JS7—A 系列空气阻尼式时间继电器的工作原理示意图如图 3-2 所示。

1）通电延时型时间继电器的工作原理。当线圈 1 通电后，铁心 2 产生吸力，衔铁 3 克服反力弹簧 4 的阻力与铁心吸合，带动推板 5 立即动作，压合微动开关 SQ2，使其常闭触头瞬时断开，常开触头瞬时闭合。同时活塞杆 6 在宝塔形弹簧 7 的作用下向上移动，带动与活塞 13 相连的橡皮膜 9 向上运动，运动的速度受进气孔 12 进气速度的限制。这时橡皮膜下面形成空气较稀薄的空间，与橡皮膜上面的空气形成压力差，对活塞的移动产生阻尼作用。活塞杆带动杠杆 15 只能缓慢地移动。经过一定时间，活塞才能完成全部行程而压动微动开关 SQ1，使其常闭触头断开，常开触头闭合。由于从线圈通电到触头动作需要延时一段时间，因此 SQ1 的两对触头分别称为延时闭合瞬时断开的常开触头和延时断开瞬时闭合的常闭触头。这种时间继电器延时时间的长短取决于进气的快慢，旋动调节螺钉 11 可调节进气孔的大小，即可达到调节延时时间长短的目的。JS7—A 系列时间继电器的延时范围有 0.4～60s 和 0.4～180s 两种。

当线圈 1 断电时，衔铁 3 在反力弹簧 4 的作用下，通过活塞杆 6 将活塞推向下端，这时橡皮膜 9 下方腔内的空气通过橡皮膜 9、弱弹簧 8 和活塞 13 局部所形成的单向阀迅速从橡皮膜上方的气室缝隙中排掉，使微动开关 SQ1、SQ2 的各对触头均瞬时复位。

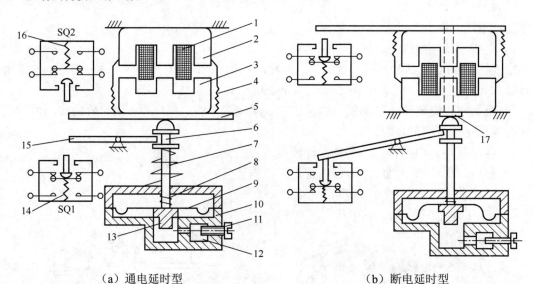

（a）通电延时型　　　　　　　　　（b）断电延时型

图 3-2　JS7-A 系列空气阻尼式时间继电器结构原理图

1—线圈；2—铁心；3—衔铁；4—反力弹簧；5—推板；6—活塞杆；7—塔形弹簧；8—弱弹簧；9—橡皮膜；

10—空气室壁；11—调节螺钉；12—进气孔；13—活塞；14、16—微动开关；15—杠杆；17—推杆

2）断电延时型时间继电器。JS7—A 系列断电延时型和通电延时型时间继电器的组成元件是通用的。如果将通电延时型时间继电器的电磁机构翻转 180°安装即成为断电延时型时间继电器。其工作原理读者可自行分析。

空气阻尼式时间继电器的优点是：延时范围较大（0.4～180s），且不受电压和频率波动的影响；可以做成通电和断电两种延时形式；结构简单、寿命长、价格低。其缺点是：延时误差大，难以精确地整定延时值，且延时值易受周围环境温度、尘埃等的影响。因此，对延时精度要求较高的场合不宜采用。

时间继电器在电路图中的符号如图 3-3 所示。

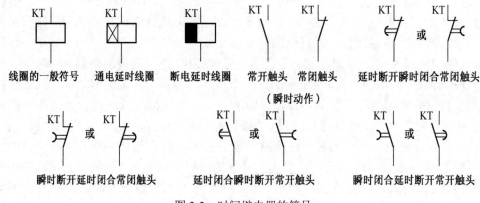

图 3-3　时间继电器的符号

（4）选用。

1）根据系统的延时范围和精度选择时间继电器的类型和系列。在延时精度要求不高的场合，一般可选用价格较低的 JS7—A 系列空气阻尼式时间继电器，反之，对精度要求较高的场

合，可选用晶体管式时间继电器。

2）根据控制线路的要求选择时间继电器的延时方式（通电延时或断电延时）。同时，还必须考虑线路对瞬时动作触头的要求。

3）根据控制线路电压选择时间继电器吸引线圈的电压。

JS7－A 系列空气阻尼式时间继电器的技术数据见表 3-1。

表 3-1　JS7－A 系列空气阻尼式时间继电器的技术数据

型号	瞬时动作触头对数		有延时的触头对数				触头额定电压/V	触头额定电流/A	线圈电压/V	延时范围/s	额定操作频率/（次/h）
			通电延时		断电延时						
	常开	常闭	常开	常闭	常开	常闭					
JS7－1A	—	—	1	1	—	—	380	5	24、36、110、127、220、380、420	0.4～60 及 0.4～180	600
JS7－2A	1	1	1	1	—	—					
JS7－3A	—	—	—	—	1	1					
JS7－4A	1	1	—	—	1	1					

（5）安装和使用。

1）时间继电器应按说明书规定的方向安装。无论是通电延时型还是断电延时型，都必须使继电器在断电后，释放时衔铁的运动方向垂直向下，其倾斜度不得超过 5°。

2）时间继电器的整定值，应预先在不通电时整定好，并在试车时校正。

3）时间继电器金属底板上的接地螺钉必须与接地线可靠连接。

4）通电延时型和断电延时型可在整定时间内自行调换。

5）使用时，应经常清除灰尘及油污，否则延时误差将更大。

（6）常见故障及处理方法。JS7－A 系列空气阻尼式时间继电器的触头系统和电磁系统的故障及处理方法可参看接触器有关内容。其他常见故障及处理方法见表 3-2。

表 3-2　JS7—A 系列时间电器常见故障及处理方法

故障现象	可能原因	处理方法
延时触头不动作	电磁线圈断线	更换线圈
	电源电压过低	调高电源电压
	传动机构卡住或损坏	排除卡住故障或更换部件
延时时间缩短	气室装配不严，漏气	修理或更换气室
	橡皮膜损坏	更换橡皮膜
延时时间变长	气室内有灰尘，使气道阻塞	清除气室内灰尘，使气道畅通

2．晶体管时间继电器

晶体管时间继电器也称为半导体时间继电器或电子式时间继电器，具有机械结构简单、延时范围广、精度高、消耗功率小、调整方便及寿命长等优点，所以发展迅速，其应用越来越广泛。晶体管时间继电器按结构分为阻容式和数字式两类；按延时方式分为通电延时型、断电延时型及带瞬动触点的通电延时型。常用的 JS20 系列晶体管时间继电器是全国推广的统一设计产品，适用于交流 50Hz、电压 380V 及以下或直流 110V 及以下的控制电路，作为时间控制元件，按预定的时间延时，周期性地接通或分断电路。

（1）型号及含义。

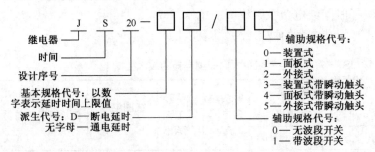

（2）结构。JS20 系列时间继电器的外形如图 3-4（a）所示。继电器具有保护外壳，其内部结构采用印刷电路组件。安装和接线采用专用的插接座，并配有带插脚标记的下标牌作接线指示，上标盘上还带有发光二极管作为动作指示。结构形式有外接式、装置式和面板式三种。外接式的整定电位器可通过插座用导线接到所需的控制板上；装置式具有带接线端子的胶木底座；面板式采用通用八大脚插座，可直接安装在控制台的面板上，另外还带有延时刻度和延时旋钮供整定延时时间用。JS20 系列通电延时型时间继电器的接线示意图如图 3-4（b）所示。

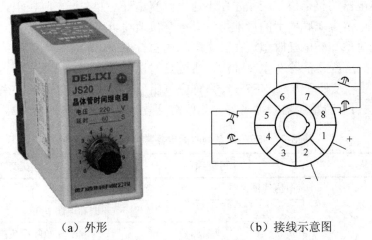

（a）外形　　　　　　　　（b）接线示意图

图 3-4　JS20 系列时间继电器的外形与接线

（3）工作原理。JS20 系列通电延时型时间继电器的线路如图 3-5 所示。它由电源、电容充放电电路、电压鉴别电路、输出和指示电路五部分组成。电源接通后，经整流滤波和稳压后的直流电经过 R_{P1} 和 R_2 向电容 C_2 充电。当场效应管 V_6 的栅源电压 U_{gs} 低于夹断电压 U_p 时，V_6 截止，因而 V_7、V_8 也处于截止状态。随着充电的不断进行，电容 C_2 的电位按指数规律上升，当满足 U_{gs} 高于 U_p 时，V_6 导通，V_7、V_8 也导通，继电器 KA 吸合，输出延时信号。同时电容 C_2 通过 R_8 和 KA 的常开触头放电，为下次动作做好准备。当切断电源时，继电器 KA 释放，电路恢复原始状态，等待下次动作。调节 R_{P1} 和 R_{P2} 即可调整延时时间。

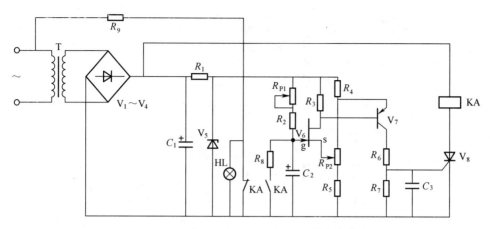

图 3-5　JS20 系列通电延时型时间继电器的电路图

晶体管时间继电器适用于以下场合：

（1）当电磁式时间继电器不能满足要求时。

（2）当要求的延时精度较高时。

（3）控制回路相互协调需要无触点输出等。

3.1.3.2　三相鼠笼异步电动机定子绕组串接电阻降压启动控制

定子绕组串接电阻降压启动是指在电动机启动时，把电阻串接在电动机定子绕组与电源之间，通过电阻的分压作用来降低定子绕组上的启动电压。待电动机启动后，再将电阻短接，使电动机在额定电压下正常运行。这种降压启动控制线路有手动控制、按钮及接触器控制、时间继电器自动控制和手动自动混合控制等四种形式。下面重点介绍时间继电器自动控制降压启动，其余的读者可自行分析、设计。

时间继电器自动控制电路图如图 3-6（a）所示。

线路的工作原理如下（合上电源开关 QS）。

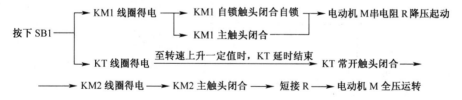

停止时，按下 SB2 即可实现。

由以上分析可见，当电动机 M 全压正常运转时，接触器 KM1 和 KM2、时间继电器 KT 的线圈均需长时间通电，从而使能耗增加，电器寿命缩短。为此，设计了如图 3-6（b）所示线路，该线路的主电路中，KM2 的三对主触头不是直接并接在启动电阻 R 两端，而是把接触器 KM1 的主触头也并接了进去，这样接触器 KM1 和时间继电器 KT 只作短时间的降压启动用，待电动机全压运转后就全部从线路中切除，从而延长了接触器 KM1 和时间继电器 KT 的使用寿命，节省了电能，提高了电路的可靠性。

串电阻降压启动的缺点是减小了电动机的启动转矩，同时启动时在电阻上功率消耗也较大。如果启动频繁，则电阻的温度很高，对于精密的机床会产生一定的影响，故目前这种降压启动的方法在生产实际中的应用正在逐步减少。

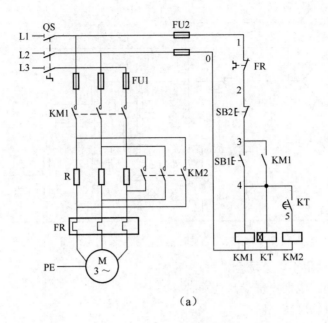

（a）

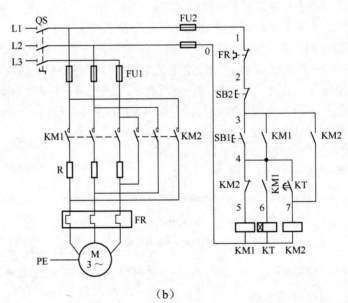

（b）

图 3-6　时间继电器自动控制降压启动电路图

3.1.4　任务实施

1．目的要求

（1）熟悉三相鼠笼异步电动机定子绕组串接电阻降压启动控制的工作原理。

（2）掌握三相鼠笼异步电动机定子绕组串接电阻降压启动控制的安装与检修以及时间继电器的作用。

2．工具、仪表及器材

（1）工具：测电笔、螺钉旋具、尖嘴钳、斜口钳、剥线钳、电工刀等。

（2）仪表：兆欧表、钳形电流表、万用表。

（3）器材：各种规格的紧固体、针形及叉形轧头、金属软管、编码套管等。电器元件见表 3-3。

表 3-3 元件明细表

代号	名称	型号	规格	数量
M	三相异步电动机	Y112－4	7.5kW、380V、15.4A、△接法、1440r/min	1
QS	断路器	HZ10－25/3	三极、25A	1
FU1	熔断器	RL1－60/25	500V、60A、配熔体 35A	3
FU2	熔断器	RL1－15/2	500V、15A、配熔体 2A	2
KM1～KM2	交流接触器	CJ10－20	20A、线圈电压 380V	1
FR	热继电器	JR16－20/3	三极、20A、整定电流 8.8A	1
KT	时间继电器	JS7－2A	线圈电压 380V	1
SB1～SB2	按钮	LA－10－3H	保护式、380V、5A 按钮数 3	2
R	电阻	GEE-RXHG	100Ω	3
XT	端子板	JX－1020	380V、10A、20 节	若干
	主电路导线	BVR－1.0	1.5mm^2（7×0.52mm）	若干
	控制电路导线	BVR－0.75	1mm^2（7×0.43 mm）	若干
	按钮线	BVR－1.5	0.75mm^2	若干
	走线槽		18mm×25mm	若干
	控制板		500mm×400mm×20mm	1

3．安装训练

（1）按表 3-3 配齐所用电器元件，并检验元件质量。

（2）在控制板上按如图 3-6 所示电路图画出电器元件布置图。

（3）根据电器元件布置图安装走线槽和所有电器元件，并贴上醒目的文字符号。安装走线槽时，应做到横平竖直、排列整齐匀称、安装牢固和便于走线等。

（4）按如图 3-6 所示的电路图进行板前线槽配线，并在导线端部套编码套管和冷压接线头。可以参考图 3-7 接线。

（5）电气控制电路通电试验、调试及排故。

1）安装完毕的控制线路板，必须按要求进行认真检查，确保无误后才允许通电试车。

2）经指导教师复查认可，且在现场监护的情况下进行通电校验。

3）如若在校验过程中出现故障，学生应独立进行调试和排故。

4）断开电源，等电动机停止转动后，先拆除三相电源线，再拆除电动机接线，然后整理训练场地，恢复原状。

4．安装评价

安装评价按照表 3-4 进行。

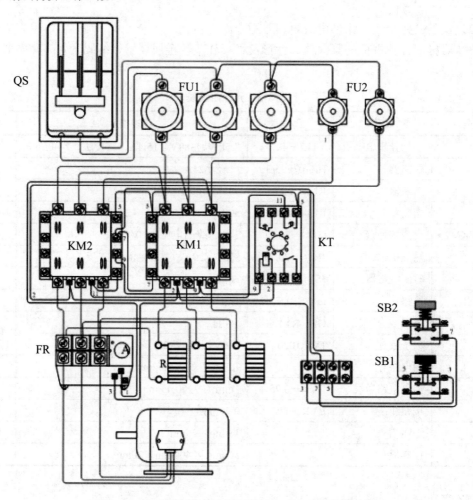

图 3-7   时间继电器自动控制降压启动电路实物接线图

表 3-4   安装接线评分

项目内容	配分	评分标准	扣分	得分
安装接线	40 分	（1）按照元器件明细表配齐元器件并检查质量，因元器件质量问题影响通电，一次扣 10 分； （2）不按电路图接线，每处扣 10 分； （3）接点不符合要求，每处扣 5 分； （4）损坏元器件，每个扣 2 分； （5）损坏设备，此项分全扣		
通电试车	40 分	通电一次不成功，扣 10 分； 通电二次不成功，扣 20 分； 通电三次不成功，扣 40 分		
安全文明操作	10 分	视具体情况扣分		
操作时间	10 分	规定时间为 60 分钟，每超过 5 分钟扣 5 分		
说明	除定额时间外，各项目的最高扣分不应该超过配分数			
开始时间		结束时间	实际时间	

3.1.5 任务考核

任务考核按照表 3-5 进行。

表 3-5 任务考核评价

评价项目	评价内容	自评	互评	师评
学习态度（10 分）	能否认真听讲，答题是否全面			
安全意识（10 分）	是否按照安全规范操作并服从教学安排			
完成任务情况 （40 分）	元器件布局合适与否			
	电器元件安装符合要求与否			
	电路接线正确与否			
	试车操作过程正确与否			
完成任务情况 （30 分）	调试过程中出现故障检修正确与否			
	仪表使用正确与否			
	通电试验后各结束工作完成如何			
协作能力（10 分）	与同组成员交流讨论解决了一些问题			
总评	好（85～100 分），较好（70～85 分），一般（少于 70 分）			

任务 3.2 三相鼠笼异步电动机自耦变压器（补偿器）降压启动控制电路设计、安装与调试

3.2.1 任务目标

（1）熟悉中间继电器。

（2）了解三相鼠笼式异步电动机自耦变压器降压启动控制在电气控制系统中的实际应用。

（3）掌握三相鼠笼式异步电动机自耦变压器降压启动控制电路的结构形式及工作原理。

（4）正确识读、分析三相鼠笼式异步电动机自耦变压器降压启动控制线路电气原理图，能根据电气原理图绘制电器元件布置图和电气接线图。

（5）能正确地进行三相鼠笼式异步电动机自耦变压器降压启动控制电路的设计、安装与调试。

（6）学习、掌握并认真实施三相鼠笼式异步电动机自耦变压器降压启动控制电路的电气安装基本步骤及安全操作规范。

3.2.2 任务内容

（1）学习三相鼠笼式异步电动机自耦变压器降压启动控制电路的相关知识。

（2）学习三相鼠笼式异步电动机自耦变压器降压启动控制电路的电气原理图设计。

（3）设计三相鼠笼式异步电动机自耦变压器降压启动控制电路的电器布置图。

（4）绘制三相鼠笼式异步电动机自耦变压器降压启动控制电路的电气安装接线图。

（5）按照电气控制原理图、布置图和接线图，完成三相鼠笼式异步电动机自耦变压启动控制电路的安装。

（6）完成三相鼠笼式异步电动机自耦变压器降压启动控制电路故障的检测与排除。

3.2.3 相关知识

自耦变压器降压启动是指电动机启动时利用自耦变压器来降低加在电动机定子绕组上的启动电压。待电动机启动后，再使电动机与自耦变压器脱离，从而在全压下正常运行。

自耦减压启动器又称补偿器，是利用自耦变压器进行降压的启动装置，其产品有手动式和自动式两种。

3.2.3.1 中间继电器

中间继电器是用来增加控制电路中的信号数量或将信号放大的继电器。其输入信号是线圈的通电和断电，输出信号是触头的动作，由于触头的数量较多，所以可用来控制多个元件或回路。

1. 中间继电器的型号及含义

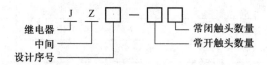

2. 中间继电器的结构及工作原理

中间继电器的结构及工作原理与接触器基本相同，因而中间继电器又称为接触器式继电器。但中间继电器的触头对数多，且没有主辅之分，各对触头允许通过的电流大小相同，多数为 5A。因此，对于工作电流小于 5A 的电气控制线路，可用中间继电器代替接触器实施控制。

常用的中间继电器中 JZ7、JZ14 等系列为交流中间继电器，其外形、结构及在电路中的符号如图 3-8 所示。

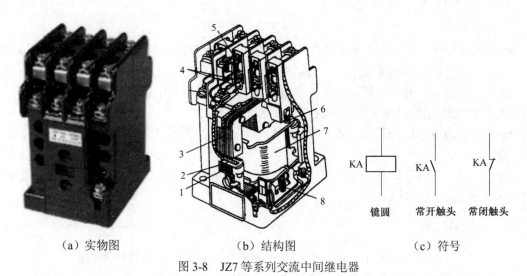

（a）实物图　　　　　　（b）结构图　　　　　（c）符号

图 3-8　JZ7 等系列交流中间继电器

1—静铁心；2—短路环；3—衔铁；4—常开触头；5—常闭触头；6—反作用弹簧；7—线圈；8—缓冲弹簧

3. 中间继电器的选用

中间继电器主要依据被控制电路的电压等级、所需触头的数量、种类、容量等要求来选择。常用中间继电器的技术数据见表 3-6。

表 3-6 中间继电器的技术数据

型号	线圈参数			触头参数			
	额定电压/V		消耗功率	触头数		最大断开容量	
	交流	直流		常开触头	常闭触头	阻性负载	感性负载
JZ7—22	12、24			2	2	交流 380V、5A	交流 380V、5A
JZ7—41	36、48、110	12 24 110 220		4	1		
JZ7—42	127			4	2		500V、3.5A
JZ7—44	220		12VA	4	4	直流 220V、1A	直流 220V、0.5A
JZ7—53	380			5	3		
JZ7—62	420			6	2		
JZ7—80	440、500			8	0		

4. 中间继电器的安装与使用及常见故障处理

中间继电器的安装、使用、常见故障处理方法与接触器相似，可参见接触器有关内容。

3.2.3.2 手动控制补偿器降压启动线路

常用的手动补偿器有 QJ3 系列油浸式和 QJ10 系列空气式两种。QJ3 属应淘汰产品，但仍有相当数量的补偿器在使用中。QJ3 系列手动控制补偿器的结构图如图 3-9（a）所示。它主要由箱体、自耦变压器、保护装置、触头系统和手柄操作机构五部分组成。

自耦变压器、保护装置和手柄操作机构装在箱架的上部。自耦变压器的抽头电压有两种，分别是电源电压的 65% 和 80%（出厂时接在 65%），使用时可以根据电动机启动时负载的大小来选择不同的启动电压。线圈是按短时通电设计的，只允许连续启动两次。补偿器的电寿命为5000 次。

保护装置有欠压保护和过载保护两种。欠压保护采用欠压脱扣器，它由线圈、铁心和衔铁组成。其线圈 KV 跨接在 U、W 两相之间。在电源电压正常情况下，线圈得电能使铁心吸住衔铁。但当电源电压降低到额定电压的 85% 以下时，线圈中的电流减小，使铁心吸力减弱而吸不住衔铁，故衔铁下落，并通过操作机构使补偿器掉闸，切断电动机电源，起到欠压保护作用。同理，在电源突然断电时（失压或零压），补偿器同样会掉闸，从而避免了电源恢复供电时电动机自行全压启动。过载保护采用可以手动复位的 JR0 型热继电器 FR，FR 的热元件串接在电动机与电源之间，其常闭触头与欠压脱扣器线圈 KV、停止按钮 SB 串接在一起。在室温 35℃ 环境下，当电流增加到额定电流的 1.2 倍时，热继电器 FR 动作，其常闭触头分断，KV 线圈失电使补偿器掉闸，切断电源停车。

手柄操作机构包括手柄、主轴和机械联锁装置等。

触头系统包括两排静触头和一排动触头，并全部装在补偿器的下部，浸没在绝缘油内。绝缘油的作用是：熄灭触头分断时产生的电弧。绝缘油必须保持清洁，防止水分和杂物掺入，以保证有良好的绝缘性能。上面一排静触头共有五个，叫启动静触头，其中右边三个在启动时与动触头接触，左边两个在启动时将自耦变压器的三相绕组接成 Y；下面一排静触头只有三个，叫运行静触头；中间一排是动触头，共有五个，装在主轴上，右边三个触头用软金属带连接接线板上的三相电源，左边两个触头是自行接通的。

　　QJ3 系列补偿器的电路图如图 3-9（b）所示，其动作原理如下：

　　当手柄板到"停止"位置时，装在主轴上的动触头与两排静触头都不接触，电动机处于断电停止状态。

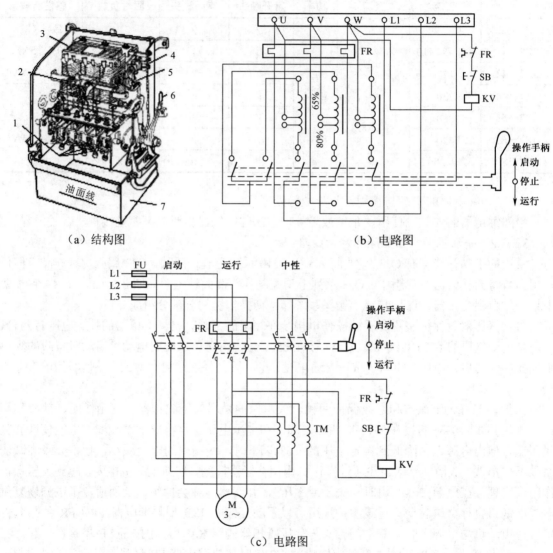

（a）结构图　　　　（b）电路图

（c）电路图

图 3-9　QJ3 系列手动控制补偿器

1—启动静触头；2—热继电器；3—自耦变压器；4—欠压保护装置；5—停止按钮；6—操作手柄；7—油箱

　　当手柄向前推到"启动"位置时，动触头与上面的一排启动静触头接触，三相电源 L1、L2、L3 通过右边三个动、静触头接入自耦变压器，又经自耦变压器的三个 65%（或 80%）抽头接入电动机进行降压启动；左边两个动、静触头接触则把自耦变压器接成 Y 形。

当电动机的转速上升到一定值时，将手柄向后迅速扳到"运行"位置，使右边三个动触头与下面一排的三个运行静触头接触，这时，自耦变压器脱离，电动机与三相电源 L1、L2、L3 直接相接全压运行。

停止时，只要按下停止按钮 SB，欠压脱扣器线圈 KV 失电，衔铁下落释放，通过机械操作机构使补偿器掉闸，手柄便自动回到"停止"位置，电动机断电停转。

由图 3-9（b）可看出，热继电器 FR 的常闭触头、停止按钮 SB、欠压脱扣器线圈 KV，串接在两相电源上，所以当出现电源电压不足、突然停电、电动机过载和停车时，都能使补偿器掉闸，电动机断电停转。

QJ3 系列油浸式自耦减压启动器适用于交流 50Hz 或 60Hz、电压 440V 及以下、容量 75kW 及以下的三相笼型电动机的不频繁启动和停止用。

QJ10 系列空气式手动补偿器是已达 IEC 标准、国家标准以及部颁布标准的改进型产品，适用于交流 50Hz、电压 380V 及以下、容量 75kW 及以下的三相笼型异步电动机的不频繁启动和停止用。在结构上，QJ10 系列与 QJ3 系列基本相同，也是由箱体、自耦变压器、保护装置、触头系统和手柄操作机构五部分组成。两者不同的是，QJ10 系列的自耦变压器装在箱体的下部，触头系统在补偿器的上部。QJ3 的触头是铜质指形转动式，而 QJ10 触头系统都是借用 CJ10 系列交流接触器的桥式双断点触头，并装有原配的陶土灭弧罩灭弧，且有一组启动触头、一组中性触头和一组运行触头。

QJ10 系列空气式手动补偿器的电路如图 3-9（c）所示，其动作原理如下：当手柄扳到"停止"位置时，所有的动、静触头均断开，电动机处于停止状态；当手柄向前推至"启动"位置时，启动触头和中性触头同时闭合，三相电源经启动触头接入自耦变压器 TM，再由自耦变压器的 65%（或 80%）抽头处接入电动机进行降压启动，中性触头则把自耦变压器接成 Y 形；当电动机转速升至一定值后把手柄迅速扳至"运行"位置，启动触头和中性触头先同时断开，运行触头随后闭合，电动机进入全压运行。停止时，按下 SB 即可。

3.2.3.3 按钮、接触器、中间继电器控制的补偿器降压启动控制线路

按钮、接触器、中间继电器控制的补偿器降压启动电路如图 3-10 所示。

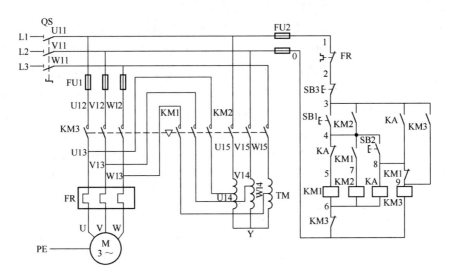

图 3-10 按钮、接触器、中间继电器控制的补偿器降压启动电路图

其线路的工作原理如下（合上电源开关 QS）。

（1）降压启动。

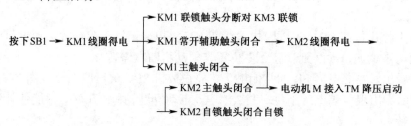

（2）全压运转。当电动机转速上升到接近额定转速时：

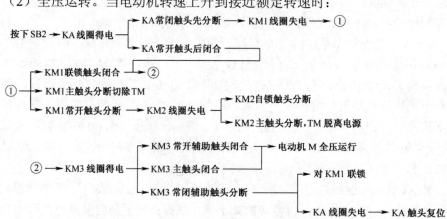

停止时，按下 SB3 即可。

该控制线路有如下优点：①启动时若操作者误按 SB2，接触器 KM3 线圈也不会得电，避免电动机全压启动；②由于接触器 KM1 的常开触头与 KM2 线圈串联，所以当降压启动完毕后，接触器 KM1、KM2 均失电，即使接触器 KM3 出现故障使触头无法闭合时，也不会使电动机在低压下运行。该线路的缺点是从降压启动到全压运转，需两次按动按钮，操作不便，且间隔时间也不能准确掌握。

3.2.3.4   时间继电器自动控制补偿器降压启动线路

我国生产的 XJ01 系列自动控制补偿器是广泛应用的自耦变压器降压启动自动控制设备，适用于交流为 50Hz、电压为 380V、功率为 14～300kW 的三相笼型异步电动机的降压启动用。

XJ01 系列自动控制补偿器是由自耦变压器、交流接触器、中间继电器、热继电器、时间继电器和按钮等电器元件组成。对于 14～75kW 的产品，采用自动控制方式；对于 100～300kW 的产品，具有手动和自动两种控制方式，由转换开关进行切换。时间继电器可调，在 5～120s 内可以自由调节控制启动时间。自耦变压器备有额定电压 60% 及 80% 两挡抽头。补偿器具有过载和失压保护，最大启动时间为 2min（包括一次或连续数次启动时的总和），若启动时间超过 2min，则启动后的冷却时间应不少于 4h 才能再次启动。

XJ01 型自动控制补偿器降压启动的电路如图 3-11 所示。整个控制线路分为三部分：主电路、控制电路和指示灯电路。线路工作原理请读者自行分析。

自耦变压器降压启动的优点是：启动转矩和启动电流可以调节。缺点是设备庞大，成本较高。因此，这种方法适用于额定电压为 220/380V、接法为 △/Y 形、容量较大的三相异步电动机的降压启动。

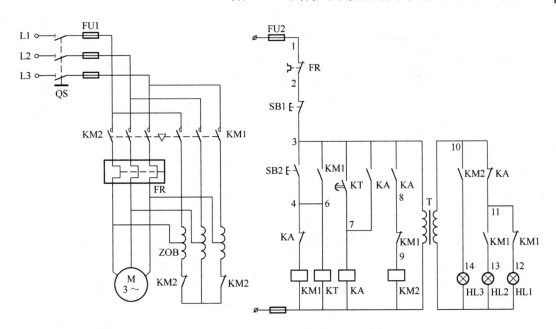

图 3-11　XJ01 型自动控制补偿器降压启动的电路图

3.2.4　任务实施

1．目的要求

（1）熟悉三相鼠笼异步电动机自耦变压器降压启动控制的工作原理。

（2）掌握三相鼠笼异步电动机自耦变压器降压启动控制的安装与检修以及中继电器的作用。

2．工具、仪表及器材

（1）工具：测电笔、螺钉旋具、尖嘴钳、斜口钳、剥线钳、电工刀等。

（2）仪表：兆欧表、钳形电流表、万用表。

（3）器材：各种规格的紧固体、针形及叉形轧头、金属软管、编码套管等。电器元件见表 3-7。

表 3-7　元件明细表

代号	名称	型号	规格	数量
M	三相异步电动机	Y112－4	7.5kW、380V、15.4A、△接法、1440r/min	1
QS	断路器	HZ10－25/3	三极、25A	1
FU1	熔断器	RL1－60/25	500V、60A、配熔体35A	3
FU2	熔断器	RL1－15/2	500V、15A、配熔体2A	2
KM1～KM2	交流接触器	CJ10－20	20A、线圈电压380V	1
FR	热继电器	JR16－20/3	三极、20A、整定电流8.8A	1
KT	时间继电器	JS7－2A	线圈电压380V	1
SB1～SB2	按钮	LA－10－3H	保护式、380V、5A按钮数3	2
KA	中间继电器	JZ7-44	380V线圈，5A	1

续表

代号	名称	型号	规格	数量
TM	三相自耦变压器	380V	三相 380V	
XT	端子板	JX－1020	380V、10A、20 节	若干
	主电路导线	BVR－1.0	1.5mm^2（7×0.52mm）	若干
	控制电路导线	BVR－0.75	1mm^2（7×0.43 mm）	若干
	走线槽		18mm×25mm	若干
	控制板		500mm×400mm×20mm	1

3．安装训练

（1）按表 3-7 配齐所用电器元件，并检验元件质量。

（2）在控制板上按如图 3-11 所示电路图画出电器元件布置图。

（3）根据电器元件布置图安装走线槽和所有电器元件，并贴上醒目的文字符号。安装走线槽时，应做到横平竖直、排列整齐匀称、安装牢固和便于走线等。

（4）按如图 3-11 所示的电路图进行板前线槽配线，并在导线端部套编码套管和冷压接线头。可以参考图 3-12 接线。

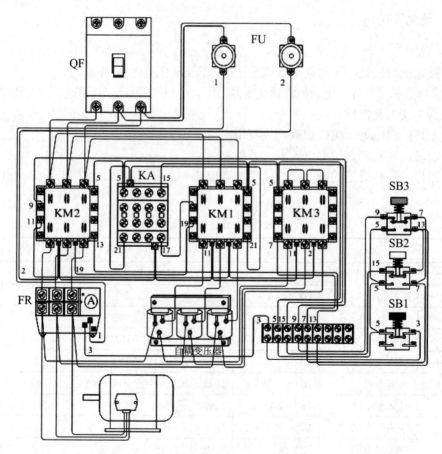

图 3-12　按钮、接触器、中间继电器控制的补偿器降压启动电路实物接线图

（5）电气控制电路通电试验、调试及排故。

1）安装完毕的控制线路板，必须按要求进行认真检查，确保无误后才允许通电试车。

2）经指导教师复查认可，且在现场监护的情况下进行通电校验。

3）如若在校验过程中出现故障，学生应独立进行调试和排故。

4）断开电源，等电动机停止转动后，先拆除三相电源线，再拆除电动机接线，然后整理训练场地，恢复原状。

4．安装评价

安装评价按照表 3-8 进行。

表 3-8　安装接线评分

项目内容	配分	评分标准	扣分	得分
安装接线	40 分	（1）按照元器件明细表配齐元器件并检查质量，因元器件质量问题影响通电，一次扣 10 分； （2）不按电路图接线，每处扣 10 分； （3）接点不符合要求，每处扣 5 分； （4）损坏元器件，每个扣 2 分； （5）损坏设备，此项分全扣		
通电试车	40 分	通电一次不成功，扣 10 分； 通电二次不成功，扣 20 分； 通电三次不成功，扣 40 分		
安全文明操作	10 分	视具体情况扣分		
操作时间	10 分	规定时间为 60 分钟，每超过 5 分钟扣 5 分		
说明	除定额时间外，各项目的最高扣分不应该超过配分数			
开始时间		结束时间		实际时间	

3.2.5　任务考核

任务考核按照表 3-9 进行。

表 3-9　任务考核评价

评价项目	评价内容	自评	互评	师评
学习态度（10 分）	能否认真听讲，答题是否全面			
安全意识（10 分）	是否按照安全规范操作并服从教学安排			
完成任务情况（40 分）	元器件布局合适与否			
	电器元件安装符合要求与否			
	电路接线正确与否			
	试车操作过程正确与否			
完成任务情况（30 分）	调试过程中出现故障检修正确与否			
	仪表使用正确与否			
	通电试验后各结束工作完成如何			
协作能力（10 分）	与同组成员交流讨论解决了一些问题			
总评	好（85～100 分），较好（70～85 分），一般（少于 70 分）			

任务 3.3　三相鼠笼异步电动机 Y－△ 降压启动控制电路设计、安装与调试

3.3.1　任务目标

（1）了解三相鼠笼式异步电动机星形－三角形（Y－△）降压启动控制电路在电气控制系统中的实际应用。

（2）掌握三相鼠笼式异步电动机星形－三角形（Y－△）降压启动控制电路的结构形式及工作原理。

（3）正确识读、分析三相鼠笼式异步电动机星形－三角形（Y－△）降压启动控制线路电气原理图，能根据电气原理图绘制电器元件布置图和电气接线图。

（4）能正确地进行三相鼠笼式异步电动机星形－三角形（Y－△）降压启动控制电路的设计、安装与调试。

（5）学习、掌握并认真实施三相鼠笼式异步电动机星形－三角形（Y－△）降压启动控制电路的电气安装基本步骤及安全操作规范。

3.3.2　任务内容

（1）学习三相鼠笼式异步电动机星形－三角形（Y－△）降压启动控制电路的相关知识。

（2）学习三相鼠笼式异步电动机星形－三角形（Y－△）降压启动控制电路的电气原理图设计。

（3）设计三相鼠笼式异步电动机星形－三角形（Y－△）降压启动控制电路的电器布置图。

（4）绘制三相鼠笼式异步电动机星形－三角形（Y－△）降压启动控制电路的电气安装接线图。

（5）按照电气控制原理图、布置图和接线图，完成三相鼠笼式异步电动机星形－三角形（Y－△）降压启动控制电路的安装。

（6）完成三相鼠笼式异步电动机星形－三角形（Y－△）降压启动控制电路故障的检测与排除。

3.3.3　相关知识

Y－△降压启动是指电动机启动时，把定子绕组接成 Y 形，以降低启动电压，限制启动电流。待电动机启动后，再把定子绕组改接成△形，使电动机全压运行。凡是在正常运行时定子绕组作△形连接的异步电动机，均可采用这种降压启动方法。

电动机启动时接成 Y 形，加在每相定子绕组上的启动电压只有△形接法的 $\frac{1}{\sqrt{3}}$。启动电流为△形接法的 $\frac{1}{3}$，启动转矩也只有△形接法的 $\frac{1}{3}$。所以这种降压启动方法，只适用于轻载或空载下启动。

3.3.3.1　按钮、接触器控制 Y－△降压启动线路

用按钮和接触器控制 Y－△降压启动电路如图 3-13 所示。该线路使用了三个接触器、一个热继电器和三个按钮。接触器 KM 作引入电源用，接触器 KMY 和 KM△ 分别作 Y 形启动用和△形运行用，SB1 是启动按钮，SB2 是 Y－△换接按钮，SB3 是停止按钮，FU1 作为主电路的短路保护，FU2 作为控制电路的短路保护，FR 作为过载保护。

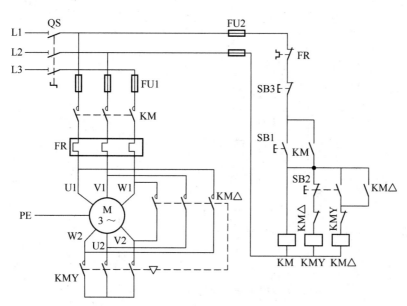

图 3-13　按钮、接触器控制 Y－△降压启动电路图

线路的工作原理如下（先合上电源开关 QS）。

（1）电动机 Y 形接法降压启动。

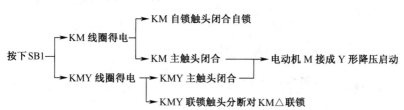

（2）电动机△形接法全压运行。当电动机转速上升并接近额定值时：

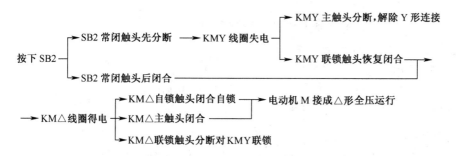

停止时按下 SB3 即可实现。

3.3.3.2　时间继电器自动控制 Y－△降压启动线路

时间继电器自动控制 Y－△降压启动电路如图 3-14 所示。该线路由三个接触器、一个热继电器、一个时间继电器和两个按钮组成。时间继电器 KT 用作控制 Y 形降压启动时间和完成 Y－△自动切换。

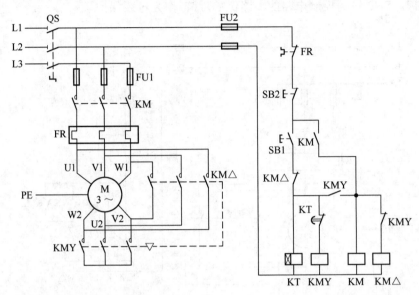

图 3-14　时间继电器自动控制 Y—△降压启动电路图

线路的工作原理如下（先合上电源开关 QS）。

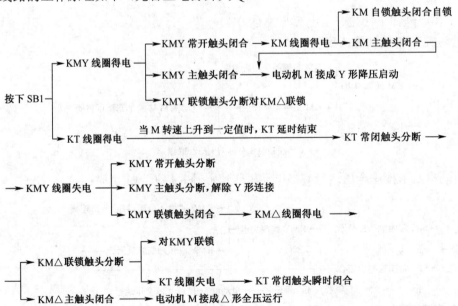

停止时按下 SB2 即可。

该线路中，接触器 KMY 得电以后，通过 KMY 的常开辅助触头使接触器 KM 得电动作，这样KMY的主触头是在无负载的条件下进行闭合的，故可延长接触器KMY主触头的使用寿命。

3.3.3.3　Y－△自动启动器

时间继电器自动控制 Y－△降压启动线路的定型产品有 QX3、QX4 两个系列，称之为 Y－△自动启动器。

QX4 系列 Y－△自动启动器电路如图 3-15 所示。这种启动器主要由三个接触器（KM1、KM2、KM3）、一个热继电器 FR、一个通电延时型时间继电器 KT 和按钮等组成，关于各电器的作用和线路的工作原理，读者可参照上述几个线路自行分析。

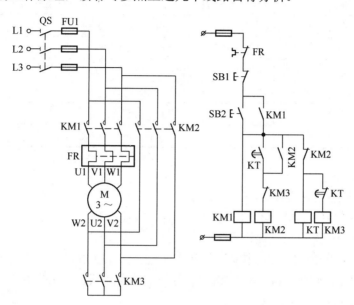

图 3-15　QX4 系列 Y－△自动启动器电路图

3.3.4　任务实施

时间继电器自动控制 Y－△降压启动控制线路的安装与检修

1. 目的要求

掌握时间继电器自动控制 Y－△降压启动控制线路的安装与检修。

2. 工具、仪表及器材

（1）工具：测电笔、螺钉旋具、尖嘴钳、斜口钳、剥线钳、电工刀等。

（2）仪表：兆欧表、钳形电流表、万用表。

（3）器材：控制板一块，导线、走线槽若干；各种规格的紧固体、针形及叉形轧头、金属软管、编码套管等，其数量按需要而定。电器元件见表 3-10。

表 3-10　元件明细表

代号	名称	型号	规格	数量
M	三相异步电动机	Y112－4	7.5kW、380V、15.4A、△接法、1440r/min	1
QS	组合开关	HZ10－25/3	三极、25A	1
FU1	熔断器	RL1－60/25	500V、60A、配熔体 35A	3
FU2	熔断器	RL1－15/2	500V、15A、配熔体 2A	2

续表

代号	名称	型号	规格	数量
KM1～KM2	交流接触器	CJ10－20	20A、线圈电压 380V	3
FR	热继电器	JR16－20/3	三极、20A、整定电流 8.8A	1
KT	时间继电器	JS7－2A	线圈电压 380V	1
SB1～SB2	按钮	LA－10－3H	保护式、380V、5A 按钮数 3	1
XT	端子板	JX－1020	380V、10A、20 节	若干
	主电路导线	BVR－1.0	1.5mm^2（7×0.52mm）	若干
	控制电路导线	BVR－0.75	1mm^2（7×0.43 mm）	若干
	按钮线	BVR－1.5	0.75mm^2	若干
	走线槽		18mm×25mm	若干
	控制板		500mm×400mm×20mm	1

3．安装训练

（1）安装步骤及工艺要求。安装步骤如下：

1）按表 3-10 配齐所用电器元件，并检验元件质量。

2）画电器元件布置图（可参看图 3-14 绘制）。

3）在控制板上按布置图安装电器元件和走线槽，并贴上醒目的文字符号。

4）在控制板上按如图 3-14 所示电路图进行板前线槽布线，并在线头上套上编码套管和冷压接线头。可以参考图 3-16 接线。

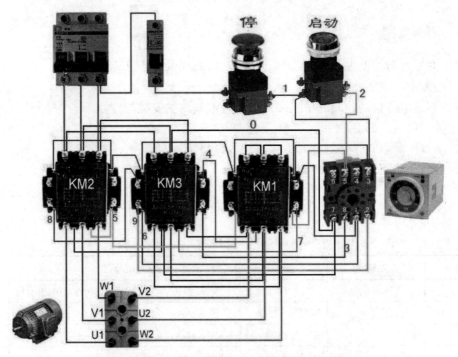

图 3-16　时间继电器自动控制 Y—△降压启动电路图

5）安装电动机。

6）可靠连接电动机和电器元件金属外壳的保护接地线。

7）连接控制板外部的导线。

8）自检。

9）检查无误后通电试车。

（2）注意事项。

1）用 Y－△降压启动控制的电动机，必须有 6 个出线端子且定子绕组在△接法时的额定电压等于三相电源线电压。

2）接线时要保证电动机△形接法的正确性，即接触器 KM△主触头闭合时，应保证定子绕组的 U1 与 W2、V1 与 U2、W1 与 V2 相连接。

3）接触器 KMY 的进线必须从三相定子绕组的末端引入，若误将其首端引入，则在 KMY 吸合时，会产生三相电源短路事故。

4）控制板外部配线，必须按要求一律装在导线通道内，使导线有适当的机械保护，以防止液体、铁屑和灰尘的侵入。在训练时可适当降低要求，但必须以能确保安全为条件，如采用多芯橡皮线或塑料护套软线。

5）通电校验前要再检查一下熔体规格及时间继电器、热继电器的各整定值是否符合要求。

6）通电校验必须有指导教师在现场监护，学生应根据电路图的控制要求独立进行校验，若出现故障也应自行排除。

7）安装训练应在规定定额时间内完成，同时要做到安全操作和文明生产。

4. 检修训练

（1）故障设置。在控制电路或主电路中人为设置电气故障两处。

（2）故障检修。其检修步骤及要求如下：

1）用通电试验法观察故障现象。观察电动机、各电器元件及线路的工作是否正常，若发现异常现象，应立即断电检查。

2）用逻辑分析法缩小故障范围，并在电路图（见图 3-14）上用虚线标出故障部位的最小范围。

3）用测量法正确、迅速地找出故障点。

4）根据故障点的不同情况，采取正确的方法迅速排除故障。

（3）注意事项。

1）检修前要先掌握电路图中各个控制环节的作用和原理，并熟悉电动机的接线方法。

2）在检修过程中严禁扩大和产生新的故障，否则，要立即停止检修。

3）检修思路和方法要正确。

4）带电检修故障时，必须有指导教师在现场监护，并要确保用电安全。

5）检修必须在定额时间内完成。

5. 安装评价

安装评价按照表 3-11 进行。

表 3-11　安装接线评分

项目内容	配分	评分标准	扣分	得分
安装接线	40分	（1）按照元器件明细表配齐元器件并检查质量，因元器件质量问题影响通电，一次扣10分； （2）不按电路图接线，每处扣10分； （3）接点不符合要求，每处扣5分； （4）损坏元器件，每个扣2分； （5）损坏设备，此项分全扣		
通电试车	40分	通电一次不成功，扣10分； 通电二次不成功，扣20分； 通电三次不成功，扣40分		
安全文明操作	10分	视具体情况扣分		
操作时间	10分	规定时间为60分钟，每超过5分钟扣5分		
说明	除定额时间外，各项目的最高扣分不应该超过配分数			
开始时间		结束时间	实际时间	

3.3.5　任务考核

任务考核按照表 3-12 进行。

表 3-12　任务考核评价

评价项目	评价内容	自评	互评	师评
学习态度（10分）	能否认真听讲，答题是否全面			
安全意识（10分）	是否按照安全规范操作并服从教学安排			
完成任务情况（40分）	元器件布局合适与否			
	电器元件安装符合要求与否			
	电路接线正确与否			
	试车操作过程正确与否			
完成任务情况（30分）	调试过程中出现故障检修正确与否			
	仪表使用正确与否			
	通电试验后各结束工作完成如何			
协作能力（10分）	与同组成员交流讨论解决了一些问题			
总评	好（85～100分），较好（70～85分），一般（少于70分）			

任务 3.4　三相鼠笼异步电动机延边三角形降压启动控制电路设计

3.4.1　任务目标

（1）了解三相鼠笼式异步电动机延边三角形降压启动控制电路在电气控制系统中的实际应用。

（2）掌握三相鼠笼式异步电动机延边三角形降压启动控制电路的结构形式及工作原理。

（3）正确识读、分析三相鼠笼式异步电动机延边三角形降压启动控制线路电气原理图。

（4）能正确地进行三相鼠笼式异步电动机延边三角形降压启动控制电路的设计。

3.4.2 任务内容

（1）学习三相鼠笼式异步电动机延边三角形降压启动控制电路的相关知识。

（2）学习三相鼠笼式异步电动机延边三角形降压启动控制电路的电气原理图设计。

3.4.3 相关知识

延边△降压启动控制线路

延边△降压启动是指电动机启动时，把定子绕组的一部分接成"△"，另一部分接成"Y"，使整个绕组接成延边△，如图 3-17（a）所示。待电动机启动后，再把定子绕组改接成△全压运行，如图 3-17（b）所示。

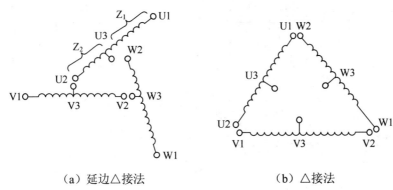

（a）延边△接法　　　　　　（b）△接法

图 3-17　延边△降压启动电动机定子绕组的连接方式

延边△降压启动是在 Y－△降压启动的基础上加以改进而形成的一种启动方式，它把 Y 形和△形两种接法结合起来，使电动机每相定子绕组承受的电压小于△接法时的相电压，而大于 Y 形接法时的相电压，并且每相绕组电压的大小可随电动机绕组抽头（U3、V3、W3）位置的改变而调节，从而克服了 Y－△降压启动时启动电压偏低、启动转矩偏小的缺点。

电动机接成延边△时，每相绕组各种抽头比的启动特性见表 3-13。

表 3-13　延边△电动机定子绕组不同抽头比的启动特性

定子绕组抽头比 $K=Z_1:Z_2$	相似于自耦变压器的抽头百分比	启动电流为额定电流的倍数 $I_{st}:I_N$	延边△启动时每相绕组电压/V	启动转矩为全压启动时的百分比
1:1	71%	3～3.5	270	50%
1:2	78%	3.6～4.2	296	60%
2:1	66%	2.6～3.1	250	42%
当 Z_2 绕组为 0 时即为 Y 形连接	58%	2～2.3	220	33.3%

　　由图 3-17（a）和表 3-13 可以看出，采用延边△启动的电动机需要有 9 个出线端，这样不用自耦变压器，通过调节定子绕组的抽头比 K，就可以得到不同数值的启动电流和启动转矩，从而满足了不同的使用要求。

　　延边△降压启动电路如图 3-18 所示。

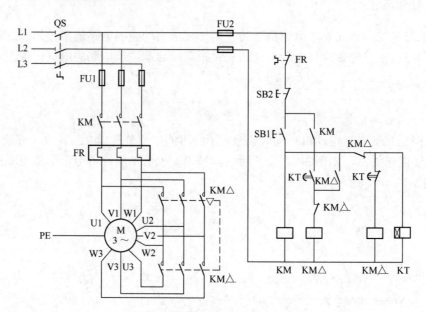

图 3-18　延边△降压启动电路图

其工作原理如下（合上电源开关 QS）。

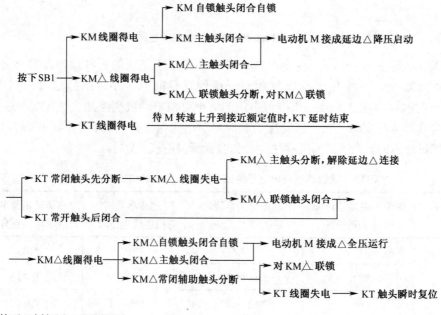

停止时按下 SB2 即可。

3.4.4 任务实施

（有兴趣的读者可自行完成）

任务 3.5 三相绕线转子异步电动机降压启动控制电路
设计、安装与调试

3.5.1 任务目标

（1）了解三相绕线转子异步电动机降压启动控制电路在电气控制系统中的实际应用。

（2）掌握三相绕线转子异步电动机降压启动控制电路的结构形式及工作原理。

（3）正确识读、分析三相绕线转子异步电动机降压启动控制线路电气原理图，能根据电气原理图绘制电器元件布置图和电气接线图。

（4）能正确地进行三相绕线转子异步电动机降压启动控制电路的设计、安装与调试。

（5）学习、掌握并认真实施三相绕线转子异步电动机降压启动控制电路的电气安装基本步骤及安全操作规范。

3.5.2 任务内容

（1）学习三相绕线转子异步电动机降压启动控制电路的相关知识。

（2）学习三相绕线转子异步电动机降压启动控制电路的电气原理图设计。

（3）设计三相绕线转子异步电动机降压启动控制电路的电器布置图。

（4）绘制三相绕线转子异步电动机降压启动控制电路的电气安装接线图。

（5）按照电气控制原理图、布置图和接线图，完成三相绕线转子异步电动机降压启动控制电路的安装。

（6）完成三相绕线转子异步电动机降压启动控制电路故障的检测与排除。

3.5.3 相关知识

3.5.3.1 电流继电器

电流继电器是反映电流变化的控制电器。使用时，电流继电器的线圈串联在被测电路中，根据通过线圈电流值的大小而动作。为了使串入电流继电器线圈后不影响电路正常工作，电流继电器线圈的匝数要少，导线要粗，阻抗要小。

电流继电器分为过电流继电器和欠电流继电器两种。

1．过电流继电器

当继电器中的电流超过预定值时，引起开关电器有延时或无延时动作的继电器叫过电流继电器。它主要用于频繁启动和重载启动的场合，作为电动机和主电路的过载和短路保护。

（1）型号及含义。常用的过电流继电器有 JT4 系列交流通用继电器和 JL14 系列交直流通用继电器，其型号及含义分别如下所示：

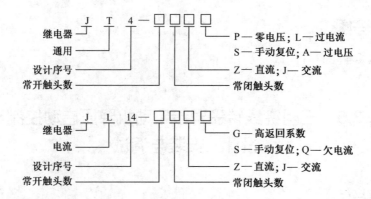

（2）结构及工作原理。JT4 系列过电流继电器的外形结构及工作原理如图 3-19 所示。它主要由线圈、圆柱形静铁心、衔铁、触头系统和反作用弹簧等组成。JT4 系列交流电磁继电器适用于交流 50Hz、380V 及以下的自动控制电路中作为零序电压、电流，过电压和中间继电器之用。过电流继电器也适用于 60Hz 的控制电路中。

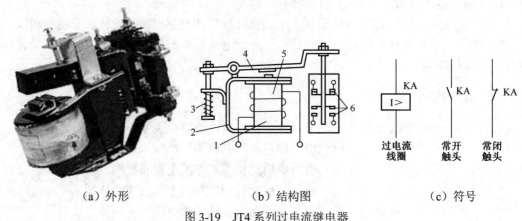

图 3-19　JT4 系列过电流继电器
1—铁心；2—磁轭；3—反作用弹簧；4—衔铁；5—线圈；6—触头

当线圈通过的电流为额定值时，它所产生的电磁吸力不足以克服反作用弹簧的反作用力，此时衔铁不动作。当线圈通过的电流超过整定值时，电磁吸力大于弹簧的反作用力，铁心吸引衔铁动作，带动常闭触头断开，常开触头闭合。调整反作用弹簧的作用力，可整定继电器的动作电流值。该系列中有的过电流继电器带有手动复位机构，这类继电器过电流动作后，当电流再减小甚至到零时，衔铁也不能自动复位，只有当操作人员检查并排除故障后，手动松掉锁扣机构，衔铁才能在复位弹簧作用下返回，从而避免重复过电流事故的发生。

JT4 系列为交流通用继电器，在这种继电器的电磁系统上装设不同的线圈，便可制成过电流、欠电流、过电压或欠电压等继电器。JT4 系列通用继电器的技术数据见表 3-14。

常用的过电流继电器还有 JL14 等系列。JL14 系列是一种交直流通用的新系列电流继电器，可取代 JT4-L 和 JT4-S 系列。其结构与工作原理与 JT4 系列相似。主要结构部分交直流通用，区别仅在于：交流继电器的铁心上开有槽，以减少涡流损耗。JL14 系列过电流继电器的技术数据见表 3-15。

表 3-14　JT4 系列通用继电器的主要技术参数

型号	可调参数调整范围	标称误差	返回系数	接点数量	吸引线圈		复位方式
					额定电压（或电流）	消耗功率	
JT4 - □□/A 过电压继电器	吸合电压 105～120U_e	±10%	0.1～0.3	一常开一常闭	110，220，380（V）	75（VA）	自动
JT4 - □□/P 零电压（或中间）继电器	吸合电压 60～85%U_e 或释放电压 10%～35%U_e		0.2～0.4	一常开一常闭	110，127，220，380（V）		
JT4 - □□/L 过电流继电器	吸合电流 11%～35%I_e		0.1～0.3	或二常开或二常闭	5，10，15，20，40，80，150，300，600（A）	5（W）	手动
JT4 - □□/S 手动过电流继电器	吸合电流 11%～35%I_e		0.1～0.3				

表 3-15　JL14 系列过电流继电器的技术数据

电流种类	型号	吸引线圈额定电流 I_N/A	吸引电流整定范围	触头组合形式		备注
				常开	常闭	
直流	JL4 - □□Z	1，1.5，2.5，10，15，25，40，60，100，150，300，500，1200，1500	（0.70～3.00）I_N	3	3	
	JL4 - □□ZS		（0.30～0.65）I_N 或释放电流在（0.10～0.20）I_N 范围调整	2	1	手动复位
	JL4 - □□ZQ			1	2	欠电流
交流	JL4 - □□J		（1.10～4.00）I_N	1	1	
	JL4 - □□JS			2	2	手动复位
	JL4 - □□JG			1	1	返回系数大于 0.65

　　JT4 和 JL14 系列都是瞬动型过电流继电器，主要用于电动机的短路保护。生产中还用到一种具有过载和启动延时、过流迅速动作保护特性的 JL12 系列过电流继电器，其外形结构如图 3-20 所示。它主要由螺管式电磁系统（包括线圈、磁轭、动铁心、封帽、封口塞等）、阻尼系统（包括导管、硅油阻尼剂和动铁心中的钢珠）和触头（微动开关）等组成。当通过继电器线圈的电流超过整定值时，导管中的动铁心受到电磁力作用开始上升，当铁心上升时，钢珠关闭油孔，使铁心的上升受到阻尼作用，铁心须经过一段时间的延迟后才能推动顶杆，使微动开关的常闭触头分断，切断控制回路，使电动机得到保护。触头延时动作的时间由继电器下端封帽内装有的调节螺钉调节。当故障消除后，动铁心因重力作用返回原来的位置。这种过电流继电器从线圈过电流到触头动作须延迟一段时间，从而防止了在电动机启动过程中继电器发生误动作。

　　过电流继电器在电路图中的符号如图 3-19（c）所示。

　　（3）选用。

　　1）过电流继电器的额定电流一般可按电动机长期工作的额定电流来选择。对于频繁启动的电动机，考虑到启动电流在继电器中的热效应，额定电流可选大一个等级。

2）过电流继电器的触头种类、数量、额定电流及复位方式应满足控制线路的要求。

3）过电流继电器的整定值一般为电动机额定电流的 1.7～2 倍，频繁启动场合可取 2.25～2.5 倍。

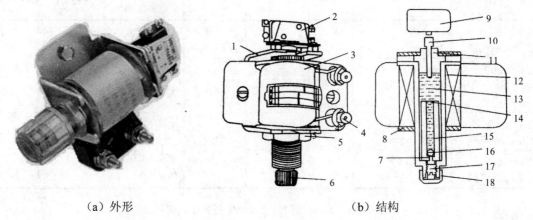

（a）外形　　　　　　　　　　（b）结构

图 3-20　JL12 系列

1、8—磁轭；2、9—微动开关；3、12—线圈；4—接线柱；5—紧固螺母；6、18—封帽；
7—油孔；10—顶杆；11—封口塞；13—硅油；14—导管（即油杯）；15—动铁心；16—钢珠；17—调节螺钉

（4）安装与使用。

1）安装前应检查继电器的额定电流及整定值是否与实际使用要求相符。继电器的动作部分是否动作灵活、可靠，外罩及壳体是否有损坏或缺件等情况。

2）安装后应在触头不通电的情况下，使吸引线圈通电操作几次，看继电器动作是否可靠。

3）定期检查继电器各零部件是否有松动及损坏现象，并保持触头的清洁。

过电流继电器的常见故障及处理方法与接触器相似，可参看接触器的有关内容。

2．欠电流继电器

当通过继电器的电流减小到低于其整定值时动作的继电器称为欠电流继电器。在线圈电流正常时这种继电器的衔铁与铁心是吸合的。它常用于直流电动机励磁电路和电磁吸盘的弱磁保护。

常用的欠电流继电器有 JL14－Q 等系列产品，其结构与工作原理和 JT4 系列继电器相似。这种继电器的动作电流为线圈额定电流的 30%～65%，释放电流为线圈额定电流的 10%～20%。因此，当通过欠电流继电器线圈的电流降低到额定电流的 10%～20% 时，继电器即释放复位，其常开触头断开、常闭触头闭合，给出控制信号，使控制电路做出相应的反应。

欠电流继电器在电路图中的符号如图 3-21 所示。

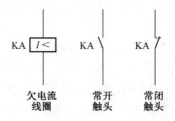

图 3-21　欠电流继电器的符号

3.5.3.2 电压继电器

反映输入量为电压的继电器叫电压继电器。使用时电压继电器的线圈并联在被测量的电路中，根据线圈两端电压的大小而接通或断开电路。因此这种继电器线圈的导线细、匝数多、阻抗大。

根据实际应用的要求，电压继电器分为过电压继电器、欠电压继电器和零电压继电器。过电压继电器是当电压大于其整定值时动作的电压继电器，主要用于对电路或设备作过电压保护，常用的过电压继电器为 JT4—A 系列，其动作电压可在 105%～120%额定电压范围内调整。欠电压继电器是当电压降至某一规定范围时动作的电压继电器；零电压继电器是欠电压继电器的一种特殊形式，是当继电器的端电压降至零或接近消失时才动作的电压继电器。可见欠电压继电器和零电压继电器在线路正常工作时，铁心与衔铁是吸合的，当电压降至低于整定值时，衔铁释放，带动触头动作，对电路实现欠电压或零电压保护。常用的欠电压和零电压继电器有 JT4—P 系列，欠电压继电器的释放电压可在 40%～70%额定电压范围内整定，零电压继电器的释放电压可在 10%～35%额定电压范围内调节。

电压继电器的结构、工作原理及安装使用等知识与电流继电器类似，这里不再重复。

电压继电器主要依据继电器的线圈额定电压、触头的数目和种类进行选择。

电压继电器在电路图中的符号如图 3-22 所示。

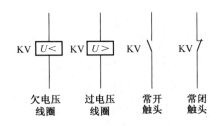

图 3-22 电压继电器的符号

3.5.3.3 凸轮控制器

凸轮控制器就是利用凸轮来操作动触头动作的控制器。主要用于容量不大于 30kW 的中小型绕线转子异步电动机线路中，借助其触头系统直接控制电动机的启动、停止、调速、反转和制动，具有线路简单、运行可靠、维护方便等优点，在桥式起重机等设备中得到广泛应用。

常用的凸轮控制器有 KTJ1、KTJ15、KT10、KT12 及 KT14 等系列，下面以 KTJ1 系列为例进行介绍。

1. 凸轮控制器的型号及含义

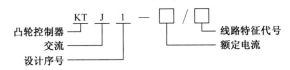

2. 凸轮控制器的结构及工作原理

KTJ1—50/1 型凸轮控制器外形与结构如图 3-23 所示。它主要由手柄（或手轮）、触头系统、转轴、凸轮和外壳等部分组成。其触头系统共有 12 对触头，9 常开、3 常闭。其中，4 对常开触头接在主电路中，用于控制电动机的正反转，配有石棉水泥制成的灭弧罩，其余 8 对触头用于控制电路中，不带灭弧罩。

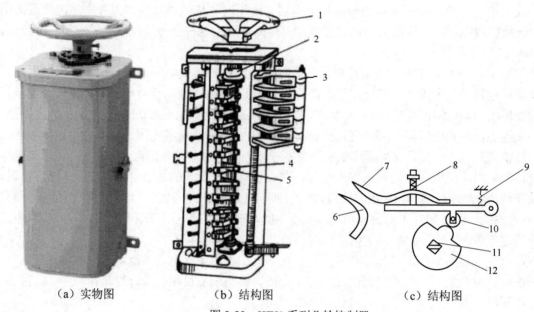

　　（a）实物图　　　　　（b）结构图　　　　　（c）结构图

图 3-23　KTJ1 系列凸轮控制器

1—手轮；2、11—转轴；3—灭弧罩；4、7—动触头；

5、6—静触头；8—触头弹簧；9—弹簧；10—滚轮；12—凸轮

　　凸轮控制器的工作原理：动触头与凸轮固定在转轴上，每个凸轮控制一个触头。当转动手柄时，凸轮随轴转动，当凸轮的凸起部分顶住滚轮时，动、静触头分开；当凸轮的凹处与滚轮相碰时，动触头受到触头弹簧的作用压在静触头上，动、静触头闭合，在方轴上叠装形状不同的凸轮片，可使各个触头按预定的顺序闭合或断开，从而实现不同的控制目的。

　　凸轮控制器的触头分合情况，通常用触头分合表来表示。KTJ1－50/1 型凸轮控制器的触头分合表如图 3-24 所示。图的上面第二行表示手轮的 11 个位置，左侧就是凸轮控制器的 12 对触头。各触头在手轮处于某一位置时的通、断状态用某些符号标记，符号"×"表示对应触头在手轮处于此位置时是闭合的，无此符号表示是分断的。例如：手轮在反转"3"位置时，触头 AC2、AC4、AC5、AC6 及 AC11 处有"×"标记，表示这些触头是闭合的，其余触头是断开的。两触头之间有短接线的（如 AC2～AC4 左边的短接线）表示它们一直是接通的。

　　3．凸轮控制器的选用

　　凸轮控制器主要根据所控制电动机的容量、额定电压、额定电流、工作制和控制位置数目等来选择。

　　KTJ1 系列凸轮控制器的技术数据见表 3-16。

　　4．凸轮控制器的安装与使用

　　（1）凸轮控制器在安装前应检查外壳及零件有无损坏，并清除内部灰尘。

　　（2）安装前应操作控制器手柄不小于 5 次，检查有无卡轧现象。检查触头的分合顺序是否符合规定的分合表要求及每一对触头是否动作可靠。

　　（3）凸轮控制器必须牢固可靠地安装在墙壁或支架上，其金属外壳上的接地螺钉必须与接地线可靠连接。

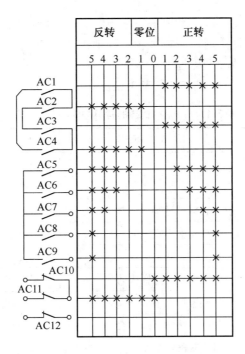

图 3-24　凸轮控制器触头分合状态

表 3-16　KTJ1 系列凸轮控制器的技术数据

型号	位置数		额定电流/A		额定控制功率/kW		每小时操作次数不高于	质量/kg
	向前（上升）	向后（下降）	长期工作制	通电持续率在 40%以下的工作制	220V	380V		
KTJ1－50/1	5	5	50	75	16	16		28
KTJ1－50/2	5	5	50	75	*	*		26
KTJ1－50/3	1	1	50	75	11	11		28
KTJ1－50/4	5	5	50	75	11	11		23
KTJ1－50/5	5	5	50	75	2×11	2×11	600	28
KTJ1－50/6	5	5	50	75	11	11		32
KTJ1－50/1	6	6	80	120	22	30		38
KTJ1－80/3	6	6	80	120	22	30		38
KTJ1－150/1	7	7	150	225	60	100		—

注：“*”无定子电路触头，其最大功率由定子电路中的接触器容量决定。

（4）应按触头分合表或电路图要求接线，经反复检查，确认无误后才能通电。

（5）凸轮控制器安装结束后，应进行空载试验。启动时若凸轮控制器转到 2 位置后电动机仍未转动，则应停止启动，检查线路。

（6）启动操作时，手轮不能转动太快，应逐级启动，防止电动机的启动电流过大。

（7）凸轮控制器停止使用时，应将手轮准确地停在零位。

5．凸轮控制器的常见故障及处理方法。

凸轮控制器的常见故障及处理方法见表 3-17。

表 3-17　凸轮控制器的常见故障及处理方法

故障现象	可能原因	处理方法
主电路中常开主触头间短路	灭弧罩破裂	调换灭弧罩
	触头间绝缘损坏	调换凸轮控制器
	手轮转动过快	降低手轮转动速度
触头过热使触头支持件烧焦	触头接触不良	修整触头
	触头压力变小	调整或更换触头压力弹簧
	触头上连接螺钉松动	旋紧螺钉
	触头容量过小	调换控制器
触头熔焊	触头弹簧脱落或断裂	调换触头弹簧
	触头脱落或磨光	更换触头
操作时有卡轧现象及噪声	滚动轴承损坏	调换轴承
	异物嵌入凸轮鼓或触头	清除异物

3.5.3.4　频敏变阻器

频敏变阻器是利用铁磁材料的损耗随频率变化来自动改变等效阻抗值，以使电动机达到平滑启动的变阻器。它是一种静止的无触点电磁元件，实质上是一个铁心损耗非常大的三相电抗器。它适用于在绕线转子异步电动机的转子回路中作启动电阻用。在电动机启动时，将频敏变阻器串接在转子绕组中，由于频敏变阻器的等效阻抗随转子电流频率减小而减小，从而减小机械和电流的冲击，实现电动机的平稳无级启动。

常用的频敏变阻器有 BP1、BP2、BP3、BP4 和 BP6 等系列，可按系列分类，每一系列有其特定用途。下面对 BP1 系列做一简要介绍。

1．频敏变阻器的型号及含义

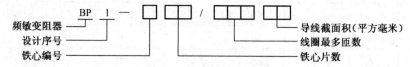

BP1 系列频敏变阻器分为偶尔启动用（BP1－200 型、BP1－300 型）和重复短时工作制（BP1－400 型、BP1－500 型）两类。

2．频敏变阻器的结构及工作原理

频敏变阻器的结构为开启式，类似于没有二次绕组的三相变压器。BP1 系列频敏变阻器的外形和结构如图 3-25 所示。它主要由铁心和绕组两部分组成。铁心由数片 E 形钢板叠成，上下铁心用四根螺栓固定。其工作原理如下：三相绕组通入电流后，由于铁心是用厚钢板制成，交流磁通在铁心中产生很大涡流，产生很大的铁心损耗。频率越高，涡流越大，铁损也越大。

交变磁通在铁心中的损耗可等效地看作电流在电阻中的损耗，因此，频率变化时相当于等效电阻的阻值在变化。在电动机刚启动的瞬间，转子电流的频率最高（等于电源的频率），频敏变阻器的等效阻抗最大，限制了电动机的启动电流；随着转子转速的升高，转子电流的频率逐渐减小，频敏变阻器的等效阻抗也逐渐减小，从而使电动机转速平稳地上升到额定转速。

用频敏变阻器启动绕线转子异步电动机的优点是：启动性能好，无电流和机械冲击，结构简单，价格低廉，使用维护方便。但功率因数较低，启动转矩较小，不宜用于重载启动。

频敏变阻器在电路图中的符号如图 3-25（c）所示。

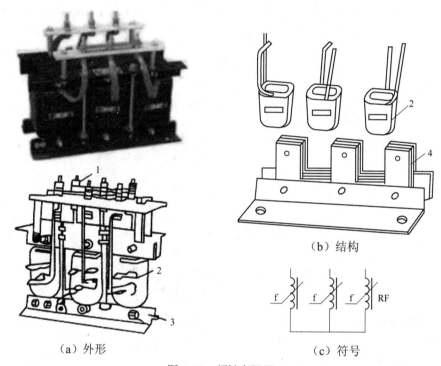

（a）外形　　（b）结构　　（c）符号

图 3-25　频敏变阻器
1—接线柱；2—线圈；3—底座；4—铁心

3．频敏变阻器的选用

（1）根据电动机所拖动的生产机械的启动负载特性和操作频繁程度，选择频敏变阻器。

（2）按电动机功率选择频敏变阻器的规格。在确定了所选择的频敏变阻器系列后，根据电动机的功率查有关技术手册，即可确定配用的频敏变阻器规格。

4．频敏变阻器的安装与使用

（1）频敏变阻器应牢固地固定在基座上，当基座为铁磁物质时应在中间垫入 10mm 以上的非磁性垫片，以防影响频敏变阻器的特性，同时变阻器还应可靠地接地。

（2）连接线应按电动机转子额定电流选用相应截面的电缆线。

（3）试车前，应先测量对地绝缘电阻，如其值小于 1MΩ，则必须先进行烘干处理后方可使用。

（4）试车时，如发现启动转矩或启动电流过大或过小，应对频敏变阻器进行调整。

（5）使用过程中应定期清除尘垢，并检查线圈的绝缘电阻。

5．频敏变阻器的常见故障处理方法

频敏变阻器的结构简单，常见的故障主要有线圈绝缘电阻降低或绝缘损坏、线圈断路或短路及线圈烧毁等情况，其处理方法可参看接触器的有关内容。

3.5.3.5　三相绕线转子异步电动机转子绕组串接电阻启动控制线路

电动机转子绕组中串接的外加电阻在每段切除前和切除后，三相电阻始终是对称的，称为三相对称电阻器，如图 3-26（a）所示。启动过程依次切除 R_1、R_2、R_3，最后全部电阻被切除。与上述相反，启动时串入的全部三相电阻是不对称的，而每段切除后三相仍不对称，称为三相不对称电阻器，如图 3-26（b）所示。启动过程依次切除 R_1、R_2、R_3、R_4，最后全部电阻被切除。

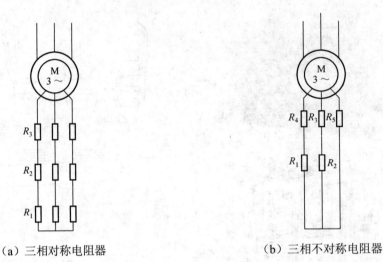

（a）三相对称电阻器　　　　　　　　（b）三相不对称电阻器

图 3-26　转子串接三相电阻

1．按钮操作控制线路

按钮操作转子绕组串接电阻启动的电路如图 3-27 所示。

线路的工作原理如下（合上电源开关 QS）。

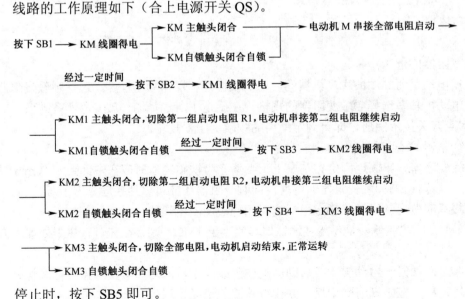

停止时，按下 SB5 即可。

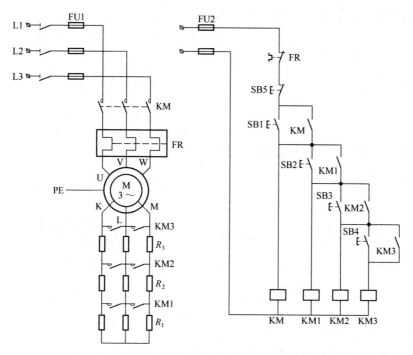

图 3-27 按钮操作转子绕组串接电阻启动的电路图

2．时间继电器自动控制线路

按钮操作控制线路的缺点是操作不便，工作也不安全可靠，所以在实际生产中常采用时间继电器自动控制短接启动电阻的控制线路，如图 3-28 所示。该线路是用三个时间继电器 KT1、KT2、KT3 和三个接触器 KM2、KM3、KM4 的相互配合来依次自动切除转子绕组中的三级电阻的。

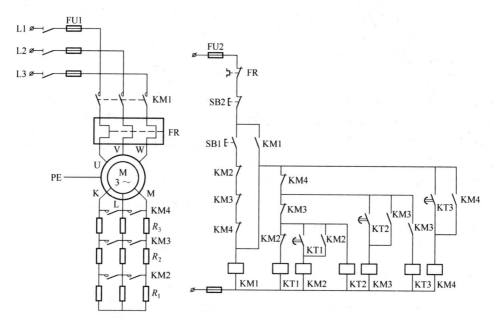

图 3-28 时间继电器自动控制电路图

其线路工作原理如下（合上电源开关 QS）。

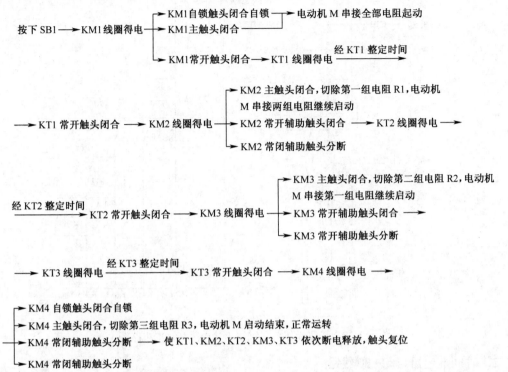

与启动按钮 SB1 串接的接触器 KM2、KM3 和 KM4 常闭辅助触头的作用是保证电动机在转子绕组中接入全部外加电阻的条件下才能启动。如果接触器 KM2、KM3 和 KM4 中任何一个触头因熔焊或机械故障而没有释放时，启动电阻就没有被全部接入转子绕组中，从而使启动电流超过规定值。若把 KM2、KM3 和 KM4 的常闭触头与 SB1 串接在一起，就可以避免这种现象的发生，因为三个接触器中只要有一个触头没有恢复闭合，电动机就不可能接通电源直接启动。

停止时，按下 SB2 即可。

3．电流继电器自动控制线路

电流继电器自动控制电路如图 3-29 所示。该线路是用三个欠电流继电器 KA1、KA2 和 KA3 根据电动机转子电流变化，来控制接触器 KM1、KM2 和 KM3 依次得电动作，逐级切除外加电阻的。三个电流继电器 KA1、KA2、KA3 的线圈串接在转子回路中，它们的吸合电流都一样；但释放电流不同，KA1 的释放电流最大，KA2 次之，KA3 最小。

其线路的工作原理如下（先合上电源开关 QS）。

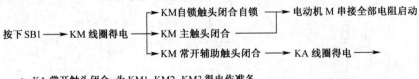

由于电动机 M 刚启动时转子电流很大，三个电流继电器 KA1、KA2、KA3 都吸合，它们接在控制电路中的常闭触头都断开，使接触器 KM1、KM2、KM3 的线圈都不能得电，接在转

子电路中的常开触头都处于分断状态，全部电阻均被串接在转子绕组中。随着电动机转速的升高，转子电流逐渐减小，当减小至 KA1 的释放电流时，KA1 首先释放，使控制电路中 KA1 的常闭触头恢复闭合，接触器 KM1 线圈得电，其主触头闭合，短接切除第一组电阻 R_1。当 R_1 被切除后，转子电流重新增大，但随着电动机转速的继续升高，转子电流又会减小，当减小至 KA2 的释放电流时，KA2 释放，它的常闭触头 KA2 恢复闭合，接触器 KM2 线圈得电，主触头闭合，把第二组电阻 R_2 短接切除，如此继续下去，直到全部电阻被切除，电动机启动完毕，进入正常运转状态。

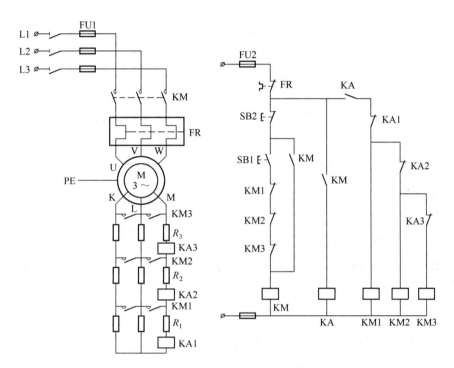

图 3-29　电流继电器自动控制电路图

中间继电器 KA 的作用是保证电动机在转子电路中接入全部电阻的情况下开始启动。因为电动机开始启动时，启动电流由零增大到最大值需一定的时间，这样就有可能出现 KA1、KA2、KA3 还未动作，KM1、KM2、KM3 就已吸合而把电阻 R_1、R_2、R_3 短接，使电动机直接启动。采用 KA 后，无论 KA1、KA2、KA3 有无动作，开始启动时可由 KA 的常开触头切断 KM1、KM2、KM3 线圈的通电回路，保证了启动时串入全部电阻。

3.5.3.6　三相绕线转子异步电动机转子绕组串接频敏变阻器启动控制线路

绕线转子异步电动机采用转子绕组串接电阻的启动方法，要想获得良好的启动特性，一般需要较多的启动级数，所用电器较多，控制线路复杂，设备投资大，维修不便，同时由于逐级切除电阻，会产生一定的机械冲击力。因此，在工矿企业中对于不频繁启动设备，广泛采用频敏变阻器代替启动电阻来控制绕线转子异步电动机的启动。

频敏变阻器是一种阻抗值随频率明显变化（敏感于频率）、静止的无触点电磁元件。在电动机启动时，将频敏变阻器 RF 串接在转子绕组中，由于频敏变阻器的等效阻抗随转子电流频率的减小而减小，从而达到自动变阻的目的。因此，只需用一级频敏变阻器就可以平稳地把电动机启动起来。启动完毕短接切除频敏变阻器。

转子绕阻串接频敏变阻器启动的电路如图 3-30 所示。启动过程可以利用转换开关 SA 实现自动控制和手动控制。

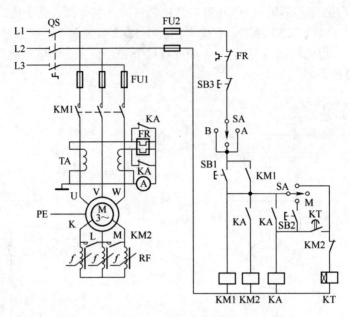

图 3-30　转子绕阻串接频敏变阻器启动电路图

采用自动控制时，将转换开关 SA 扳到自动位置（即 A 位置），时间继电器 KT 将起作用。线路工作原理如下（先合上电源开关 QS）。

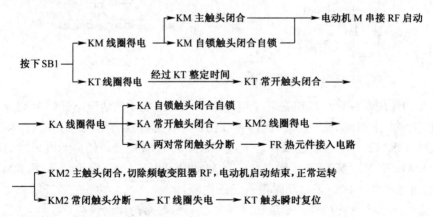

停止时，按下 SB3 即可。

启动过程中，中间继电器 KA 未得电，KA 的两对常闭触头将热继电器 FR 的热元件短接，以免因启动过程较长，而使热继电器过热产生误动作。启动结束后，中间继电器 KA 才得电动作，其两对常闭触头分断，FR 的热元件便接入主电路工作。图中 TA 为电流互感器，其作用是将主电路中的大电流变成小电流，串入热继电器的热元件反映过载程度。

采用手动控制时，将转换开关 SA 扳到手动位置（即 B 位置），这样时间继电器 KT 不起作用，用按钮 SB2 手动控制中间继电器 KA 和接触器 KM2 的得电动作，以完成短接频敏变阻器 RF 的工作，其工作原理读者可自行分析。

3.5.3.7 三相绕线转子异步电动机凸轮控制器控制线路

绕线转子异步电动机的启动、调速及正反转的控制，常常采用凸轮控制器来实现，尤其是容量不太大的绕线转子异步电动机用得更多，桥式起重机上大部分采用这种控制线路。

绕线转子异步电动机凸轮控制器控制电路如图 3-31 所示。图中转换开关 QS 作引入电源用；熔断器 FU1、FU2 分别作为主电路和控制电路的短路保护；接触器 KM 控制电动机电源的通断，同时起欠压、失压保护作用；位置开关 SQ1、SQ2 分别作为电动机正反转时工作机构运动的限位保护；过电流继电器 KA1、KA2 作为电动机的过载保护；R 是电阻器；AC 是凸轮控制器，它有 12 对触头，如图 3-23 所示。图 3-31 中 12 对触头的分合状态是凸轮控制器手轮处于"0"位时的情况。当手轮处于正转的"1"～"5"挡或反转的"1"～"5"挡时，触头的分合状态如图 3-24 所示，用"×"表示触头闭合，无此标记表示触头断开。AC 最上面的四对配有灭弧罩的常开触头 AC1～AC4 接在主电路中用以控制电动机正反转；中间五对常开触头 AC5～AC9 与转子电阻相接，用来逐级切换电阻以控制电动机的启动和调速；最下面的三对常闭辅助触头 AC10～AC12 都用作零位保护。

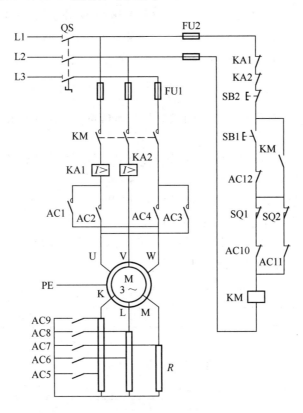

图 3-31　绕线转子异步电动凸轮控制器控制电路

线路的工作原理如下（先合上电源开关 QS），然后将 AC 手轮放在"0"位，这时最下面三对触头 AC10～AC12 闭合，为控制电路的接通做准备。按下 SB1，接触器 KM 线圈得电，KM 主触头闭合，接通电源，为电动机启动做准备，KM 自锁触头闭合自锁。将 AC 手轮从"0"位转到正转"1"位置，这时触头 AC10 仍闭合，保持控制电路接通，触头 AC1、AC3 闭合，电动机 M 接通三相电源正转启动，此时由于 AC 触头 AC5～AC9 均断开，转子绕组串接全部电阻 R，所以启动电流较小，启动转矩也较小。如果电动机负载较重，则不能启动，但可起消除传动齿轮间隙和拉紧钢丝绳的作用。当 AC 手轮从正转"1"位转到"2"位时，触头 AC10、AC1、AC3 仍闭合，AC5 闭合，把电阻器 R 上的一级电阻短接切除，使电动机 M 正转加速。同理，当 AC 手轮扳转到正转"3"和"4"位置时，触头 AC10、AC1、AC3、AC5 仍保持闭合，AC6 和 AC7 先后闭合，把电阻器 R 的两级电阻相继短接，电动机 M 继续正转加速。当手轮转到"5"位置时，AC5～AC9 五对触头全部闭合，电阻器 R 全部电阻被切除，电动机启动完毕后全速运转。

当把手轮转到反转的"1"～"5"位置时，触头 AC2 和 AC4 闭合，接入电动机的三相电源相序改变，电动机反转。触头 AC11 闭合使控制电路仍保持接通，接触器 KM 继续得电工作。凸轮控制器反向启动依次切除电阻的程序及工作原理与正转类同，读者可自行分析。

由凸轮控制器触头分合表（见图 3-24）可以看出，凸轮控制器最下面的三对辅助触头 AC10～AC12，只有当手轮置于"0"位时才全部闭合，而在其余各档位置都只有一对触头闭合（AC10 或 AC11），而其余两对断开。这三对触头在控制电路中如此安排，就保证了手轮必须置于"0"位时，按下启动按钮 SB1 才能使接触器 KM 线圈得电动作，然后通过凸轮控制器 AC 使电动机进行逐级启动，从而避免了电动机的直接启动，同时也防止了由于误按 SB1 而使电动机突然快速运转产生的意外事故。

3.5.4　任务实施

绕线转子异步电动机转子绕组串接频敏变阻器启动控制线路的安装和调试

1．目的要求

掌握绕线转子异步电动机转子绕组串接频敏变阻器启动控制线路的安装和调试方法。

2．工具、仪表及器材

（1）工具：测电笔、螺钉旋具、尖嘴钳、斜口钳、剥线钳、电工刀等。

（2）仪表：兆欧表、钳形电流表、万用表。

（3）器材：控制板一块，导线、走线槽若干；各种规格的紧固体、针形及叉形轧头、金属软管、编码套管等。电器元件见表 3-18。

表 3-18　元件明细表

代号	名称	型号	规格	数量
M	绕线转子异步电动机	YZR－132MA－6	2.2kW、380V、6A/11.2A、△接法、1440r/min	1
QS	组合开关	HZ10－25/3	三极、25A	1
FU1	熔断器	RL1－60/25	500V、60A、配熔体 25A	3
FU2	熔断器	RL1－15/2	500V、15A、配熔体 2A	2
KM1～KM2	交流接触器	CJ10－20	20A、线圈电压 380V	2
KA	中间继电器	JZ7-44	5A、线圈电压 380V	
FR	热继电器	JR16－20/3	三极、20A、整定电流 6A	4
KT	时间继电器	JS7－2A	线圈电压 380V	1

续表

代号	名称	型号	规格	数量
SB1～SB2	按钮	LA－10－3H	保护式、380V、5A 按钮数 3	1
XT	端子板	JX－1020	380V、10A、20 节	若干
RF	频敏变阻器	BP1－004/10003		
	主电路导线	BVR－1.0	1.5mm² （7×0.52mm）	若干
	控制电路导线	BVR－0.75	1mm² （7×0.43mm）	若干
	按钮线	BVR－1.5	0.75mm²	若干
	走线槽		18mm×25mm	若干
	控制板		500mm×400mm×20mm	1

3．安装步骤及工艺要求

（1）按表 3-18 配齐所用电器元件，并进行质量检验。要求其外观完好无损、型号规格标注齐全、完整，各项技术指标符合规定要求。

（2）根据图 3-32 所示电路图，画出布置图。

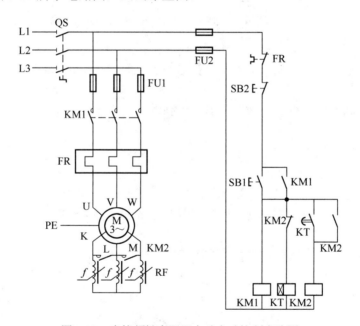

图 3-32　串接频敏变阻器自动启动控制电路图

（3）在控制板上按布置图安装除电动机、频敏变阻器以外的电器元件，并贴上醒目的文字符号。安装要做到元件布置整齐、匀称、合理、紧固，不损坏电器元件。

（4）根据电路图在控制板上进行板前线槽布线、套编码套管和冷压接线头。布线要做到横平竖直、整齐、分布均匀、紧贴安装面及走线合理，套编码套管要正确，严禁损伤线芯和导线绝缘，各接点要牢靠不松动，并符合工艺要求。接线图可以参考图 3-33。

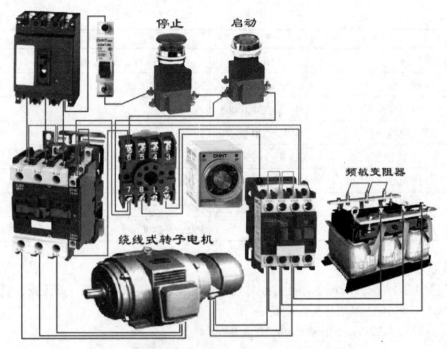

图 3-33　串接频敏变阻器自动启动控制电路实物接线图

（5）安装电动机、频敏变阻器。

（6）可靠连接电动机、频敏变阻器及各电器元件金属外壳的保护接地线。接地线必须接在它们指定的专用接地螺钉上。

（7）连接电源、电动机、频敏变阻器等控制板外部的导线。

（8）自检。

（9）检查无误后通电试车。

4．注意事项

（1）时间继电器和热继电器的整定值应由学生在通电前自行整定。

（2）出现故障后，学生独立进行检修。但通电试车和带电检修时，必须有指导教师在现场监护。

（3）频敏变阻器要安装在箱体内。若置于箱外时，必须采取遮护或隔离措施，以防止发生触电事故。

（4）调整频敏变阻器的匝数和气隙时，必须先切断电源，并按以下方法进行调整。

1）启动电流过大、启动太快时，应换接触头，使匝数增加，可使用全部匝数。匝数增加将使启动电流减小，启动转矩也同时减小。

2）启动电流过小、启动转矩太小、启动太慢时，应换接触头，使匝数减少。可使用 80%或更少的匝数。匝数减少将使启动电流增大，启动转矩也同时增大。

3）如果刚启动时，启动转矩偏大，机械有冲击现象，而启动完毕后，稳定转速又偏低，这时可在上下铁心间增加气隙。可拧开变阻器两面上的四个拉紧螺栓的螺母，在上、下铁心之间增加非磁性垫片。增加气隙将使启动电流略微增加，启动转矩稍有减小，但启动完毕时转矩稍有增大，使稳定转速得以提高。

知识梳理与总结

本项目介绍了三相异步电动机降压启动控制线路中所用时间继电器、中间继电器、凸轮控制器、频敏变阻器、电流继电器及电压继电器，着重介绍了它们的结构、工作原理、型号、部分技术参数、选择、使用与故障维修，以及图形符号与文字符号，为进一步正确选择、使用和维修低压电器打下良好的基础。

本项目着重介绍了电气控制线路基本控制环节中的三相异步电动机降压启动控制线路。三相鼠笼异步电动机降压启动控制线路包括定子绕组串接电阻降压启动控制线路、自耦变压器降压启动控制线路、Y—△降压启动控制线路、延边△降压启动控制线路；三相绕线转子异步电动机降压启动控制线路，包括转子绕组串接电阻降压启动控制线路、转子绕组串接频敏变阻器降压启动控制线路、凸轮控制器控制线路。在介绍的过程中非常详细地分析了各控制电路的特点、工作原理、设计指导思想，以及各种保护环节。

对三相鼠笼异步电动机来说，通常采用定子绕组串接电阻降压启动控制、Y—△降压启动控制等启动方法；对容量较大的电动机可以采用自耦变压器降压启动控制方法，这种控制线路有手动和自动两种控制方法，利用通电延时继电器来完成自动控制。而对三相绕线转子异步电动机来说，通常采用转子绕组串接电阻降压启动控制的方法，但是这种方法是逐级切除启动电阻，使启动电流和启动转矩瞬间增大，导致机械冲击。绕线转子异步电动机可以采用转子绕组串接频敏变阻器降压启动控制方法来启动，使能耗减少，并且随着启动过程自动平滑地减少电阻，以获得较理想的机械特性，同时简化了控制电路，也提高了工作的可靠性。

为了巩固所学知识，项目中每一个任务都配备有一定量的技能训练，并详细地介绍了制作、安装、调试及维修过程。另外，在训练的过程中，有些训练留有接线图、元器件布置图的练习环节，以达到真正掌握接线图、元器件布置图的画法。

熟悉掌握这些基本知识，学会分析其工作原理，进一步为后续学习打下良好的基础。

思考与练习

1. 中间继电器与交流接触器有什么区别？什么情况下可用中间继电器代替交流接触器使用？
2. 简述空气阻尼式时间继电器的结构。
3. 晶体管时间继电器适用于什么场合？
4. 如果 JS7—A 系列时间继电器的延时时间变短，可能的原因有哪些？如何处理？
5. 什么是电流继电器？与电压继电器相比，其线圈有何特点？
6. 什么是凸轮控制器？其主要作用是什么？如何选择凸轮控制器？
7. 简述频敏变阻器的工作原理。
8. 频敏变阻器有什么优点？如何选用频敏变阻器？
9. 画出下列电器元件的图形符号，并标出对应的文字符号。

（1）熔断器；（2）复合按钮；（3）复合位置开关；（4）通电延时型时间继电器；（5）断电延时型时间继电器；（6）交流接触器；（7）接近开关；（8）中间继电器；（9）欠电流继电器。

10. 什么叫降压启动？三相鼠笼异步电动机常见的降压启动方法有哪四种？

11. 题图 3-1 所示为正反转串电阻降压启动控制电路图，试分析叙述其工作原理。

12. 试述 QJ3 手动控制补偿器保护装置的欠压和过载保护原理。

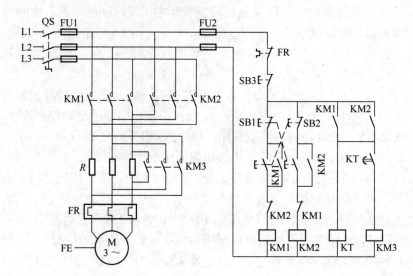

题图 3-1

13. 试设计一小车运行电路，要求：

（1）小车由原位开始前进，到终点后自动停止；

（2）小车在终点停留 2 分钟后自动返回到原位置停止；

（3）要求在前进或后退中任一位置均可停止或启动。

项目四
三相异步电动机的制动控制线路设计、安装与调试

【知识能力目标】

1．熟悉制动控制所需低压电器的结构、工作原理、使用和选用；
2．掌握制动控制电气线路设计、安装、调试与检修；
3．掌握制动控制电气图的识读和绘制方法；
4．掌握制动电气控制线路的故障查找方法。

【专业能力目标】

1．能正确设计、安装和调试三相异步电动机制动控制电路；
2．能正确使用相关仪器仪表对三相异步电动机制动控制电路进行检测；
3．能正确检修和排除三相异步电动机制动控制电路的典型故障。

【其他能力目标】

1．培养学生谦虚、好学的能力；培养学生勤于思考、做事认真的良好作风；培养学生良好的职业道德。

2．学生分析问题、解决问题的能力的培养；学生勇于创新、敬业乐业的工作作风的培养；学生质量意识、安全意识的培养；培养学生的团结协作能力；能根据工作任务进行合理的分工，互相帮助、协作完成工作任务。

3．遵守工作时间，在教学活动中渗透企业的 6S 制度（整理/整顿/清扫/清洁/素养/安全）。

4．培养学生填写、整理、积累技术资料的能力；在进行电路装接、故障排除之后能对所进行的工作任务进行资料收集、整理、存档。

5．培养学生语言表达能力，能正确描述工作任务、工作要求，任务完成之后能进行工作总结并进行总结发言。

　　三相异步电动机在切断电源以后，由于惯性作用并不会马上停止转动，而是需要转动一段时间才会完全停下来。这种情况对于某些生产机械是不适宜的。例如，起重机的吊钩需要准确定位；万能铣床要求立即停转等。为了使电动机的控制满足生产机械的这种要求，减少辅助工时及电动机的停车时间，提高设备生产效率和获得准确的停机位置，有必要采用一些使电动机在切断电源以后能迅速停车的制动措施。

　　所谓制动，就是给电动机一个与转动方向相反的转矩使它迅速停转（或限制其转速）。制动方法一般有两类：机械制动和电力制动。

任务 4.1　三相异步电动机机械制动控制电路设计、安装与调试

4.1.1　任务目标

　　（1）熟悉电磁铁和电磁离合器。
　　（2）了解三相异步电动机机械制动在电气控制系统中的实际应用。
　　（3）掌握三相异步电动机机械制动控制电路的结构形式及工作原理。
　　（4）正确识读、分析三相异步电动机机械制动控制线路电气原理图，能根据电气原理图绘制电器元件布置图和电气接线图。
　　（5）能正确地进行三相异步电动机机械制动控制电路的设计、安装与调试。
　　（6）学习、掌握并认真实施三相异步电动机机械制动控制电路的电气安装基本步骤及安全操作规范。

4.1.2　任务内容

　　（1）学习三相异步电动机机械制动控制电路的相关知识。
　　（2）学习三相异步电动机机械制动控制电路的电气原理图设计。
　　（3）设计三相异步电动机机械制动控制电路的电器布置图。
　　（4）绘制三相异步电动机机械制动控制电路的电气安装接线图。
　　（5）按照电气控制原理图、布置图和接线图，完成三相异步电动机机械制动控制电路的安装。
　　（6）完成三相异步电动机机械制动控制电路故障的检测与排除。

4.1.3　相关知识

　　利用机械装置使电动机断开电源后迅速停转的方法叫机械制动。机械制动的常用方法有：电磁抱闸制动器制动和电磁离合器制动。

　　使电动机在切断电源停转的过程中，产生一个和电动机实际旋转方向相反的电磁力矩（制动力矩），迫使电动机迅速制动停转的方法叫电力制动。电力制动常用的方法有：反接制动、能耗制动、电容制动和再生发电制动等，下面先介绍相关器件。

4.1.3.1　电磁铁

　　电磁铁是利用电磁吸力来操纵牵引机械装置，以完成预期的动作，或用于钢铁零件的吸持固定、铁磁物体的起重搬运等，因此它是将电能转化为机械能的一种低压电器。

电磁铁主要由铁心、衔铁、线圈和工作机构四部分组成。

按线圈中通过电流的种类，电磁铁可分为交流电磁铁和直流电磁铁。

1．交流电磁铁

线圈中通过交流电的电磁铁称为交流电磁铁。交流电磁铁在线圈工作电压一定的情况下，铁心中的磁通幅值基本不变，因而铁心与衔铁间的电磁吸力也基本不变。但线圈中的电流主要取决于线圈的感抗，在电磁铁吸合的过程中，随着气隙的减小，磁阻减小，线圈的感抗增大，电流减小。实验证明，交流电磁铁在开始吸合时电流最大，一般比衔铁吸合后的工作电流大几倍到十几倍。因此，如果交流电磁铁的衔铁被卡住不能吸合时，线圈会很快因过热而烧坏。同时，交流电磁铁也不允许操作太频繁，以免线圈因不断受到启动电流的冲击而烧坏。

为减小涡流与磁滞损耗，交流电磁铁的铁心和衔铁用硅钢片叠压铆成，并在铁心端部装有短路环。

交流电磁铁的种类很多，按电流相数分为单相、二相和三相；按线圈额定电压可分为220V和380V；按功能可分为牵引电磁铁、制动电磁铁和起重电磁铁。制动电磁铁按衔铁行程分为长行程（大于10mm）和短行程（小于5mm）两种。下面只简单分析交流短行程制动电磁铁。

交流短行程制动电磁铁为转动式，制动力矩较小，多为单相或二相结构。常用的有MZDI系列，其型号及含义如下：

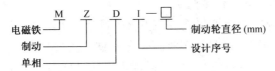

该系列电磁铁常与 TJ2 型闸瓦制动器配合使用，共同组成电磁抱闸制动器，其结构如图4-1所示。

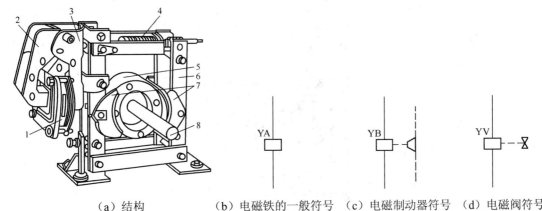

（a）结构　　（b）电磁铁的一般符号　（c）电磁制动器符号　（d）电磁阀符号

图4-1　MZDI型制动电磁铁与制动器

1—线圈；2—衔铁；3—铁心；4—弹簧；5—闸轮；6—杠杆；7—闸瓦；8—轴

制动电磁铁由铁心、衔铁和线圈三部分组成。闸瓦制动器包括闸轮、闸瓦、杠杆和弹簧等部分。闸轮装在被制动轴上，当线圈通电后，U 形衔铁绕轴转动吸合，衔铁克服弹簧拉力，迫使制动杠杆带动闸瓦向外移动，使闸瓦离开闸轮，闸轮和被制动轴可以自由转动。当线圈断电后，衔铁会释放，在弹簧作用下，制动杠杆带动闸瓦向里运动，使闸瓦紧紧抱住闸轮完成制动。

不同种类的电磁铁在电路图中的符号不同，常用电磁铁的符号如图 4-1（b）（c）（d）所示。

MZDI 型交流短行程制动电磁铁的技术数据见表 4-1。

表 4-1　MZDI 型短行程制动电磁铁的技术数据

型号	电磁铁转矩/N·cm		衔铁的重力转矩/（N·cm）	回转角/°	额定回转角下制动杆的位移/mm	反复短时工作制/（次/h）
	通电持续率					
	40%	100%				
MZDI－100	550	300	50	7.5	3	
MZDI－200	4000	2000	360	5.5	3.8	300
MZDI－300	10000	4000	920	5.5	4.4	

2．直流电磁铁

线圈中通以直流电的电磁铁称为直流电磁铁。直流电磁铁的线圈电阻为常数，在工作电压不变的情况下，线圈的电流也是常数，在吸合过程中不会随气隙的变化而变化，因此允许的操作频率较高。它在吸合前，气隙较大，磁路的磁阻也较大，磁通较小，因而吸力也较小。吸合后，气隙很小，磁阻也很小，磁通最大，电磁吸力也最大。实验证明：直流电磁铁的电磁吸力与气隙大小的平方成反比。衔铁与铁心在吸合的过程中电磁吸力是逐渐增大的。

直流长行程制动电磁铁是常见的一种直流电磁铁，主要用于闸瓦制动器，其工作原理与交流制动电磁铁相同。常用的直流长行程制动电磁铁有 MZZ2 系列，其型号及含义如下：

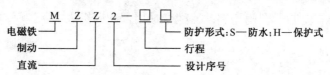

MZZ2－H 型电磁铁的结构如图 4-2 所示。

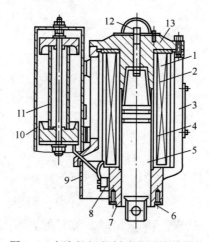

图 4-2　直流长行程制动电磁铁的结构

1—黄铜垫圈；2—线圈；3—外壳；4—导向管；5—衔铁；6—法兰；7—油封
8—接线板；9—盖；10—箱体；11—管形电阻；12—缓冲弹簧；13—钢盖

该型号为直流并励长行程电磁铁，用于操作负荷动作的闸瓦式制动器，要求安装在空气流通的设备中。其衔铁具有空气缓冲器，它能使电磁铁在接通和断开电源时延长动作的时间，避免发生急剧的冲击。

MZZ2－H 型直流长行程电磁铁的技术数据见表 4-2。

表 4-2　MZZ2－H 系列直流长行程制动电磁铁的技术数据

型号	吸力/N		衔铁质量/kg	行程/mm	线圈需要的功率/W	
	90%额定电压时					
	通电持续率为 25%	通电持续率为 40%			通电持续率为 25%	通电持续率为 40%
MZZ2－30H	65	45	0.7	30	200	140
MZZ2－40H	115	80	1.5	40	350	220
MZZ2－60H	190	140	2.8	60	560	330
MZZ2－80H	370	300	7	80	760	500
MZZ－100H	520	400	12.3	100	1100	700
MZZ－120H	1000	720	23.5	120	1600	950

3．电磁铁的选用

（1）根据机械负荷的要求选择电磁铁的种类和结构形成。

（2）根据控制系统电压选择电磁铁线圈电压。

（3）电磁铁的功率应不小于制动或牵引功率。对于制动电磁铁，当制动器的型号确定后，应根据规定正确选配电磁铁。

4．电磁铁的安装与使用

（1）安装前应清除灰尘和污垢，并检查衔铁有无机械卡阻。

（2）电磁铁要牢固地固定在底座上，并在紧固螺钉下放弹簧垫圈锁紧。制动电磁铁要调整好制动电磁铁与制动器之间的连接关系，保证制动器获得所需的制动力矩和力。

（3）电磁铁应按接线图接线，并接通电源，操作数次，检查衔铁动作是否正常以及有无噪声。

（4）定期检查衔铁行程的大小，该行程在运行过程中由于制动面的磨损而增大。当衔铁行程达到正常值时，即进行调整，以恢复制动面和转盘间的最小空隙。不让行程增加到正常值以上，因为这样可能引起吸力的显著下降。

（5）检查连接螺钉的旋紧程度，注意可动部分的机械磨损。

4.1.3.2　电磁离合器

电磁离合器制动的原理和电磁抱闸制动器的制动原理类似。电动葫芦的绳轮常采用这种制动方法。电磁离合器的实物图及断电制动型结构示意图如图 4-3 所示。

1．结构

电磁离合器主要由制动电磁铁（包括动铁心 1、静铁心 3、激磁线圈 2）、静摩擦片 4、动摩擦片 5 以及制动弹簧 9 等组成。电磁铁的静铁心 3 靠导向轴（图中未画出）连接在电动葫芦本体上，动铁心 1 与静摩擦片 4 固定在一起，并只能作轴向移动而不能绕轴转动。动摩擦片 5 通过连接法兰 8 与绳轮轴 7（与电动机共轴）由键 6 固定在一起，可随电动机一起转动。

（a）单片离合器实物图

（b）多片离合器实物图

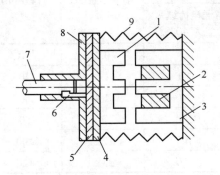

（c）断电制动型电磁离合器的结构示意图

图 4-3　电磁离合器

1—动铁心；2—激磁线圈；3—静铁心；4—静摩擦片；
5—动摩擦片；6—键；7—绳轮轴；8—法兰；9—制动弹簧

2．制动原理

电动机静止时，激磁线圈 2 无电，制动弹簧 9 将静摩擦片 4 紧紧地压在动摩擦片 5 上，此时电动机通过绳轮轴 7 被制动。当电动机通电运转时，激磁线圈 2 也同时得电，电磁铁的动铁心 1 被静铁心 3 吸合，使静摩擦片 4 与动摩擦片 5 分开，于是动摩擦片 5 连同绳轮轴 7 在电动机的带动下正常启动运转。当电动机切断电源时，激磁线圈 2 也同时失电，制动弹簧 9 立即将静摩擦片 4 连同铁心 1 推向转动着的动摩擦片 5，强大的弹簧张力迫使动、静摩擦之间产生足够大的摩擦力，使电动机断电后立即受制动停转。

3．安装注意事项

（1）请在完全没有水分、油分等的状态下使用干式电磁离合器，如果摩擦部位沾有水分或油分等物质，会使摩擦扭力大为降低，离合器的灵敏度也会变差，为了在使用上避免这些情况，请加设罩盖。

（2）在尘埃很多的场所使用时，请使用防护罩。

（3）用来安装离合器的长轴尺寸请使用 JIS0401 H6 或 JS6 的规格。用于安装轴的键请使用 JIS B1301-1959 所规定的其中一种。

（4）考虑到热膨胀等因素，安装轴的推力请选择在 0.2mm 以下。

（5）安装时请在机械上将吸引间隙调整为规定值的正负 20% 以内。

（6）请使托架保持轻盈，不要使用离合器的轴承承受过重的压力。

（7）关于组装用的螺钉，请利用弹簧金属片、接著剂等进行防止松弛的处理。

（8）利用机械侧的框架维持引线的同时，还要利用端子板等进行确实的连接。

4.1.3.3 机械制动中的电磁抱闸制动器制动

1. 电磁抱闸制动器断电制动控制线路

电磁抱闸制动器分为断电制动型和通电制动型两种。断电制动型的工作原理如下：当制动电磁铁的线圈得电时，制动器的闸瓦与闸轮分开，无制动作用；当线圈失电时，闸瓦紧紧抱住闸轮制动。通电制动型的工作原理如下：当线圈得电时，闸瓦紧紧抱住闸轮制动；当线圈失电时，闸瓦与闸轮分开，无制动作用。

电磁抱闸制动器断电制动控制的电路如图 4-4 所示。

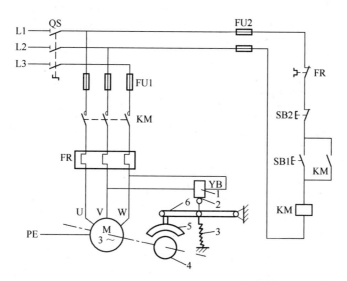

图 4-4　电磁抱闸制动器断电制动控制的电路图

1—线圈；2—衔铁；3—弹簧；4—闸轮；5—闸瓦；6—杠杆

线路工作原理如下（先合上电源开关 QS）。

启动运转：按下启动按钮 SB1，接触器 KM 线圈得电，其自锁触头和主触头闭合，电动机 M 接通电源，同时电磁抱闸制动器 YB 线圈得电，衔铁与铁心吸合，衔铁克服弹簧拉力，迫使制动杠杆向上移动，从而使制动器的闸瓦与闸轮分开，电动机正常运转。

制动停转：按下停止按钮 SB2，接触器 KM 线圈失电，其自锁触头和主触头分断，电动机 M 失电，同时电磁抱闸制动器 YB 线圈也失电，衔铁与铁心分开，在弹簧拉力的作用下闸瓦紧紧抱住闸轮，使电动机迅速制动而停转。

电磁抱闸制动器断电制动在起重机械上被广泛采用。其优点是能够准确定位，同时可防止电动机突然断电时重物的自行坠落。当重物起吊到一定高度时，按下停止按钮，电动机和电磁抱闸制动器的线圈同时断电，闸瓦立即抱住闸轮，电动机立即制动停转，重物随之被准确定位。如果电动机在工作时，线路发生故障而突然断电时，电磁抱闸制动器同样会使电动机迅速制动停转，从而避免重物自行坠落。这种制动方法的缺点是不经济。因为电磁抱闸制动器线圈耗电时间与电动机一样长。另外，切断电器后，由于电磁抱闸制动器的制动作用，使手动调整工件很困难。因此，对要求电动机制动后能调整工件位置的机床设备不能采用这种制动方法，可采用下述通电制动控制线路。

2．电磁抱闸制动器通电制动控制线路

电磁抱闸制动器通电制动控制的电路如图 4-5 所示。这种通电制动与上述断电制动方法稍有不同。当电动机得电运转时，电磁抱闸制动器线圈断电，闸瓦与闸轮分开，无制动作用；当电动机失电需停转时，电磁抱闸制动器的线圈得电，使闸瓦紧紧抱住闸轮制动；当电动机处于停转常态时，电磁抱闸制动器线圈也无电，闸瓦与闸轮分开，这样操作人员可以用手扳动主轴调整工件、对刀等。

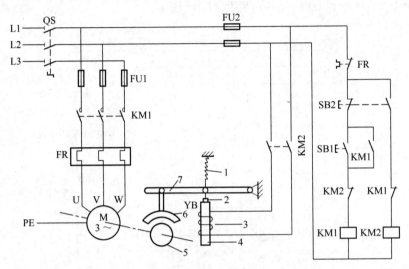

图 4-5　电磁抱闸制动器通电制动控制的电路图

1—弹簧；2—衔铁；3—线圈；4—铁心；5—闸轮；6—闸瓦；7—杠杆

线路的工作原理如下（先合上电源开关 QS）。

启动运转：按下启动按钮 SB1，接触器 KM1 线圈得电，其自锁触头和主触头闭合，电动机 M 启动运转。由于接触器 KM1 联锁触头分断，使接触器 KM2 不能得电动作，所以电磁抱闸制动器的线圈无电，衔铁与铁心分开，在弹簧拉力的作用下，闸瓦与闸轮分开，电动机不受制动正常运转。

制动停转：按下复合按钮 SB2，其常闭触头先分断，使接触器 KM1 线圈失电，其自锁触头和主触头分断，电动机 M 失电，KM1 联锁触头恢复闭合，待 SB2 常开触头闭合后，接触器 KM2 线圈得电，KM2 主触头闭合，电磁抱闸制动器 YB 线圈得电，铁心吸合衔铁，衔铁克服弹簧拉力，带动杠杆向下移动，使闸瓦紧抱闸轮，电动机被迅速制动而停转。KM2 联锁触头分断对 KM1 联锁。

4.1.3.4　机械制动中的电磁离合器制动

电磁离合器的制动控制线路与电磁铁制动线路基本相同。读者可自行画出并进行分析。

4.1.4　任务实施

电磁抱闸制动器断电制动控制线路的安装与检修

1．目的要求

掌握电磁抱闸制动器断电制动控制线路的工作原理及安装与检修。

2．工具、仪表及器材

（1）工具：测电笔、螺钉旋具、尖嘴钳、斜口钳、剥线钳、电工刀等。

（2）仪表：兆欧表、钳形电流表、万用表。

（3）器材：控制板一块，导线、走线槽若干；各种规格的紧固体、针形及叉形轧头、金属软管、编码套管等，其数量按需要而定。电器元件见表 4-3。

表 4-3 元件明细表

代号	名称	型号	规格	数量
M	三相异步电动机	Y112－4	7.5kW、380V、15.4A、△接法、1440r/min	1
QS	组合开关	HZ10－25/3	三极、25A	1
FU1	熔断器	RL1－60/25	500V、60A、配熔体35A	3
FU2	熔断器	RL1－15/2	500V、15A、配熔体2A	2
KM1～KM2	交流接触器	CJ10－20	20A、线圈电压380V	1
FR	热继电器	JR16－20/3	三极、20A、整定电流8.8A	1
SB1～SB2	按钮	LA－10－3H	保护式、380V、5A 按钮数3	1
XT	端子板	JX－1020	380V、10A、20 节	若干
	主电路导线	BVR－1.0	1.5mm²（7×0.52mm）	若干
	控制电路导线	BVR－0.75	1mm²（7×0.43 mm）	若干
	按钮线	BVR－1.5	0.75mm²	若干
	走线槽		18mm×25mm	若干
	控制板		500mm×400mm×20mm	1

3．安装训练

（1）电器元件安装固定。

1）清点、检查器材元件。

2）设计三相异步电动机电磁抱闸制动器断电制动控制线路电器元件布置图，参考图4-6。

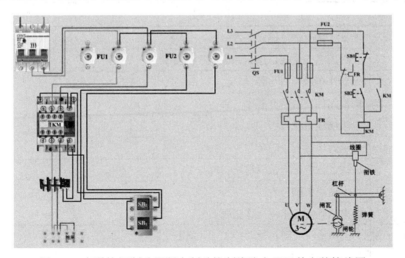

图 4-6 电磁抱闸制动器断电制动控制线路电器元件安装接线图

3）根据电气安装工艺规范安装固定元器件。

（2）电气控制电路连接。

1）设计三相异步电动机电磁抱闸制动器断电制动控制线路电气接线图。

2）按电气安装工艺规范实施电路布线连接，图 4-6 所示为参考接线图。

4．安装评价

安装评价按照表 4-4 进行。

表 4-4　安装接线评分

项目内容	配分	评分标准	扣分	得分
安装接线	40分	（1）按照元器件明细表配齐元器件并检查质量，因元器件质量问题影响通电，一次扣 10 分； （2）不按电路图接线，每处扣 10 分； （3）接点不符合要求，每处扣 5 分； （4）损坏元器件，每个扣 2 分； （5）损坏设备，此项分全扣		
通电试车	40分	通电一次不成功，扣 10 分； 通电二次不成功，扣 20 分； 通电三次不成功，扣 40 分		
安全文明操作	10分	视具体情况扣分		
操作时间	10分	规定时间为 60 分钟，每超过 5 分钟扣 5 分		
说明		除定额时间外，各项目的最高扣分不应该超过配分数		
开始时间		结束时间	实际时间	

4.1.5　任务考核

任务考核按照表 4-5 进行。

表 4-5　任务考核评价

评价项目	评价内容	自评	互评	师评
学习态度（10分）	能否认真听讲，答题是否全面			
安全意识（10分）	是否按照安全规范操作并服从教学安排			
完成任务情况 （40分）	元器件布局合适与否			
	电器元件安装符合要求与否			
	电路接线正确与否			
	试车操作过程正确与否			
完成任务情况 （30分）	调试过程中出现故障检修正确与否			
	仪表使用正确与否			
	通电试验后各结束工作完成如何			
协作能力（10分）	与同组成员交流讨论解决了一些问题			
总评	好（85～100分），较好（70～85分），一般（少于70分）			

任务 4.2　三相异步电动机电力制动中的反接制动控制电路设计、安装与调试

4.2.1　任务目标

（1）熟悉电磁铁和电磁离合器。

（2）了解三相异步电动机反接制动在电气控制系统中的实际应用。

（3）掌握三相异步电动机反接制动控制电路的结构形式及工作原理。

（4）正确识读、分析三相异步电动机反接制动控制线路电气原理图，能根据电气原理图绘制电器元件布置图和电气接线图。

（5）能正确地进行三相异步电动机反接制动控制电路的设计、安装与调试。

（6）学习、掌握并认真实施三相异步电动机反接制动控制电路的电气安装基本步骤及安全操作规范。

4.2.2　任务内容

（1）学习三相异步电动机反接制动控制电路的相关知识。

（2）学习三相异步电动机反接制动控制电路的电气原理图设计。

（3）设计三相异步电动机反接制动控制电路的电器布置图。

（4）绘制三相异步电动机反接制动控制电路的电气安装接线图。

（5）按照电气控制原理图、布置图和接线图，完成三相异步电动机反接制动控制电路的安装。

（6）完成三相异步电动机反接制动控制电路故障的检测与排除。

4.2.3　相关知识

4.2.3.1　速度继电器

速度继电器是反映转速和转向的继电器，其主要作用是以旋转速度的快慢为指令信号，与接触器配合实现对电动机的反接制动控制，故称为反接制动继电器。机床控制线路中常用的速度继电器有 JY1 型和 JFZ0 型，其外形如图 4-7 所示。

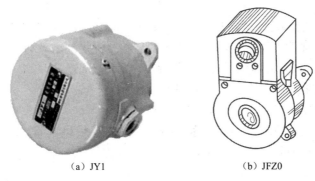

(a) JY1　　　　　　　　(b) JFZ0

图 4-7　速度继电器外形

1．速度继电器的型号及含义

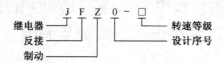

2．速度继电器的结构及工作原理

JY1系列速度继电器的结构及工作原理如图4-8所示。它主要由定子、转子和触点三部分组成。定子的结构与笼型异步电动机相似，是一个笼型空心圆环，由硅钢片冲压而成，并装有笼型绕组。转子是一个圆柱形永久磁铁。速度继电器的轴与电动机的轴相连接。转子固定在轴上，定子与轴同心。速度继电器有两对常开、常闭触点，分别对应于被控电动机的正、反转运行。一般情况下，速度继电器的触点，在转速达120r/min时能动作，低于100r/min左右时能恢复正常位置。当电动机转动时，速度继电器的转子随之转动，绕组切割磁场产生感应电动势和电流，此电流和永久磁铁的磁场作用产生转矩，使定子向轴的转动方向偏摆，通过定子柄拨动触点，使常闭触点断开、常开触点闭合。当电动机转速下降到接近100r/min时，转矩减小，定子柄在弹簧力的作用下恢复原位，触点也复原。

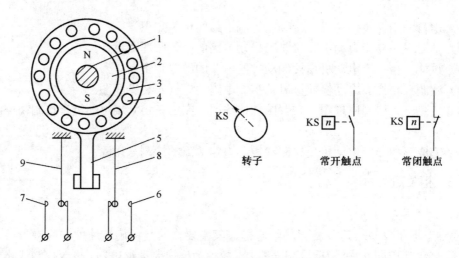

图4-8　JY1速度继电器结构原理图及符号

1—转子；2—电动机轴；3—定子；4—绕组；5—定子柄；6、7—静触点；8、9—簧片（动触点）

常用的感应式速度继电器有JY1和JFZ0系列。JY1系列能在3000r/min的转速下可靠工作。JFZ0型触点动作速度不受定子柄偏转快慢的影响，触点改用微动开关。JFZ0系列JFZ0-1型适用于300～1000r/min，JFZ0-2型适用于1000～3600r/min。

速度继电器在电路图中的符号如图4-8所示。

3．速度继电器的选用

速度继电器主要根据所需控制的转速大小、触头的数量和电压、电流来选用。常用速度继电器的技术数据见表4-6。

表 4-6　速度继电器的主要技术数据

型号	触头额定电压/V	触头额定电流/A	触头对数		额定工作转速/（r/min）	允许操作频率/（次/h）
			正转动作	反转动作		
JY1			一组转换触头	一组转换触头	100～3000	
JFZ0－1	380	2	一常开、一常闭	一常开、一常闭	300～1000	<30
JFZ0－2			一常开、一常闭	一常开、一常闭	1000～3600	

4．速度继电器的安装与使用

（1）速度继电器的转轴应与电动机同轴连接，使两轴的中心线重合。速度继电器的轴可用联轴器与电动机的轴连接。

（2）速度继电器安装接线时，应注意正反向触头不能接错，否则不能实现反接制动控制。

（3）速度继电器的金属外壳应可靠接地。

5．速度继电器的常见故障及处理方法

速度继电器的常见故障及处理方法见表 4-7。

表 4-7　速度继电器的常见故障及处理方法

故障现象	可能原因	处理方法
反接制动时速度继电器失效，电动机不制动	胶木摆杆断裂	更换胶木摆杆
	触头接触不良	清洗触头表面油污
	弹性动触片断裂或失去弹性	更换弹性动触片
	笼型绕组开路	更换笼型绕组
电动机不正常制动	速度继电器的弹性动触片调整不当	重新调节调整螺钉

4.2.3.2　三相异步电动机电力制动中的单向启动反接制动

依靠改变电动机定子绕组的电源相序来产生制动力矩，迫使电动机迅速停转的方法叫反接制动。其制动原理如图 4-9 所示。在图 4-9（a）中，当 QS 向上投合时，电动机定子绕组电源相序为 L1—L2—L3，电动机将沿旋转磁场方向（见图 4-9（b）中顺时针方向），以 $n<n_1$ 的转速正常运转。当电动机需要停转时，可拉开开关 QS，使电动机先脱离电源（此时转子由于惯性仍按原方向旋转），随后，将开关 QS 迅速向下投合，由于 L1、L2 两相电源线对调，电动机定子绕组电源相序变为 L2—L1—L3，旋转磁场反转（见图 4-9（b）中逆时针方向），此时转子将以 n_1+n 的相对转速沿原转动方向切割旋转磁场，在转子绕组中产生感生电流，其方向可用右手定则判断出来，如图 4-9（b）所示。而转子绕组一旦产生电流，又受到旋转磁场的作用，产生电磁转矩，其方向可由左手定则判断出来。可见此转矩方向与电动机的转动方向相反，使电动机受制动迅速停转。

值得注意的是当电动机转速接近零值时，应立即切断电动机电源，否则电动机将反转。为此，在反接制动设施中，为保证电动机的转速被制动到接近零值时，能迅速切断电源，防止反向启动，常利用速度继电器（又称反接制动继电器）来自动地及时切断电源。

如图 4-10 所示是单向启动反接制动控制电路。该线路的主电路和正反转控制线路的主电路相同，只是在反接制动时增加了三个限流电阻 R。线路中 KM1 为正转运行接触器，KM2 为反接制动接触器，KS 为速度继电器，其轴与电动机轴相连（图 4-10 中用点划线表示）。

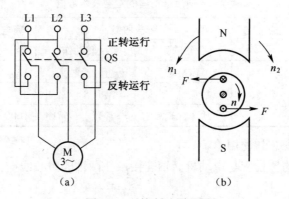

图 4-9　反接制动原理图

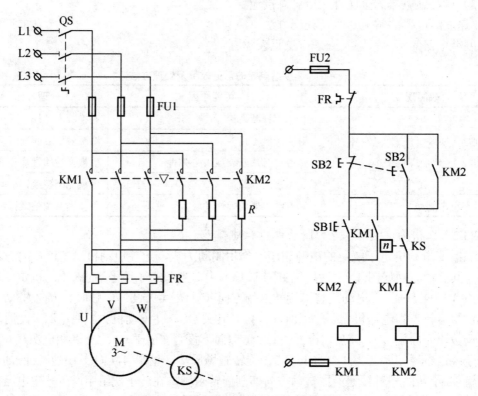

图 4-10　单向启动反接制动控制电路图

线路的工作原理如下（先合上电源开关 QS）。

单向启动：

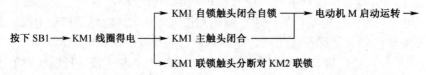

按下 SB1 ─→ KM1 线圈得电 ─→

─→ KM1 自锁触头闭合自锁 ─→ 电动机 M 启动运转 ─→

─→ KM1 主触头闭合 ─→

─→ KM1 联锁触头分断对 KM2 联锁

─→ 至电动机转速上升到一定值 (120r/min 左右) 时 ─→ KS 常开触头闭合为制动作准备

反接制动：

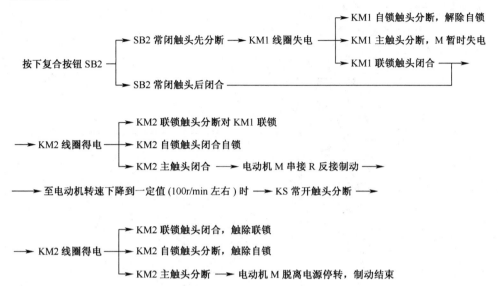

反接制动时，由于旋转磁场与转子的相对转速（n_1+n）很高，故转子绕组中感生电流很大，致使定子绕组中的电流也很大，一般约为电动机额定电流的 10 倍左右。因此，反接制动适用于 10kW 以下小容量电动机的制动，并且对 4.5kW 以上的电动机进行反接制动时，需在定子回路中串入限流电阻 R，以限制反接制动电流，限流电阻 R 的大小可参考下述经验计算公式进行估算。

在电源电压为 380V 时，若要使反接制动电流等于电动机直接启动时的启动电流 $\frac{1}{2}I_{st}$。则三相电路每相应串入的电阻 R（Ω）值可取为：

$$R \approx 1.5 \times \frac{220}{I_{st}} \tag{4-1}$$

若使反接制动电流等于启动电流 I_{st}，则每相串入的电阻 R' 值可取为：

$$R' \approx 1.3 \times \frac{220}{I_{st}} \tag{4-2}$$

如果反接制动时只在电源两相中串接电阻，则电阻值应加大，分别取上述电阻值的 1.5 倍。

反接制动的优点是制动力强，制动迅速。缺点是制动准确性差，制动过程中冲击强烈，易损坏传动零件，制动能量消耗大，不宜经常制动。因此，反接制动一般适用于制动要求迅速、系统惯性较大、不经常启动与制动的场合，如铣床、镗床、中型车床等主轴的制动控制。

4.2.3.3　知识拓展：三相异步电动机电力制动中的双向启动反接制动

双向启动反接制动控制电路如图 4-11 所示。该线路所用电器较多，其中 KM1 既是正转运行接触器，又是反转运行时的反接制动接触器；KM2 既是反转运行接触器，又是正转运行时的反接制动接触器；KM3 作短接限流电阻 R 用；中间继电器 KA1、KA3 和接触器 KM1、KM3 配合完成电动机的正向启动、反接制动的控制要求；中间继电器 KA2、KA4 和接触器 KM2、KM3 配合完成电动机的反向启动、反接制动的控制要求；速度继电器 KS 有两对常开触头 KS-1、

KS-2，分别用于控制电动机正转和反转时反接制动的时间；R 既是反接制动限流电阻，又是正反向启动的限流电阻。

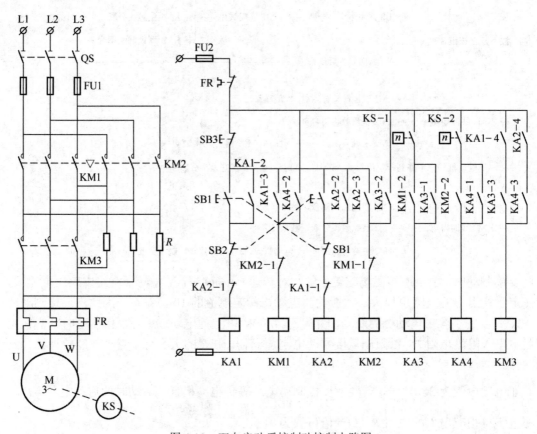

图 4-11 双向启动反接制动控制电路图

其线路的工作原理如下（先合上电源开关 QS）。

正转启动运转：

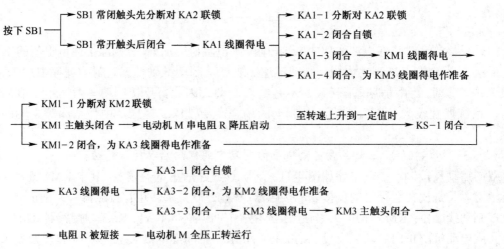

反接制动停转：

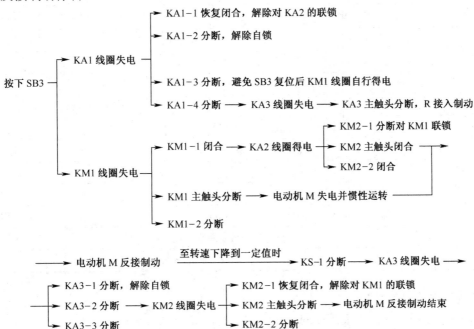

电动机的反向启动及反接制动控制是由启动按钮 SB2、中间继电器 KA2 和 KA4、接触器 KM2 和 KM3、停止按钮 SB3、速度继电器的常开触头 KS-2 等电器完成，其启动过程、制动过程和上述类同，读者可自行分析。

双向启动反接制动控制线路所用电器较多，线路也比较繁杂，但操作方便，运行安全可靠，是一种比较完善的控制线路。线路中的电阻 R 既能限制反接制动电流，又能限制启动电流；中间继电器 KA3、KA4 可避免停车时由于速度继电器 KS-1 或 KS-2 触头的偶然闭合而接通电源。

4.2.4　任务实施

三相异步电动机单向启动反接制动控制线路的安装与检修

1. 目的要求

掌握单向启动反接制动控制线路的工作原理及安装与检修。

2. 工具、仪表及器材

（1）工具：测电笔、螺钉旋具、尖嘴钳、斜口钳、剥线钳、电工刀等。

（2）仪表：兆欧表、钳形电流表、万用表。

（3）器材：各种规格的紧固体、针形及叉形轧头、金属软管、编码套管等。电器元件见表 4-8。

表 4-8　元件明细表

代号	名称	型号	规格	数量
M	三相异步电动机	Y112M－4	4kW、380V、8.8A、△接法、1440r/min	1
QS	组合开关	HZ10－25/3	三极、25A、380V	1
FU1	熔断器	RL1－60/25	500V、60A、配熔体 25A	3

代号	名称	型号	规格	数量
FU2	熔断器	RL1－15/2	500V、15A、配熔体 2A	2
KM1～KM2	交流接触器	CJ10－20	20A、线圈电压 380V	1
FR	热继电器	JR16－20/3	三极、20A、整定电流 6A	1
KS	速度继电器	JY1		1
SB1～SB2	按钮	LA－10－3H	保护式、380V、5A 按钮数 3	2
XT	端子板	JX－1020	380V、10A、20 节	若干
	主电路导线	BVR－1.0	1.5mm² （7×0.52mm）	若干
	控制电路导线	BVR－0.75	1mm² （7×0.43 mm）	若干
	按钮线	BVR－1.5	0.75mm²	若干
	走线槽		18mm×25mm	若干
	控制板		500mm×400mm×20mm	1

3．安装步骤及工艺要求

安装工艺可参照前面技能训练中的工艺要求进行。其安装步骤如下：

（1）按表 4-8 配齐所用电器元件，并检验元件质量。

（2）根据图 4-10 所示电路图，画出布置图。可以参考图 4-12 安装接线。

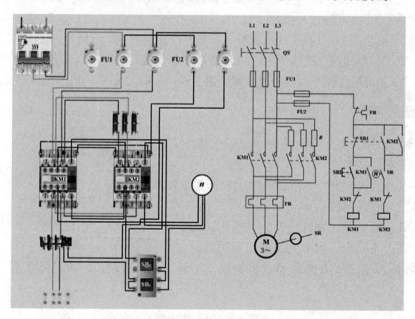

图 4-12　单向启动反接制动控制线路电器元件安装接线图

（3）在控制板上按布置图安装走线槽和除电动机、速度继电器以外的电器元件，并贴上醒目的文字符号。

（4）在控制板上按电路图进行板前线槽布线，并在导线端部套编码套管和冷压接线头。

（5）安装电动机、速度继电器。

（6）可靠连接电动机、速度继电器和电器元件不带电的金属外壳的保护接地线。

（7）连接控制板外部的导线。

（8）自检。

（9）检查无误后通电试车。

4．注意事项

（1）安装速度继电器前，要弄清其结构，辨明常开触头的接线端。

（2）速度继电器可以预先安装好，不属于定额时间。安装时，采用速度继电器的连接头与电动机转轴直接连接的方法，并使两轴中心线重合。

（3）通电试车时，若制动不正常，可检查速度继电器是否符合规定要求。若需调节速度继电器的调整螺钉时，必须切断电源，以防止出现相对地短路而引起事故。

（4）速度继电器动作值和返回值的调整，应先由教师示范后，再由学生自己调整。

（5）制动操作不易过于频繁。

（6）通电试车时，必须有指导教师在现场监护，同时做到安全文明生产。

4．安装评价

安装评价按照表4-9进行。

表4-9　安装接线评分

项目内容	配分	评分标准	扣分	得分
安装接线	40分	（1）按照元器件明细表配齐元器件并检查质量，因元器件质量问题影响通电，一次扣10分； （2）不按电路图接线，每处扣10分； （3）接点不符合要求，每处扣5分； （4）损坏元器件，每个扣2分； （5）损坏设备，此项分全扣		
通电试车	40分	通电一次不成功，扣10分； 通电二次不成功，扣20分； 通电三次不成功，扣40分		
安全文明操作	10分	视具体情况扣分		
操作时间	10分	规定时间为60分钟，每超过5分钟扣5分		
说明	除定额时间外，各项目的最高扣分不应该超过配分数			
开始时间		结束时间	实际时间	

4.2.5　任务考核

任务考核按照表4-10进行。

表4-10　任务考核评价

评价项目	评价内容	自评	互评	师评
学习态度（10分）	能否认真听讲，答题是否全面			
安全意识（10分）	是否按照安全规范操作并服从教学安排			

评价项目	评价内容	自评	互评	师评
完成任务情况 （40分）	元器件布局合适与否			
	电器元件安装符合要求与否			
	电路接线正确与否			
	试车操作过程正确与否			
完成任务情况 （30分）	调试过程中出现故障检修正确与否			
	仪表使用正确与否			
	通电试验后各结束工作完成如何			
协作能力（10分）	与同组成员交流讨论解决了一些问题			
总评	好（85～100分），较好（70～85分），一般（少于70分）			

任务4.3 三相异步电动机电力制动中的能耗制动控制电路设计、安装与调试

4.3.1 任务目标

（1）熟悉电磁铁和电磁离合器。
（2）了解三相异步电动机能耗制动在电气控制系统中的实际应用。
（3）掌握三相异步电动机能耗制动控制电路的结构形式及工作原理。
（4）正确识读、分析三相异步电动机能耗制动控制线路电气原理图，能根据电气原理图绘制电器元件布置图和电气接线图。
（5）能正确地进行三相异步电动机能耗制动控制电路的设计、安装与调试。
（6）学习、掌握并认真实施三相异步电动机能耗制动控制电路的电气安装基本步骤及安全操作规范。

4.3.2 任务内容

（1）学习三相异步电动机能耗制动控制电路的相关知识。
（2）学习三相异步电动机能耗制动控制电路的电气原理图设计。
（3）设计三相异步电动机能耗制动控制电路的电器布置图。
（4）绘制三相异步电动机能耗制动控制电路的电气安装接线图。
（5）按照电气控制原理图、布置图和接线图，完成三相异步电动机能耗制动控制电路的安装。
（6）完成三相异步电动机能耗制动控制电路故障的检测与排除。

4.3.3 相关知识

当电动机切断交流电源后，立即在定子绕组的任意两相中通入直流电，迫使电动机迅速

停转的方法叫能耗制动。其制动原理如图 4-13 所示，先断开电源开关 QS1，切断电动机的交流电源，这时转子仍沿原方向惯性运转；随后立即合上开关 QS2，并将 QS1 向下合闸，电动机 V、W 两相定子绕组通入直流电，使定子中产生一个恒定的静止磁场，这样作惯性运转的转子因切割磁力线而在转子绕组中产生感生电流，其方向可用右手定则判断出来，上面应标⊗，下面应标⊙。转子绕组中一旦产生了感生电流，又立即受到静止磁场的作用，产生电磁转矩，用左手定则判断，可知此转矩的方向正好与电动机的转向相反，使电动机受制动迅速停转。由于这种制动方法是通过在定子绕组中通入直流电以消耗转子惯性运转的动能进行制动的，所以称为能耗制动，又称动能制动。

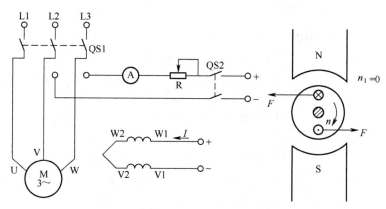

图 4-13　能耗制动原理图

4.3.3.1　无变压器单相半波整流单向启动能耗制动控制电路图

无变压器单相半波整流单向启动能耗制动自动控制电路如图 4-14 所示。该线路采用单相半波整流器作为直流电源，所用附加设备较少，线路简单，成本低，常用于 10kW 以下小容量电动机，且对制动要求不高的场合。

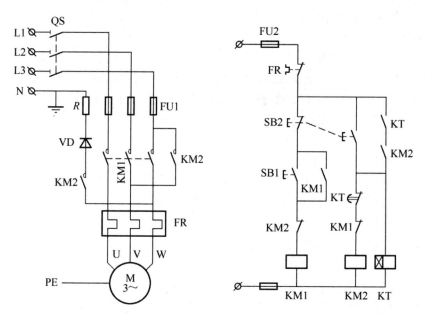

图 4-14　无变压器单相半波整流单向启动能耗制动控制电路图

其线路的工作原理如下（先合上电源开关 QS）。

单向启动运转：

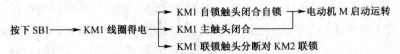

```
                           ┌──→ KM1 自锁触头闭合自锁 ──→ 电动机 M 启动运转
按下 SB1 ──→ KM1 线圈得电 ──┼──→ KM1 主触头闭合
                           └──→ KM1 联锁触头分断对 KM2 联锁
```

能耗制动停转：

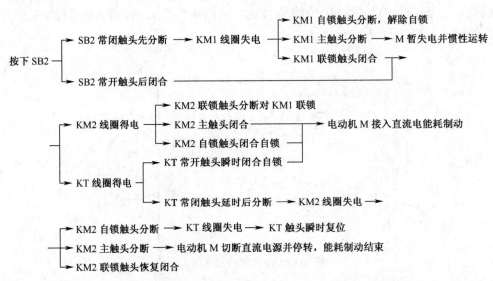

```
              ┌──→ SB2 常闭触头先分断 ──→ KM1 线圈失电 ┌──→ KM1 自锁触头分断，解除自锁
              │                                       ├──→ KM1 主触头分断 ──→ M 暂失电并惯性运转
按下 SB2 ──────┤                                       └──→ KM1 联锁触头闭合 ──┐
              └──→ SB2 常开触头后闭合                                          │
                                                                             │
      ┌──→ KM2 线圈得电 ┌──→ KM2 联锁触头分断对 KM1 联锁                        │
      │                ├──→ KM2 主触头闭合 ──────→ 电动机 M 接入直流电能耗制动    │
      │                └──→ KM2 自锁触头闭合自锁 ──┐                            │
      │                                          │                           │
      └──→ KT 线圈得电 ┌──→ KT 常开触头瞬时闭合自锁                             │
                      │                                                       │
                      └──→ KT 常闭触头延时后分断 ──→ KM2 线圈失电 ──┐            │
                                                                   │          │
      ┌──→ KM2 自锁触头分断 ──→ KT 线圈失电 ──→ KT 触头瞬时复位                  │
      ┼──→ KM2 主触头分断 ──→ 电动机 M 切断直流电源并停转，能耗制动结束           │
      └──→ KM2 联锁触头恢复闭合                                                 │
```

　　图 4-14 中 KT 瞬时闭合常开触头的作用是当 KT 出现线圈断线或机械卡住等故障时，按下 SB2 后能使电动机制动后脱离直流电源。

4.3.3.2　有变压器单相桥式整流单向启动能耗制动自动控制线路

　　对于 10kW 以上容量的电动机，多采用有变压器单相桥式整流能耗制动自动控制线路。如图 4-15 所示为有变压器单相桥式整流单向启动能耗制动自动控制的电路图，其中直流电源由单相桥式整流器 VC 供给，TC 是整流变压器，电阻 R 是用来调节直流电流的，从而调节制动强度，整流变压器一次侧与整流器的直流侧同时进行切换，有利于提高触头使用寿命。

　　图 4-15 与图 4-14 的控制电路相同，所以其工作原理也相同，读者可自行分析。

　　能耗制动的优点是制动准确、平稳，且能量消耗较小。缺点是需附加直流电源装置，设备费用较高，制动力较弱，在低速时制动力矩小。因此能耗制动一般用于要求制动准确、平稳的场合，如磨床、立式铣床等的控制线路中。

　　能耗制动时产生的制动力矩大小，与通入定子绕组中的直流电流大小、电动机的转速及转子电路中的电阻有关。电流越大，产生的静止磁场就越强，而转速越高，转子切割磁力线的速度就越大，产生的制动力矩也就越大。但对笼型异步电动机，增大制动力矩只能通过增大通入电动机的直流电流来实现，而通入的直流电流又不能太大，电流过大会烧坏定子绕组。因此能耗制动所需的直流电源一般用以下方法进行估算。

　　以常用的单相桥式整流电路为例，其估算步骤如下：

　　（1）测量出电动机三根进线中任意两根之间的电阻 R（Ω）。

　　（2）测量出电动机的进线空载电流 I_0（A）。

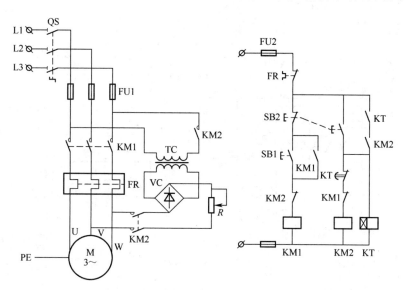

图 4-15　有变压器单相桥式整流单向启动能耗制动自动控制的电路图

（3）能耗制动所需的直流电流 $I_L = K I_0$（A），能耗制动所需的直流电压 $U_L = I_L R$（V）。其中 K 是系数，一般取 $3.5 \sim 4$。若考虑到电动机定子绕组的发热情况，并使电动机达到比较满意的制动效果，对转速高、惯性大的传动装置可取其上限。

（4）单相桥式整流电源变压器次级绕组电压和电流有效值为：

$$U_2 = \frac{U_L}{0.9} \quad (\text{V}) \tag{4-3}$$

$$I_2 = \frac{I_L}{0.9} \quad (\text{A}) \tag{4-4}$$

变压器计算容量为：

$$S = U_2 I_2 \quad (\text{VA}) \tag{4-5}$$

如果制动不频繁，可取变压器实际容量为：

$$S' = \left(\frac{1}{3} \sim \frac{1}{4} \right) S \quad (\text{VA}) \tag{4-6}$$

（5）可调电阻 $R \approx 2\Omega$，电阻功率 $P_R = I^2_L R$（W），实际选用时，电阻功率也可小些。

4.3.3.3　知识拓展：双向启动能耗制动控制线路

双向启动能耗制动控制电路如图 4-16 所示。该线路采用有变压器单相桥式整流电路来完成双向运转电动机的能耗制动。其中 KM1 和 KM2 分别是电动机正转和反转运行接触器；KM3 作能耗制动接触器；R 是能耗制动限流电阻；KT 用于能耗制动结束时断开 KM3 接触器。其启动过程和制动过程读者可自行分析。

4.3.4　任务实施

三相异步电动机有变压器单相桥式整流单向启动能耗制动控制线路的安装与检修

1．目的要求

掌握三相异步电动机有变压器单相桥式整流单向启动能耗控制线路的工作原理及安装与检修。

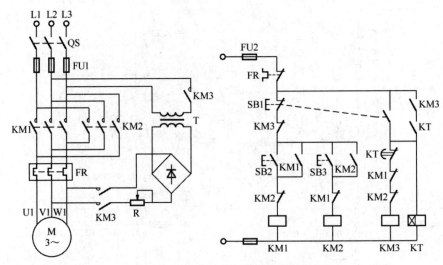

图 4-16　双向启动能耗制动控制电路图

2．工具、仪表及器材

（1）工具：测电笔、螺钉旋具、尖嘴钳、斜口钳、剥线钳、电工刀等。

（2）仪表：兆欧表、钳形电流表、万用表。

（3）器材：控制板一块，导线、走线槽若干；各种规格的紧固体、针形及叉形轧头、金属软管、编码套管等，其数量按需要而定。电器元件见表 4-11。

表 4-11　元件明细表

代号	名称	型号	规格	数量
M	三相异步电动机	Y112－4	7.5kW、380V、15.4A、△接法、1440r/min	1
QS	组合开关	HZ10－25/3	三极、25A	1
FU1	熔断器	RL1－60/25	500V、60A、配熔体 35A	3
FU2	熔断器	RL1－15/2	500V、15A、配熔体 2A	2
KM1～KM2	交流接触器	CJ10－20	20A、线圈电压 380V	1
FR	热继电器	JR16－20/3	三极、20A、整定电流 8.8A	1
SB1～SB2	按钮	LA－10－3H	保护式、380V、5A 按钮数 3	1
R	制动电阻	10 欧，380V	大功率瓷管电阻	1
T	三相自耦变压器	380V	三相，380V	
XT	端子板	JX－1020	380V、10A、20 节	若干
	主电路导线	BVR－1.0	1.5mm^2（7×0.52mm）	若干
	控制电路导线	BVR－0.75	1mm^2（7×0.43 mm）	若干
	按钮线	BVR－1.5	0.75mm^2	若干
	走线槽		18mm×25mm	若干
	控制板		500mm×400mm×20mm	1

3．安装训练

（1）电器元件安装固定。

1）清点、检查器材元件。

2）设计三相异步电动机有变压器单相桥式整流单向启动能耗制动控制线路电器元件布置图，参考图 4-15。

3）根据电气安装工艺规范安装固定元器件。

（2）电气控制电路连接。

1）设计三相异步电动机有变压器单相桥式整流单向启动能耗控制线路电气接线图。

2）按电气安装工艺规范实施电路布线连接，图 4-17 所示为参考接线图。

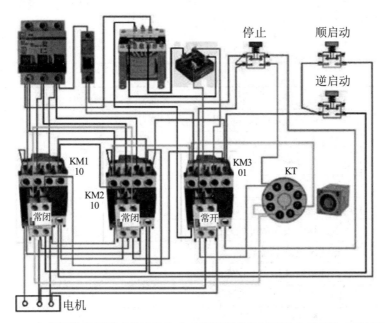

图 4-17　有变压器单相桥式整流单向启动能耗制动控制线路电器元件安装接线图

4．安装评价

安装评价按照表 4-12 进行。

表 4-12　安装接线评分

项目内容	配分	评分标准	扣分	得分
安装接线	40 分	（1）按照元器件明细表配齐元器件并检查质量，因元器件质量问题影响通电，一次扣 10 分； （2）不按电路图接线，每处扣 10 分； （3）接点不符合要求，每处扣 5 分； （4）损坏元器件，每个扣 2 分； （5）损坏设备，此项分全扣		
通电试车	40 分	通电一次不成功，扣 10 分； 通电二次不成功，扣 20 分； 通电三次不成功，扣 40 分		

续表

项目内容	配分	评分标准	扣分	得分
安全文明操作	10 分	视具体情况扣分		
操作时间	10 分	规定时间为 60 分钟，每超过 5 分钟扣 5 分		
说明		除定额时间外，各项目的最高扣分不应该超过配分数		
开始时间		结束时间	实际时间	

4.3.5　任务考核

任务考核按照表 4-13 进行。

表 4-13　任务考核评价

评价项目	评价内容	自评	互评	师评
学习态度（10 分）	能否认真听讲，答题是否全面			
安全意识（10 分）	是否按照安全规范操作并服从教学安排			
完成任务情况 （40 分）	元器件布局合适与否			
	电器元件安装符合要求与否			
	电路接线正确与否			
	试车操作过程正确与否			
完成任务情况 （30 分）	调试过程中出现故障检修正确与否			
	仪表使用正确与否			
	通电试验后各结束工作完成如何			
协作能力（10 分）	与同组成员交流讨论解决了一些问题			
总评	好（85～100 分），较好（70～85 分），一般（少于 70 分）			

任务 4.4　三相异步电动机电力制动中的电容制动和再生发电制动控制电路设计

4.4.1　任务目标

（1）熟悉电磁铁和电磁离合器。

（2）了解三相异步电动机电容制动和再生发电制动在电气控制系统中的实际应用。

（3）掌握三相异步电动机电容制动和再生发电制动控制电路的结构形式及工作原理。

（4）正确识读、分析三相异步电动机电容制动和再生发电制动控制线路电气原理图，能根据电气原理图绘制电器元件布置图和电气接线图。

（5）能正确地进行三相异步电动机电容制动和再生发电制动控制电路的设计、安装与调试。

（6）学习、掌握并认真实施三相异步电动机电容制动和再生发电制动控制电路的电气安装基本步骤及安全操作规范。

4.4.2 任务内容

（1）学习三相异步电动机电容制动和再生发电制动控制电路的相关知识。
（2）学习三相异步电动机电容制动和再生发电制动控制电路的电气原理图设计。
（3）设计三相异步电动机电容制动和再生发电制动控制电路的电器布置图。
（4）绘制三相异步电动机电容制动和再生发电制动控制电路的电气安装接线图。
（5）按照电气控制原理图、布置图和接线图，完成三相异步电动机电容制动和再生发电制动控制电路的安装。
（6）完成三相异步电动机电容制动和再生发电制动控制电路故障的检测与排除。

4.4.3 相关知识

4.4.3.1 电力制动中的电容制动

当电动机切断交流电源后，立即在电动机定子绕组的出线端接入电容器来迫使电动机迅速停转的方法叫电容制动。其制动原理是：当旋转着的电动机断开交流电源时，转子内仍有剩磁。随着转子的惯性转动，有一个随转子转动的旋转磁场。这个磁场切割定子绕组产生感生电动势，并通过电容器回路形成感生电流，该电流产生的磁场与转子绕组中感生电流相互作用，产生一个与旋转方向相反的制动转矩，使电动机受制动迅速停转。

电容制动控制电路如图 4-18 所示。其线路的工作原理如下（先合上电源开关 QS）。

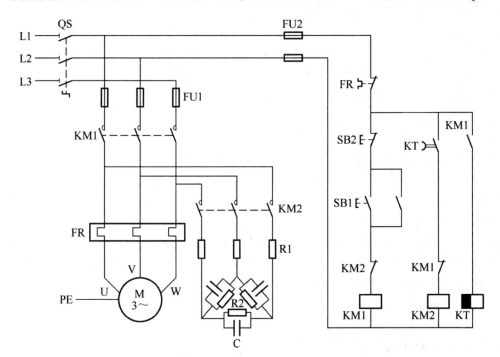

图 4-18　电容制动控制电路图

启动运转：

电容制动停转：

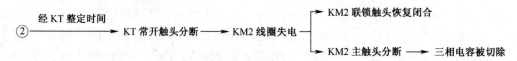

控制线路中，电阻 R1 是调节电阻，用以调节制动力矩的大小，电阻 R2 为放电电阻。经验证明：电容器的电容，对于 380V、50Hz 的笼型异步电动机，每千瓦每相约需要 150μF 左右。电容器的耐压应不小于电动机的额定电压。

实验证明，对于 5.5kW、△形接法的三相异步电动机，无制动停车时间为 22s，采用电容制动后停车时间仅需 1s。对于 5.5kW、Y 形接法的三相异步电动机，无制动停车时间为 36s，采用电容制动后仅为 2s。所以电容制动是一种制动迅速、能量损耗小、设备简单的制动方法，一般用于 10kW 以下的小容量电动机，特别适用于存在机械摩擦阻尼的生产机械和需要多台电动机同时制动的场合。

4.4.3.2　电力制动中的再生发电制动

再生发电制动（又称回馈制动）主要用在起重机械和多速异步电动机上。下面以起重机械为例说明其制动原理。

当起重机在高处开始下放重物时，电动机转速 n 小于同步转速 n_1，这时电动机处于电动运行状态，其转子电流和电磁转矩的方向如图 4-19（a）所示。但由于重力的作用，在重物的下放过程中，会使电动机的转速 n 大于同步转速 n_1，这时电动机处于发电制动状态，转子相对于旋转磁场切割磁力线的运动方向发生了改变（沿顺时针方向），其转子电流和电磁转矩的方向都与电动运行时相反，如图 4-19（b）所示。可见电磁力矩变为制动力矩限制了重物的下降速度，保证了设备的人身安全。

对多速电动机变速时，如使电动机由 2 极变为 4 极，定子旋转磁场的同步转速 n_1 由 3000r/min 变为 1500r/min，而转子由于惯性仍以原来的转速 n（接近 3000r/min）旋转，此时 $n > n_1$，电动机处于发电制动状态。

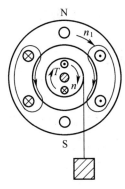
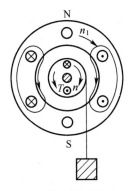

（a）电动运行状态　　　　　（b）发电制动状态

图 4-19　发电制动原理图

再生发电制动是一种比较经济的制动方法，制动时不需要改变线路即可从电动运行状态自动地转入发电制动状态，把机械能转换成电能，再回馈到电网，节能效果显著。缺点是应用范围较窄，仅当电动机转速大于同步转速时才能实现发电制动。所以常用于在位能负载作用下的起重机械和多速异步电动机由高速转为低速时的情况。

4.4.4　任务实施

（有兴趣的读者可自行完成）

知识梳理与总结

本项目介绍了三相异步电动机制动控制线路中所用电磁铁、电磁离合器和速度继电器，着重介绍了它们的结构、工作原理、型号、部分技术参数、选择、使用与故障维修，以及图形符号与文字符号，为制动控制线路分析打下良好的基础。

本项目着重介绍了电气控制线路基本控制环节中的三相异步电动机制动控制线路。所谓制动，就是给电动机一个与转动方向相反的转矩使它迅速停转（或限制其转速）。制动的方法一般有两类：机械制动和电力制动。机械制动常用的方法有：电磁抱闸制动器制动和电磁离合器制动。电磁抱闸制动器分为断电制动型和通电制动型两种。电磁离合器制动的原理和电磁抱闸制动器的制动原理类似。电力制动常用的方法有：反接制动、能耗制动、电容制动和再生发电制动等。依靠改变电动机定子绕组的电源相序来产生制动力矩，迫使电动机迅速停转的方法叫反接制动。当电动机切断交流电源后，立即在定子绕组的任意两相中通入直流电，迫使电动机迅速停转的方法叫能耗制动。当电动机切断交流电源后，立即在电动机定子绕组的出线端接入电容器来迫使电动机迅速停转的方法叫电容制动。再生发电制动是一种比较经济的制动方法，制动时不需要改变线路即可从电动运行状态自动地转入发电制动状态，把机械能转换成电能，再回馈到电网，节能效果显著。在介绍的过程中非常详细地分析了各种控制电路的特点、工作原理，设计指导思想，以及各种保护环节。

为了巩固所学知识，项目中的每个任务都配备有一定量的技能训练，并详细地介绍了制作、安装、调试及维修过程。另外，在训练的过程中，有些训练留有接线图、元器件布置图的练习环节，以达到真正掌握接线图、元器件布置图的画法。

熟悉掌握这些基本知识，学会分析其工作原理，进一步为后续学习打下良好的基础。

思考与练习

1．速度继电器的主要作用是什么？

2．如果交流电磁铁的衔铁被卡住不能吸合，会造成什么样的后果？

3．直流电磁铁在吸合过程中，吸力是如何变化的？

4．什么叫制动？制动的方法有哪两种？

5．什么叫机械制动？常用的机械制动有哪两种？

6．叙述三相电动机双向启动反接制动控制线路（见图 4-11）反向启动、反接制动的工作原理。

7．试设计出有变压器桥式整流双向启动能耗制动自动控制的电路图。

8．试按下列要求画出三相鼠笼型异步电动机单向运转的控制线路。

（1）既能点动又能连续运转。

（2）停止时采用反接制动。

（3）能在两处进行启动和停止。

9．设计一个控制电路，要求第一台电动机 M1 启动运行 5 秒以后，第二台电动机 M2 自动启动；M2 运行 5 秒以后，M1 停止运行，同时第三台电动机 M3 自行启动；M3 运行 5 秒以后，电动机全部停止。

10．M1、M2 两台电动机均为三相鼠笼型异步电动机，试根据下列要求，分别绘出完成相应功能的控制电路。

（1）电动机 M1 先启动后，M2 才能启动，M2 并能单独停止。

（2）电动机 M1 先启动后，M2 才能启动，M2 并能点动，且制动时采用能耗制动。

（3）电动机 M1 先启动，经过一定时间后 M2 才能启动，M2 并能点动，且制动时采用能耗制动。

项目五
三相异步电动机调速控制线路设计、安装与检修

【知识能力目标】

1. 熟悉调速控制所需低压电器的结构、工作原理、使用和选用；
2. 掌握调速控制电气线路设计、安装、调试与检修；
3. 掌握调速控制电气图的识读和绘制方法；
4. 掌握调速电气控制线路的故障查找方法。

【专业能力目标】

1. 能正确设计、安装和调试三相异步电动机调速控制电路；
2. 能正确使用相关仪器仪表对三相异步电动机调速控制电路进行检测；
3. 能正确检修和排除三相异步电动机调速控制电路的典型故障。

【其他能力目标】

1. 培养学生谦虚、好学的能力；培养学生勤于思考、做事认真的良好作风；培养学生良好的职业道德。

2. 学生分析问题、解决问题的能力的培养；学生勇于创新、敬业乐业的工作作风的培养；学生质量意识、安全意识的培养；培养学生的团结协作能力；能根据工作任务进行合理的分工，互相帮助、协作完成工作任务。

3. 遵守工作时间，在教学活动中渗透企业的 6S 制度（整理/整顿/清扫/清洁/素养/安全）。

4. 培养学生填写、整理、积累技术资料的能力；在进行电路装接、故障排除之后能对所进行的工作任务进行资料收集、整理、存档。

5. 培养学生语言表达能力，能正确描述工作任务、工作要求，任务完成之后能进行工作总结并进行总结发言。

在很多领域中，如钢铁行业的轧钢机、鼓风机，机床行业中的车床、数控加工中心等，都要求三相异步电动机的转速可调。多速电动机能代替笨重的齿轮变速箱，满足只需几种特定转速的调速装置的要求。由于其成本低，控制简单，在实际生产中使用较为普遍。

由电动机原理可知，三相异步电动机的转速公式为：

$$n_2 = (1-s)\frac{60 f_1}{p} \qquad (5\text{-}1)$$

可以看出，改变异步电动机转速可通过三种方法来实现：一是改变电源频率 f_1；二是改变转差率 s；三是改变磁极对数 p。本章主要介绍通过改变磁极对数 p 来实现电动机调速的基本控制线路。

改变异步电动机的磁极对数调速称为变极调速。变极调速是通过改变定子绕组的连接方式来实现的，它是有级调速，且只适用于笼型异步电动机。凡磁极对数可改变的电动机称为多速电动机，常见的多速电动机有双速、三速、四速等几种类型。下面就异步电动机变极调速控制线路进行分析。

任务 5.1　变极调速中的双速异步电动机控制线路设计、安装与检修

5.1.1　任务目标

（1）熟悉双速异步电动机定子绕组的连接方式。
（2）了解双速异步电动机在电气控制系统中的实际应用。
（3）掌握双速异步电动机控制电路的结构形式及工作原理。
（4）正确识读、分析双速异步电动机控制线路电气原理图，能根据电气原理图绘制电器元件布置图和电气接线图。
（5）能正确地进行双速异步电动机控制电路的设计、安装与检修。
（6）学习、掌握并认真实施双速异步电动机控制电路的电气安装基本步骤及安全操作规范。

5.1.2　任务内容

（1）学习双速异步电动机控制电路的相关知识。
（2）学习双速异步电动机控制电路的电气原理图设计。
（3）设计双速异步电动机控制电路的电器布置图。
（4）绘制双速异步电动机控制电路的电气安装接线图。
（5）按照电气控制原理图、布置图和接线图，完成双速异步电动机控制电路的安装。
（6）完成双速异步电动机控制电路故障的检测与排除。

5.1.3　相关知识

5.1.3.1　双速异步电动机定子绕组的连接

双速异步电动机定子绕组的△/YY 接线图如图 5-1 所示。图中，三相定子绕组接成△形，由三个连接点接出三个出线端 U1、V1、W1，从每相绕组的中点各接出一个出线端 U2、V2、W2，这样定子绕组共有 6 个出线端。通过改变这 6 个出线端与电源的连接方式，就可以得到

两种不同的转速。要使电动机在低速工作时，就把三相电源分别接至定子绕组作△形连接顶点的出线端 U1、V1、W1 上，另外三个出线端 U2、V2、W2 空着不接，如图 5-1（a）所示，此时电动机定子绕组接成△形，磁极为 4 极，同步转速为 1500r/min；若要使电动机高速工作，就把三个出线端 U1、V1、W1 并接在一起，另外三个出线端 U2、V2、W2 分别接到三相电源上，如图 5-1（b）所示，这时电动机定子绕组接成 YY 形，磁极为 2 极，同步转速为 3000r/min。可见双速电动机高速时的转速是低速运转转速的两倍。

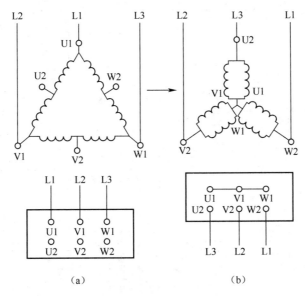

图 5-1　双速异步电动机定子绕组的△/YY 接线图

值得注意的是双速电动机定子绕组从一种接法改变为另一种接法时，必须把电源相序反接，以保证电动机的旋转方向不变。

5.1.3.2　接触器控制双速异步电动机的控制线路

用按钮和接触器控制双速电动机的电路如图 5-2 所示。其中 SB1、KM1 控制电动机低速运转；SB2、KM2、KM3 控制电动机高速运转。

线路工作原理如下（先合上电源开关 QS）。

△形低速启动运转：

YY 形高速启动运转：

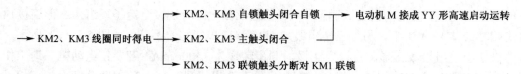

停止时，按下 SB3 即可。

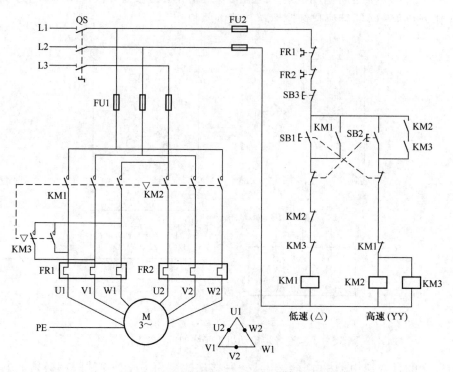

图 5-2　接触器控制双速电动机的电路图

5.1.3.3　时间继电器控制双速异步电动机的控制线路

用按钮和时间继电器控制双速电动机低速启动高速运转的电路图如图 5-3 所示。时间继电器 KT 控制电动机△启动时间和△—YY 的自动换接运转。

线路工作原理如下（先合上电源开关 QS）。

△形低速启动运转：

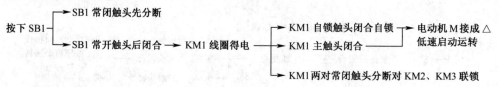

YY 形高速启动运转：

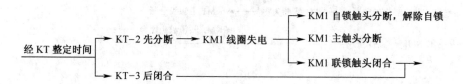

停止时，按下 SB3 即可。

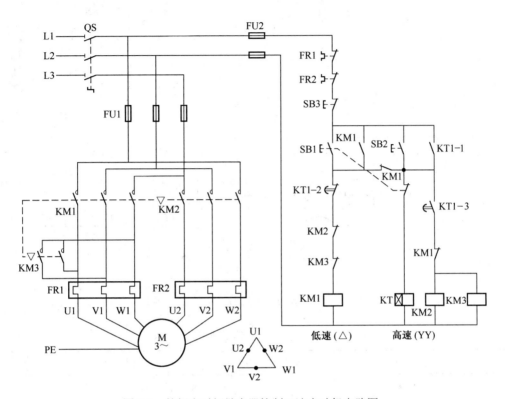

图 5-3 按钮和时间继电器控制双速电动机电路图

若电动机只需高速运转时，可直接按下 SB2，则电动机△形低速启动后，YY 形高速运转。

用转换开关和时间继电器控制双速电动机低速启动高速运转的电路如图 5-4 所示。其中 SA 是具有三个接点位置的转换开关，其他各电器的作用和线路的工作原理，读者可参照上述几种线路自行分析。

5.1.4 任务实施

时间继电器控制双速电动机控制线路的安装

1. 目的要求

掌握时间继电器控制双速电动机控制线路的安装和检修方法。

2. 工具、仪表及器材

（1）工具：测电笔、螺钉旋具、尖嘴钳、剥线钳、电工刀等。

（2）仪表：万用表、钳形电流表、兆欧表、转速表。

（3）器材：各种规格的紧固体、针形及叉形轧头、金属软管、编码套管等。电器元件见表 5-1。

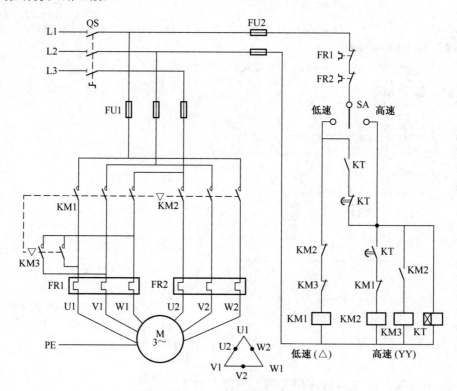

图 5-4　转换开关和时间继电器控制双速电动机电路图

表 5-1　元件明细表

代号	名称	型号	规格	数量
M	双速异步电动机	Y112M－4	3.3kW/4kW、380V、7.4A/8.6A、△/YY、1440r/min 或 2890r/min	1
QS	组合开关	HZ10－25/3	三极、25A、380V	1
FU1	熔断器	RL1－60/25	500V、60A、配熔体 25A	3
FU2	熔断器	RL1－15/2	500V、15A、配熔体 4A	2
KM1～KM3	交流接触器	CJ10－20	20A、线圈电压 380V	3
FR1	热继电器	JR16－20/3	三极、20A、整定电流 7.4A	1
FR2	热继电器	JR16－20/3	三极、20A、整定电流 8.6A	1
KT	时间继电器	JS7－2A	线圈电压 380V	1
SB1～SB3	按钮	LA－10－3H	保护式、380V、5A 按钮数 3	3
XT	端子板	JX－1020	380V、10A、20 节	1
	主电路导线	BVR－1.0	1.5mm² （7×0.52mm）	若干
	控制电路导线	BVR－0.75	1mm² （7×0.43mm）	若干
	按钮线	BVR－1.5	0.75mm²	若干
	走线槽		18mm×25mm	若干
	控制板		500mm×400mm×20mm	1

3．安装步骤及工艺要求

安装工艺可参照前面技能训练中的工艺要求进行。其安装步骤如下：

（1）按表 5-1 配齐所用电器元件，并检验元件质量。

（2）根据图 5-3 所示电路图，画出布置图。可以参考图 5-5 安装接线。

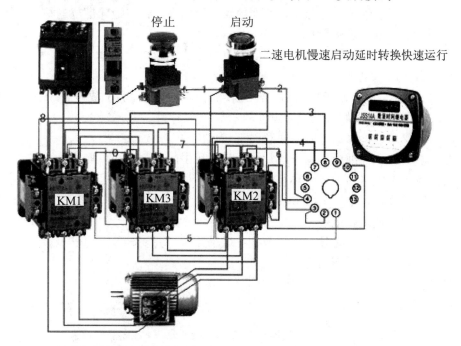

图 5-5　按钮和时间继电器控制双速电动机电路实物接线图

（3）在控制板上按布置图安装走线槽和除电动机以外的电器元件，并贴上醒目的文字符号。

（4）在控制板上按电路图进行板前线槽布线，并在导线端部套编码套管和冷压接线头。

（5）安装电动机。

（6）可靠连接电动机和电器元件不带电的金属外壳的保护接地线。

（7）连接控制板外部的导线。

（8）自检。

（9）检查无误后通电试车。

4．注意事项

（1）接线时注意主电路中接触器 KM1、KM2 在两种转速下电源相序的改变，不能接错；否则，两种转速下电动机的转向相反，换向时会产生很大的冲击电流。

（2）控制双速电动机△形接法的接触器 KM1 和 YY 接法的 KM2 的主触头不能对换接线，否则不但无法实现双速控制要求，而且会在 YY 形运转时造成电源短路事故。

（3）热继电器的整定电流及其在主电路中的接线不要接错。

（4）通电试车时，必须有指导教师在现场监护，同时做到安全文明生产。

5．检修训练

（1）故障设置。在控制电路或主电路中人为设置电气自然故障两处。

（2）教师示范检修。教师进行示范检修时，可把下述检修步骤及要求贯穿其中，直至故障排除。

1）用试验法来观察故障现象。主要注意观察电动机的运行情况、接触器的动作情况和线路的工作情况等，如发现有异常情况，应马上断电检查。

2）用逻辑分析法缩小故障范围，并在电路图上用虚线标出故障部位的最小范围。

3）用测量法正确、迅速地找出故障点。

4）根据故障点的不同情况采取正确的修复方法，迅速排除故障。

5）排除故障后通电试车。

（3）学生检修。教师示范检修后，再由指导教师重新设置两个故障点，让学生进行检修。在学生检修的过程中，教师可进行启发性的示范指导。

（4）注意事项。检修训练时应注意以下几点：

1）要认真听取和仔细观察指导教师在示范过程中的讲解和检修操作。

2）要熟练掌握电路图中各个环节的作用。

3）在排除故障过程中，故障分析的思路和方法要正确。

4）工具和仪表使用要正确。

5）带电检修故障时，必须有指导教师在现场监护，并要确保用电安全。

6）检修必须在定额时间内完成。

6. 安装评价

安装评价按照表 5-2 进行。

表 5-2 安装接线评分

项目内容	配分	评分标准	扣分	得分
安装接线	30 分	（1）按照元器件明细表配齐元器件并检查质量，因元器件质量问题影响通电，一次扣 10 分； （2）不按电路图接线，每处扣 10 分； （3）接点不符合要求，每处扣 5 分； （4）损坏元器件，每个扣 2 分； （5）损坏设备，此项分全扣		
通电试车	20 分	通电一次不成功，扣 10 分； 通电二次不成功，扣 20 分； 通电三次不成功，扣 40 分		
故障检修	20 分	人为设置两个故障，每检测并修复一个给 10 分，否则扣 10 分		
安全文明操作	10 分	视具体情况扣分		
操作时间	10 分	规定时间为 60 分钟，每超过 5 分钟扣 5 分		
说明	除定额时间外，各项目的最高扣分不应该超过配分数			
开始时间		结束时间		实际时间	

5.1.5 任务考核

任务考核按照表 5-3 进行。

表 5-3 任务考核评价

评价项目	评价内容	自评	互评	师评
学习态度（10分）	能否认真听讲，答题是否全面			
安全意识（10分）	是否按照安全规范操作并服从教学安排			
完成任务情况 （70分）	电器元件设计图符合要求与否（10分）			
	控制线路接线设计正确与否（10分）			
	电器元件准备正确与否（10分）			
	电路安装正确与否（10分）			
	试车操作过程正确与否（10分）			
	调试过程中出现故障检修正确与否（10分）			
	通电试验后各项工作完成如何（10分）			
协作能力（10分）	与同组成员交流讨论解决了一些问题			
总评	好（85~100分），较好（70~85分），一般（少于70分）			

任务 5.2 知识拓展：变极调速中的三速异步电动机控制线路设计

5.2.1 任务目标

（1）熟悉三速异步电动机定子绕组的连接方式。
（2）了解三速异步电动机在电气控制系统中的实际应用。
（3）掌握三速异步电动机控制电路的结构形式及工作原理。
（4）正确识读、分析三速异步电动机控制线路电气原理图。
（5）能正确地进行三速异步电动机控制电路的设计、安装与检修。
（6）学习、掌握并认真实施三速异步电动机控制电路的电气安装基本步骤及安全操作规范。

5.2.2 任务内容

（1）学习三速异步电动机控制电路的相关知识。
（2）学习三速异步电动机控制电路的电气原理图设计。
（3）设计三速异步电动机控制电路的电器布置图。
（4）绘制三速异步电动机控制电路的电气安装接线图。
（5）按照电气控制原理图、布置图和接线图，完成三速异步电动机控制电路的安装。
（6）完成三速异步电动机控制电路故障的检测与排除。

5.2.3 相关知识

5.2.3.1 三速异步电动机定子绕组的连接
三速异步电动机是在双速异步电动机的基础上发展起来的。它有两套定子绕组，分两层安放在定子槽内，第一套绕组（双速）有七个出线端 U1、V1、W1、U3、U2、V2、W2，可作△或 YY 形连接；第二套绕组（单速）有三个出线端 U4、V4、W4，只作 Y 形连接，如图 5-6（a）所示。

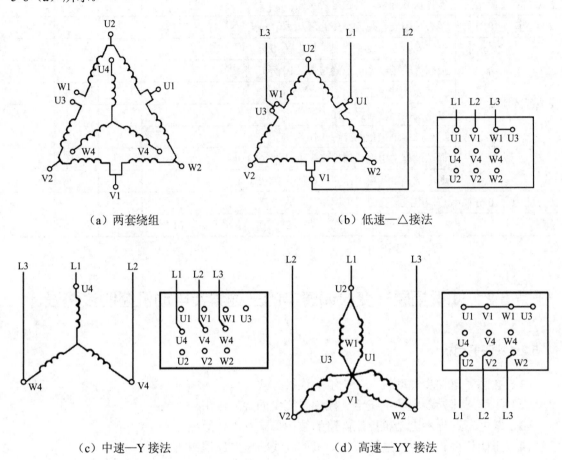

（a）两套绕组　　　　　　　　　　　（b）低速—△接法

（c）中速—Y 接法　　　　　　　　　　（d）高速—YY 接法

图 5-6　转换开关和时间继电器图

5.2.3.2　三速异步电动机的控制线路

三速电动机有两套绕组和三种不同的转速，即低、中、高速。当电机绕组接成 Y 形时，电动机中速运行。当另一套定子绕组接成△形接法时，电动机低速运行，接成 YY 形接法时，电动机高速运行。三速电动机接触器—继电器控制电路原理图如图 5-7 所示。电动机 M 低速运转时，先按下启动按钮 SB1，接触器 KM1 通电闭合，电动机定子绕组接成△形接法低速启动运转；电动机 M 中速运转时，按下中速启动按钮 SB2，接触器 KM1 首先闭合，电动机 M 低速启动，经过一定时间后，接触器 KM1 失电释放，接触器 KM2 通电闭合，电动机定子绕组接成 Y 形接法中速运行；当电动机 M 高速运行时，按下高速启动按钮 SB3，接触器 KM1 通电闭合，电动机 M 低速启动，经过一定时间后，接触器 KM1 失电释放，接触器 KM2 通电闭合，电动机中速启动，又经过一定时间后，接触器 KM2 失电释放，接触器 KM3 通电闭合，电动机 M 定子绕组接成 YY 形接法高速运行。

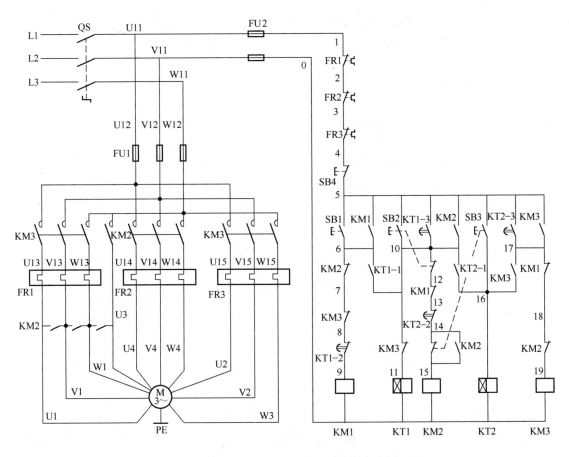

图 5-7 三速电动机接触器—继电器控制电路原理图

线路工作原理如下（先合上电源开关 QS）。

△形低速启动运转：

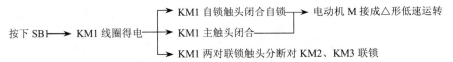

△形低速启动 Y 形中速运转：

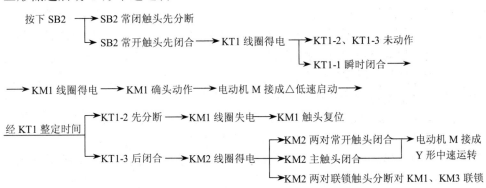

△形低速启动 Y 形中速运转过渡 YY 形高速运转：

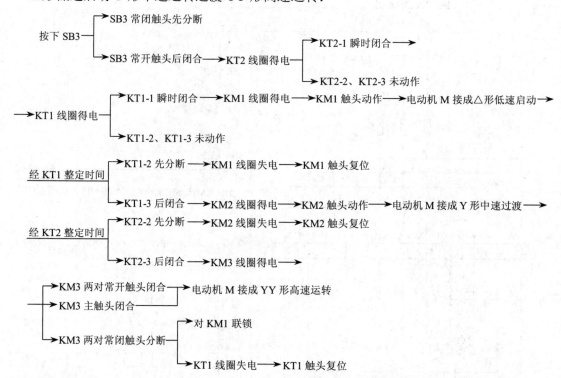

三速电动机主要用于工业生产中要求多种转速的机械设备装置。它利用改变电动机定子绕组的接线以改变其极数的方法变速，具有随负载的不同要求而有级地变化功率和转速的特性，从而达到功率的合理匹配和简化变速系统。

5.2.4　任务实施

（有兴趣的读者可以自行完成）

知识梳理与总结

本项目介绍了电气控制线路基本控制环节中的三相异步电动机调速控制线路设计方法。改变异步电动机转速可通过三种方法来实现：一是改变电源频率 f_1；二是改变转差率 s；三是改变磁极对数 p。本章着重介绍了通过改变磁极对数 p 来实现电动机调速的基本控制线路，并就双速异步电动机的启动及自动调速控制线路进行了非常详细的分析，还分析了控制电路的特点、设计指导思想，以及各种保护环节。

为了巩固所学知识，项目中任务一配备有一定量的技能训练，并详细地介绍了制作、安装、调试及维修过程。在训练的过程中，有些训练留有接线图、元器件布置图的练习环节，以达到真正掌握接线图、元器件布置图的画法。另外还给学生留有制作空间。

值得注意的是双速电动机定子绕组从一种接法改变为另一种接法时，必须把电源相序反接，以保证电动机的旋转方向不变。

熟悉掌握这些基本知识，学会分析其工作原理，进一步为后续学习打下良好的基础。

思考与练习

1．三相异步电动机的调速方法有哪三种？笼型异步电动机的变极调速是如何实现的？

2．双速异步电动机的定子绕组共有几个出线端？

3．试为两台电动机设计一个控制电路，其中一台为双速电动机，控制要求如下：

（1）两台电动机互不影响地独立操作；

（2）能同时控制两台电动机的启动；

（3）双速电动机为低速启动、高速运行；

（4）当一台电动机发生过载时，两台电动机均停止；

（5）具有短路保护。

4．现有一双速电动机，试按下述要求设计控制线路：

（1）分别用两个按钮操作电动机的高速启动与低速启动，用一个总停按钮操作电动机停止；

（2）启动高速时，应先接成低速，然后经延时后再换接到高速；

（3）有短路保护和过载保护。

项目六
直流电动机基本控制线路设计、安装与检修

【知识能力目标】

1. 掌握直流电动机的基本结构及其工作原理；
2. 掌握直流电动机常用电气控制线路设计、安装、调试与检修；
3. 掌握直流电动机控制电气图的识读和绘制方法；
4. 掌握直流电动机电气控制线路的故障查找方法。

【专业能力目标】

1. 能正确设计、安装和调试直流电动机常用电气控制线路；
2. 能正确使用相关仪器仪表对直流电动机常用电气控制线路进行检测；
3. 能正确检修和排除直流电动机常用电气控制线路的典型故障。

【其他能力目标】

1. 培养学生谦虚、好学的能力；培养学生勤于思考、做事认真的良好作风；培养学生良好的职业道德。

2. 学生分析问题、解决问题的能力的培养；学生勇于创新、敬业乐业的工作作风的培养；学生质量意识、安全意识的培养；培养学生的团结协作能力；能根据工作任务进行合理的分工，互相帮助、协作完成工作任务。

3. 遵守工作时间，在教学活动中渗透企业的 6S 制度（整理/整顿/清扫/清洁/素养/安全）。

4. 培养学生填写、整理、积累技术资料的能力；在进行电路装接、故障排除之后能对所进行的工作任务进行资料收集、整理、存档。

5. 培养学生语言表达能力，能正确描述工作任务、工作要求，任务完成之后能进行工作总结并进行总结发言。

直流电动机具有启动转矩大、调速范围广、调速精度高、能够实现无级平滑调速以及可以频繁启动等一系列优点，因此在工业生产中，直流电动机及其拖动系统得到了广泛的应用。对需要能够在大范围内实现无级平滑调速或需要大启动转矩的生产机械，常用直流电动机来拖动。例如，高精度金属切削机床、轧钢机、造纸机、龙门刨床、电气机车等生产机械都是用直流电动机来拖动的。

直流电动机按励磁方式划分为他励、并励、串励和复励四种。本章主要介绍并励和串励直流电动机启动、正反转、制动以及调速的基本控制线路。

任务 6.1　并励直流电动机电气控制线路设计、安装与检修

6.1.1　任务目标

（1）熟悉并励直流电动机的结构及工作原理。

（2）了解并励直流电动机在电气控制系统中的实际应用。

（3）掌握并励直流电动机常用控制电路的结构形式及工作原理。

（4）正确识读、分析并励直流电动机常用控制线路电气原理图，能根据电气原理图绘制电器元件布置图和电气接线图。

（5）能正确地进行并励直流电动机常用控制电路的设计、安装与检修。

（6）学习、掌握并认真实施并励直流电动机常用控制电路的电气安装基本步骤及安全操作规范。

6.1.2　任务内容

（1）学习并励直流电动机控制电路的相关知识。

（2）学习并励直流电动机控制电路的电气原理图设计。

（3）设计并励直流电动机控制电路的电器布置图。

（4）绘制并励直流电动机控制电路的电气安装接线图。

（5）按照电气控制原理图、布置图和接线图，完成并励直流电动机控制电路的安装。

（6）完成并励直流电动机控制电路故障的检测与排除。

6.1.3　相关知识

6.1.3.1　并励直流电动机启动控制线路

直流电动机常用的启动方法有两种：一是电枢回路串联电阻启动；二是降低电源电压启动。对并励直流电动机常采用的是电枢回路串联电阻启动。

1．手动启动控制线路

对 10kW 以下的小容量直流电动机有配套的手动启动变阻器。四点式启 Z 型启动变阻器 RS 的外形如图 6-1 所示。它有电压为 110V 和 220V 两种系列，电压为 110V 的启 Z 型启动变阻器，可用来启动 1～5kW 的直流电动机；电压为 220V 的启 Z 型启动变阻器，可用来启动 1～10kW 的直流电动机。

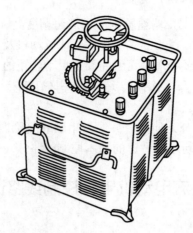

图 6-1　启 Z 型启动变阻器 RS 的外形图

　　并励直流电动机手动启动控制电路如图 6-2 所示。线路使用了启 Z 型启动变阻器，共有四个接线端 E1、L+、A1 和 L -，分别与电源、电枢绕组和励磁绕组相连。手轮 8 附有衔铁 9 和恢复弹簧 10，弧形铜条 7 的一端直接与励磁电路接通，同时经过全部启动电阻与电枢绕组接通。在启动之前，启动变阻器的手轮置于 0 位，然后合上电源开关 QF，慢慢转动手轮 8，使手轮从 0 位转到静触头 1，接通励磁绕组电路，同时将变阻器 RS 的全部启动电阻接入电枢电路，电动机开始启动旋转。随着转速的升高，手轮依次转到静触头 2、3、4 等位置，使启动电阻逐级切除。当手轮转到最后一个静触头 5 时，电磁铁 6 吸住手轮衔铁 9，此时启动电阻全部切除，直流电动机启动完毕，进入正常运转。

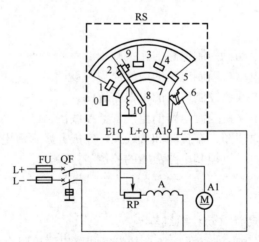

图 6-2　并励直流电动机手动启动控制电路图

0～5—分段静触头；6—电磁铁；7—弧形铜条；8—手轮；9—衔铁；10—恢复弹簧

　　当电动机停止工作切断电源时，电磁铁 6 由于线圈断电吸力消失，在恢复弹簧 10 的作用下，手轮自动返回 0 位，以备下次启动。电磁铁 6 还具有失压和欠压保护作用。

　　由于并励电动机的励磁绕组具有很大的电感，所以当手轮回复到 0 位时，励磁绕组会因突然断电而产生很大的自感电动势，可能会击穿绕组的绝缘，在手轮和铜条间还会产生火花，将动触头烧坏。因此，为了防止发生这些现象，应将弧形铜条 7 与静触头 1 相连，在手轮回到

0 位时励磁绕组、电枢绕组和启动电阻能组成一闭合回路，作为励磁绕组断电时的放电回路。

启动时，为了获得较大的启动转矩，应使励磁电路中的外接电阻 RP 短接，此时励磁电流最大，才能产生较大的启动转矩。

2．自动启动控制线路

并励直流电动机电枢回路串电阻二级启动电路如图 6-3 所示。

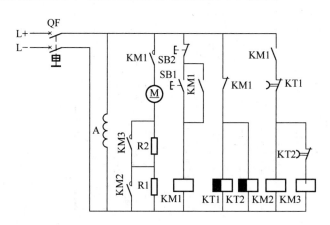

图 6-3　并励直流电动机电枢回路串电阻二级启动电路图

线路工作原理如下：

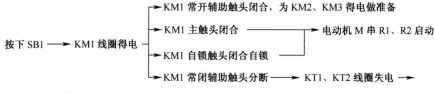

合上断路器 QF → 励磁绕组 A 得电励磁

→ 时间继电器 KT1、KT2 线圈得电 → KT1、KT2 延时闭合的常闭触头瞬时断开

→ 接触器 KM2、KM3 线圈处于断电状态，以保证电阻 R1、R2 全部串入电枢回路启动

按下 SB1 → KM1 线圈得电

→ KM1 常开辅助触头闭合，为 KM2、KM3 得电做准备

→ KM1 主触头闭合 → 电动机 M 串 R1、R2 启动

→ KM1 自锁触头闭合自锁

→ KM1 常闭辅助触头分断 → KT1、KT2 线圈失电 →

→ 经 KT1 整定时间，KT1 常闭触头恢复闭合 → KM2 线圈得电 → KM2 主触头闭合短接 R1 →

→ 电动机 M 串接 R2 继续启动 → 经 KT2 整定时间，KT2 常闭触头恢复闭合 → KM3 线圈得电 →

→ KM3 主触头闭合短接 R2 → 电动机 M 启动结束进入正常运转

停止时，按下 SB2 即可。

并励直流电动机串电阻启动更加完善的控制线路如图 6-4 所示。其中 KA1 为欠电流继电器，作为励磁绕组的失磁保护，以免励磁绕组因断线或接触不良引起"飞车"事故；KA2 为过电流继电器，对电动机进行过载和短路保护；电阻 R 为电动机停转时励磁绕组的放电电阻；VD 为续流二极管，使励磁绕组正常工作时电阻 R 上没有电流流入。线路的工作原理读者可自行分析。

6.1.3.2　并励直流电动机正反转控制线路

在生产实际中，常常要求直流电动机既能正转又能反转。例如，直流电动机拖动龙门刨床的工作台往复运动；矿井卷扬机的上下运动等。使直流电动机反转有两种方法：一是电枢反接法，即改变电枢电流方向，保持励磁电流方向不变；二是励磁绕组反接法，即改变励磁电流方向，保持电枢电流方向不变。而在实际应用中，并励直流电动机的反转常采用电枢反接法来实现，这是因为并励电动机励磁绕组的匝数多，电感大。当从电源上断开励磁绕组时，会产生较大的自感电动势，不但在开关的刀刃上或接触器的主触头上产生电弧烧坏触头，而且容易把励磁绕组的绝缘击穿。同时励磁绕组在断开时，由于失磁而造成很大电枢电流，易引起"飞车"事故。

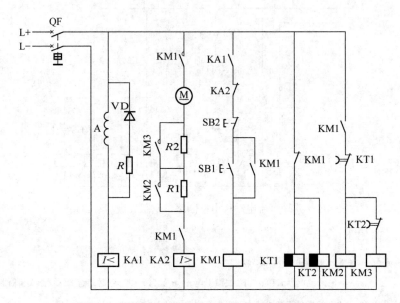

图 6-4　并励直流电动机串电阻启动控制线路图

并励电动机正反转控制的电路如图 6-5 所示。

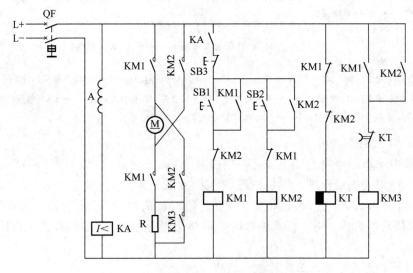

图 6-5　并励电动机正反转控制的电路图

线路的工作原理如下：

合上断路器 QF ——→ 励磁绕组 A 得电励磁

　　——→ 欠电流继电器 KA 得电 ——→ KA 常开触头闭合

　　——→ 时间继电器 KT 线圈得电 ——→ KT 延时闭合的常闭触头瞬时断开 ——→

——→ 接触器 KM3 线圈处于断电状态，以保证电阻 R 串入电枢回路启动

按下 SB1(或 SB2) ——→ KM1(或 KM2) 线圈得电 ——→

　　——→ KM1(或 KM2) 常开辅助触头闭合，为 KM3 得电作准备

　　——→ KM1(或 KM2) 主触头闭合 ——————→ 电动机 M 串 R 启动

　　——→ KM1(或 KM2) 自锁触头闭合自锁

　　——→ KM1(或 KM2) 常闭辅助触头分断 ——→ KT 线圈失电 ——→ 经过 KT 整定时间 ——→

　　——→ KM1(或 KM2) 联锁触头分断对 KM2(或 KM1) 联锁

——→ KT 常闭触头恢复闭合 ——→ KM3 线圈得电 ——→ KM3 主触头闭合短接 R ——→

——→ 电动机 M 启动结束进入正常运转

值得注意的是，电动机从一种转向变为另一种转向时，必须先按下停止按钮 SB3，使电动机停转后，再按相应的启动按钮。

6.1.3.3　并励直流电动机制动控制线路

生产设备在实际应用中，有的需要机械迅速停转，以利于提高功效；有的需要限制机械的转速，以免发生危险，为此就需要对电动机实施制动。直流电动机的制动与三相异步电动机的制动相似，其制动方法也有机械制动和电力制动两大类。机械制动常用的方法是电磁抱闸制动器制动；电力制动常用的方法是能耗制动、反接制动和再生发电制动三种。由于电力制动具有制动力矩大、操作方便、无噪声等优点，所以，在直流电力拖动中应用较广。下面主要介绍三种电力制动的控制线路。

1. 能耗制动控制线路

能耗制动是指维持直流电动机的励磁电源不变，切断正在运转的电动机电枢的电源，再接入一个外加制动电阻，组成回路，将机械动能变为热能消耗在电枢和制动电阻上，迫使电动机迅速停转。并励直流电动机单向启动能耗制动控制电路如图 6-6 所示。

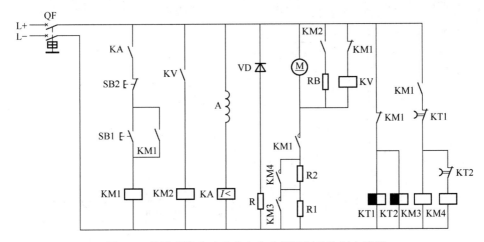

图 6-6　并励直流电动机单向启动能耗制动控制电路图

线路工作原理如下：

串电阻单向启动运转：合上电源开关 QF，按下启动按钮 SB1，电动机 M 接通电源进行串电阻二级启动运转。其详细控制过程读者可参照前面讲述的并励直流电动机电枢回路串电阻二级启动自行分析。

能耗制动停转：

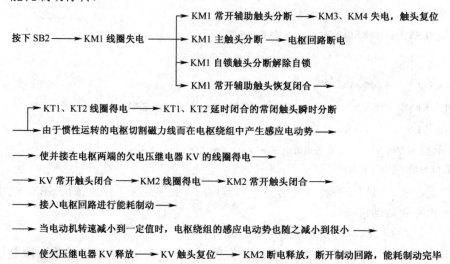

2．反接制动控制线路

反接制动是利用改变电枢两端电压极性或改变励磁电流的方向，来改变电磁转矩方向，形成制动力矩，迫使电动机迅速停转。并励直流电动机的反接制动是把正在运行的电动机的电枢绕组突然反接来实现的。采用反接制动时应注意以下两点：一是电枢绕组突然反接的瞬间，会在电枢绕组中产生很大的反向电流（ $I_a = \dfrac{-U - E_a}{R_a}$ ），易使换向器和电刷产生强烈火花而损伤，故必须在电枢回路中串入附加电阻以限制电枢电流，附加电阻的大小可取近似等于电枢的电阻值；二是当电动机转速等于零时，应及时准确可靠地断开电枢回路的电源，以防止电动机反转。

并励直流电动机双向启动反接制动控制电路如图 6-7 所示。其中，KV 是电压继电器；KA 是欠电流继电器；R1 和 R2 是二级启动电阻；RB 是制动电阻；R 是励磁绕组的放电电阻。

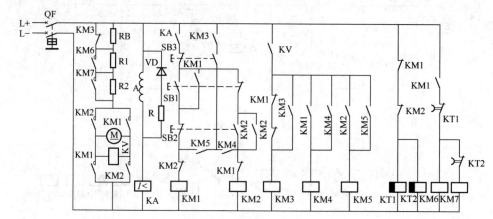

图 6-7　并励直流电动机双向启动反接制动控制电路图

线路工作原理如下：

正向启动运转：

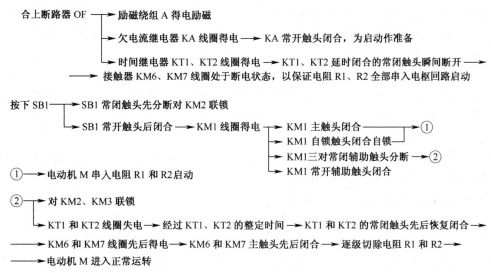

在电动机刚启动时，由于电枢中的反电动势 E_a 为零，电压继电器 KV 不动作，接触器 KM3、KM4、KM5 均处于失电状态；随着电动机转速升高，反电动势 E_a 建立后，电压继电器 KV 得电动作，其常开触头闭合，接触器 KM4 得电，KM4 常开触头均闭合，为反接制动做好准备。

反接制动：

——→ 电动机的电枢绕组串入制动电阻 RB 进行反接制动 ——→

——→ 待转速接近于零时，反电动势也接近于零 ——→

——→ 电压继电器 KV 断电释放 ——→ 接触器 KM3、KM4、KM2 也断电释放，反接制动完毕

反向启动及反接制动的工作原理读者可自行分析。

3．再生发电制动

再生发电制动是指电动机处于发电机状态运行，只适用于当电动机的转速大于空载转速 n_0 的场合。这时电枢产生的反电动势 E_a 大于电源电压 U，电枢电流改变了方向，电动机处于发电制动状态，不仅将拖动系统中的机械能转化为电能反馈回电网，而且产生制动力矩以限制电动机的转速。串励直流电动机若采用再生发电制动时，必须先将串励改为他励，以保证电动机的磁通不变（不随 I_a 而变化）。

6.1.3.4　并励直流电动机调速控制线路

在第 5 章中介绍了多速异步电动机的调速控制线路，但由于直流电动机的调速性能比异步电动机好，调速范围广，能够实现无级调速，且便于自动控制。因此，在调速要求高的生产机械上，采用直流电动机作为拖动电动机较多。

　　电动机的调速是指在电动机的机械负载不变的条件下改变电动机的转速。调速有机械调速、电气调速以及机械电气配合调速几种方式。

　　机械调速是人为改变机械传动装置的传动比，从而改变生产机械的运行速度。机械调速是有级的，在变换齿轮时必须停车，否则易将齿轮打坏。小型机床一般采用机械调速方式进行调速。

　　电气调速是通过改变电动机的机械特性来改变电动机的转速。电气调速可使机械传动机构简化，提高传动效率，还可实现无级调速，调速时无须停车，操作简便，便于实现调速的自动控制。因此，电气调速在生产机械的调速中获得了广泛应用，如各种大型机床、精密机床等都采用电气调速。

　　电气调速与机械调速相比较，虽有许多优点，但也有其不足之处，如控制设备比较复杂、投资大等。因此，在某些生产机械上同时采用机械与电气配合的调速方式。

　　下面主要介绍直流电动机的电气调速方法。

　　由直流电动机的转速公式 $n = \dfrac{U - I_a R_a}{C_e \Phi}$ 可知，直流电动机的调速可通过三种方法来实现：一是电枢回路串电阻调速；二是改变主磁通调速；三是改变电枢电压调速。下面分别予以介绍。

　　1. 电枢回路串电阻调速

　　电枢回路串电阻调速是在电枢电路中串接调速变阻器来实现的，并励直流电动机电枢电路串接电阻调速原理如图 6-8 所示。当电枢电路串接电阻 R_P 后，电动机的转速为：

$$n = \frac{U - I_a(R_a + R_P)}{C_e \Phi} \tag{6-1}$$

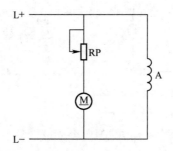

图 6-8　并励直流电动机电枢电路串接电阻调速原理图

　　可见，当电源电压 U 及主磁通 Φ 保持不变时，调速电阻 R_P 增大，则电阻压降 $I_a(R_a+R_P)$ 增加，电动机转速 n 下降；反之，转速上升。

　　这种调速方法只能使电动机的转速在额定转速以下范围内进行调节，故其调速范围不大，一般为 1.5:1。另外，由于调速电阻 R_P 长期通过较大的电枢电流，不但消耗大量的电能，而且使机械特性变软，转速受负载的影响较大，所以不经济、稳定性较差。但由于这种调速方法所需设备简单，操作方便，所以，对于短期工作，功率不太大且机械特性硬度要求不太高的场合，如蓄电池搬运车、无轨电车、电池铲车及吊车等生产机械上仍广泛采用这种调速方法

　　2. 改变主磁通调速

　　改变主磁通调速是通过改变励磁电流的大小来实现的，为此，在励磁电路中串接一变阻器 RP（其电阻为 R_P），并励直流电动机改变主磁通调速原理如图 6-9 所示。可见，调节励磁

电路的电阻 RP（其电阻为 R_P）时，励磁电流也随着改变（$I_f = \dfrac{U}{R_f + R_P}$），主磁通也就随之改变。由于励磁电流不大（约为电枢电流的 3%～5%），故调速过程中的能量损耗较小，比较经济，因而在直流电力拖动中得到广泛应用。

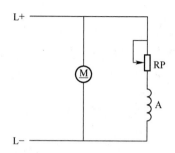

图 6-9　并励直流电动机改变主磁通调速原理图

由于并励直流电动机在额定运行时，磁路已稍有饱和，所以改变主磁通调速法，只能用减弱励磁的方式来实现调速（称弱磁调速），即电动机转速只能在额定转速以上范围内进行调节。但转速又不能调节得过高，以免电动机振动过大，换向条件恶化，甚至出现"飞车"事故。所以用这种方法调速时，其最高转速一般在 3000r/min 以下。

3．改变电枢电压调速

由于电网电压一般是不变的，所以这种调速方法适用于他励直流电动机的调速控制且必须配置专用的直流电源调压设备。在工业生产中，通常采用他励直流发电机作为他励直流电动机电枢的电源，组成直流发电机—电动机组拖动系统，简称 G－M 系统。G－M 调速系统的电路如图 6-10 所示。其中 M1 是他励直流电动机，用来拖动生产机械；G1 是他励直流发电机，为他励直流电动机 M1 提供电枢电压；G2 是并励直流发电机，为他励直流电动机 M1 和他励直流发电机 G1 提供励磁电压，同时为控制电路提供直流电源；M2 是三相笼型异步电动机，用来拖动同轴连接的他励直流发电机 G1 和并励直流发电机 G2；A1、A2 和 A 分别是 G1、G2 和 M1 的励磁绕组；R1、R2 和 R 是调节变阻器，分别用来调节 G1、G2 和 M1 的励磁电流；KA 是过电流继电器，用于电动机 M1 的过载和短路保护；SB1、KM1 组成正转控制电路；SB2、KM2 组成反转控制电路。

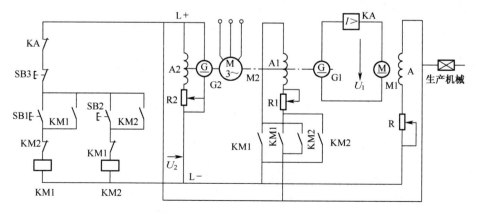

图 6-10　G－M 调速系统的电路图

G—M 调速系统的控制原理如下：

励磁：首先启动三相笼型异步电动机 M2，拖动他励直流发电机 G1 和并励直流发电机 G2 同速旋转，励磁发电机 G2 切割剩磁磁力线产生感生电动势，输出直流电压 U_2，除提供本身励磁电压外还供给 G—M 机组励磁电压和控制电路电压。

启动：按下启动按钮 SB1（或 SB2），接触器 KM1（或 KM2）线圈得电，其常开触头闭合，发电机 G1 的励磁绕组 A1 接入电压 U_2 开始励磁。因发电机 G1 的励磁绕组 A1 的电感较大，所以励磁电流逐渐增大，使 G1 产生的感生电动势和输出电压从零逐渐增大，这样就避免了直流电动机 M1 在启动时有较大的电流冲击。因此，在电动机启动时，不需要在电枢电路中串入启动电阻就可以很平滑地进行启动。

调速：启动前，应将调节变阻器 R 调到零，R1 调到最大，目的是使直流电压 U_1 逐步上升，直流电动机 M1 则从最低速逐渐上升到额定转速。

当直流电动机 M1 运转后需调速时，可先将 R1 的阻值调小，使直流发电机 G_1 的励磁电流增大，于是 G1 的输出电压即直流电动机 M1 电枢绕组上的电压 U_1 增大，电动机转速升高。可见，调节 R1 的阻值能升降直流发电机的输出电压 U_1，即可达到调节直流电动机转速的目的。不过加在直流电动机电枢上的电压 U_1 不能超过其额定电压值。所以在一般情况下，调节电阻 R1 只能使电动机在低于额定转速情况下进行平滑调速。

当需要电动机在额定转速以上进行调速时，则应先调节 R1，使电动机电枢电压 U_1 保持在额定值不变，然后将电阻 R 的阻值调大，使直流电动机 M1 的励磁电流减小，其主磁通 Φ 也减小，电动机 M1 的转速升高。

制动：若要电动机停转时，可按下停止按钮 SB3，接触器 KM1（或 KM2）线圈失电，其触头复位，使直流发电机 G1 的励磁绕组 A1 失电，G1 的输出电压即直流电动机 M1 的电枢电压 U_1 下降为零。但此时电动机 M1 仍沿原方向惯性运转，由于切割磁力线（因 A 仍有励磁），在电枢绕组中产生与原电流方向相反的感生电流，从而产生制动力矩，迫使电动机迅速停转。

通过以上分析可以看出，G—M 系统的调速范围广，调速平滑性好，可实现无级调速，具有较好的启动、调速、正反转、制动控制性能，因此曾被广泛用于龙门刨床、重型镗床、轧钢机、矿井提升设备等生产机械上。但由于 G—M 系统存在设备费用大，机组多，占地面积大，效率较低，过渡过程的时间较长等不足，所以，随着晶闸管技术的不断发展，目前正日趋广泛地使用晶闸管整流装置作为直流电动机的可调电源，组成晶闸管—直流电动机调速系统，其详细内容读者可自行查找有关资料学习。

6.1.4　任务实施

并励直流电动机正反转控制线路及能耗制动控制线路的安装

1. 目的要求

掌握并励直流电动机正反转控制线路及能耗制动控制线路的安装方法。

2. 工具、仪表及器材

（1）工具：测电笔、螺钉旋具、尖嘴钳、斜口钳、剥线钳、电工刀等。

（2）仪表：万用表、兆欧表、转速表、电磁系钳形电流表。

（3）器材：电器元件可根据直流电动机的容量进行选配，并填入表 6-1 中。

表 6-1　元件明细表

代号	名称	型号	规格	数量
M	Z 型并励直流电动机	Z200/20－220	200W、220V、I_N=1.1A、I_{fN}=0.24A、2000r/min	1
QF	直流断路器			
KM1	直流接触器			
KM2	直流接触器			
KM3	直流接触器			
KT	时间继电器			
KA	欠电流继电器			
SB1～SB3	按钮			
R	启动变阻器			
	端子板			
	导线			
	控制板			

3．安装步骤及工艺要求

（1）按表 6-1 配齐所用电器元件，并检查元件质量。

（2）根据如图 6-5 所示电路图，首先进行线路编号，然后在控制板上合理布置和牢固安装各电器元件，并贴上醒目的文字符号。

（3）在控制板上根据如图 6-5 所示电路图进行正确布线和套编码套管。

（4）安装直流电动机。

（5）连接控制板外部的导线。

（6）自检。

（7）检查无误后通电试车。其具体操作如下：

1）将启动变阻器 R 的阻值调到最大位置，合上电源开关 QF，按下正转启动按钮 SB1，用钳形电流表测量电枢绕组和励磁绕组的电流，观察其大小的变化；同时观察并记下电动机的转向，待转速稳定后，用转速表测其转速。然后按下 SB3 停车，并记下无制动停车所用的时间 t_1。

2）按下反转启动按钮 SB2，用钳形电流表测量电枢绕组和励磁绕组的电流，观察其大小的变化；同时观察并记下电动机的转向，与 1）比较看是否两者方向相反。否则，应切断电源并检查接触器 KM1、KM2 主触头的接线正确与否，改正后重新通电试车。

（8）增加一只欠压继电器 KV 和制动电阻 RB，参照如图 6-6 所示电路图，把正反转控制线路板改装成能耗制动控制线路板，检查无误后通电试车。具体操作如下：

1）合上电源开关 QF，按下启动按钮 SB1，启动直流电动机，待电动机转速稳定后，用转速表测其转速。

2）按下 SB2，电动机进行能耗制动，记下能耗制动所用时间 t_2，并与无制动所用时间 t_1 进行比较，求出时间差$\triangle t$=t_1-t_2。

4．安装评价

安装评价按照表 6-2 进行。

表 6-2　安装接线评分

项目内容	配分	评分标准	扣分	得分
安装接线	30分	（1）按照元器件明细表配齐元器件并检查质量，因元器件质量问题影响通电，一次扣10分； （2）不按电路图接线，每处扣10分； （3）接点不符合要求，每处扣5分； （4）损坏元器件，每个扣2分； （5）损坏设备，此项分全扣		
通电试车	20分	通电一次不成功，扣10分； 通电二次不成功，扣20分； 通电三次不成功，扣40分		
故障检修	20分	人为设置两个故障，每检测并修复一个给10分，否则扣10分		
安全文明操作	10分	视具体情况扣分		
操作时间	10分	规定时间为60分钟，每超过5分钟扣5分		
说明		除定额时间外，各项目的最高扣分不应该超过配分数		
开始时间		结束时间	实际时间	

5．注意事项

（1）通电试车前要认真检查接线是否正确、牢靠，特别是励磁绕组的接线；各电器动作是否正常，有无卡阻现象；欠电流继电器、时间继电器以及欠电压继电器的整定值是否满足要求。

（2）对电动机无制动停车时间 t_1 和能耗制动停车时间 t_2 的比较，必须保证电动机的转速在两种情况下基本相同时开始记时。

（3）制动电阻 R_B 的值，可按下式估算：

$$R_B = \frac{E_a}{I_N} - R_a \approx \frac{U_N}{I_N} - R_a \qquad (6-2)$$

式中　U_N——电动机额定电源，V；

I_N——电动机额定电流，A；

R_B——电动机电枢回路电阻，Ω。

（4）若遇异常情况，应立即断开电源停车检查。若带电检查，必须有指导教师在现场监护。

（5）训练应在规定的定额时间内完成，同时要做到安全操作和文明生产。

6.1.5　任务考核

任务考核按照表 6-3 进行。

表 6-3　任务考核评价

评价项目	评价内容	自评	互评	师评
学习态度（10分）	能否认真听讲，答题是否全面			
安全意识（10分）	是否按照安全规范操作并服从教学安排			
完成任务情况（70分）	电器元件设计图符合要求与否（10分）			
	控制线路接线设计正确与否（10分）			
	电器元件准备正确与否（10分）			
	电路安装正确与否（10分）			
	试车操作过程正确与否（10分）			
	调试过程中出现故障检修正确与否（10分）			
	通电试验后各项工作完成如何（10分）			
协作能力（10分）	与同组成员交流讨论解决了一些问题			
总评	好（85～100分），较好（70～85分），一般（少于70分）			

任务 6.2　串励直流电动机电气控制线路设计、安装与检修

6.2.1　任务目标

（1）熟悉串励直流电动机的结构及工作原理。

（2）了解串励直流电动机在电气控制系统中的实际应用。

（3）掌握串励直流电动机常用控制电路的结构形式及工作原理。

（4）正确识读、分析串励直流电动机常用控制线路电气原理图，能根据电气原理图绘制电器元件布置图和电气接线图。

（5）能正确地进行串励直流电动机常用控制电路的设计、安装与检修。

（6）学习、掌握并认真实施串励直流电动机常用控制电路的电气安装基本步骤及安全操作规范。

6.2.2　任务内容

（1）学习串励直流电动机控制电路的相关知识。

（2）学习串励直流电动机控制电路的电气原理图设计。

（3）设计串励直流电动机控制电路的电器布置图。

（4）绘制串励直流电动机控制电路的电气安装接线图。

（5）按照电气控制原理图、布置图和接线图，完成串励直流电动机控制电路的安装。

（6）完成串励直流电动机控制电路故障的检测与排除。

6.2.3　相关知识

6.2.3.1　串励直流电动机启动控制线路

串励直流电动机与并励直流电动机相比较，主要有以下特点：一是具有较大的启动转矩，启动性能好。这是因为串励电动机的励磁绕组和电枢绕组相串联。启动时，磁路未达饱和，电

动机的启动转矩与电枢电流的平方成正比，从而产生较大的启动转矩。二是过载能力较强。由于串励电动机的机械特性是双曲线，机械特性较软。当电动机的转矩增大时，其转速显著下降，使串励电动机能自动保持恒功率运行（因 $P=T\omega$），不会因转矩增大而过载。因此，在要求有大的启动转矩、负载变化时转速允许变化的恒功率负载的场合，如起重机、吊车、电力机车等，宜采用串励直流电动机。

必须注意的是，串励电动机使用时，切忌空载或轻载启动及运行。因为空载或轻载时电动机转速很高，会使电枢因离心力过大而损坏，所以启动时至少要带 20%~30% 的额定负载。而且电动机要与生产机械直接耦合，禁止使用带传动，以防带滑脱而造成严重事故。

串励电动机和并励电动机一样，常采用电枢回路串联启动电阻的方法进行启动，以限制启动电流。

1. 手动启动控制线路

串励电动机串接启 Z 型启动变阻器手动启动控制电路如图 6-11 所示。其启动方法与并励电动机相同，读者可自行分析。

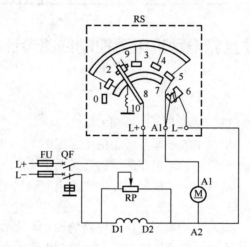

图 6-11   串励电动机串接启 Z 型启动变阻器手动启动控制电路图

2. 自动启动控制线路

串励电动机串电阻二级启动电路如图 6-12 所示。

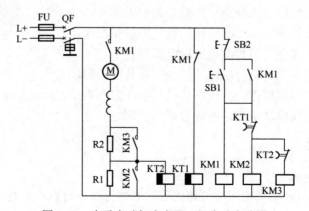

图 6-12   串励电动机串电阻二级启动电路图

其线路工作原理如下：

首先合上电源开关 QF→KT1 线圈得电→KT1 延时闭合的常闭触头瞬时断开→使接触器 KM2、KM3 处于断电状态→保证电动机启动时串入全部电阻 R1、R2

然后按下 SB1 —— KM1 线圈得电 —— KM1 自锁触头闭合自锁 —— 电动机 M 串入 R1、R2 启动

—— KM1 主触头闭合 —— KT2 线圈得电 —— ①

—— KM1 常闭辅助触头分断 —— KT1 线圈失电 —— ②

① —— 经 KT2 延时闭合的常闭触头瞬时分断

② —— 经 KT1 整定时间 —— KT1 延时闭合的常闭触头恢复闭合 —— KM2 线圈得电 ——

—— KM2 主触头闭合短接 R1 —— 电动机 M 串电阻 R2 继续启动

—— KT2 的线圈被短接而断电 —— 经 KT2 整定时间 —— KT2 延时闭合的常闭触头恢复闭合 ——

—— KM3 线圈得电 —— KM3 主触头闭合短接 R2 —— 电动机 M 进入正常工作状态

停止时，按下停止按钮 SB2 即可。

6.2.3.2　串励直流电动机正反转控制线路

串励直流电动机的反转常采用励磁组反接法来实现。因为串励电动机电枢绕组两端的电压很高，而励磁绕组两端的电压较低，反接较容易。如内燃机车和电力机车的反转均用此法。

串励电动机正反转控制的电路如图 6-13 所示。

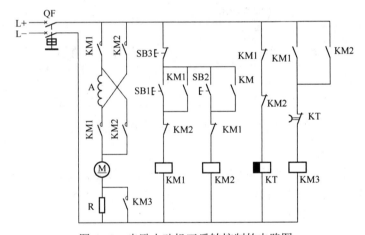

图 6-13　串励电动机正反转控制的电路图

其线路工作原理如下：

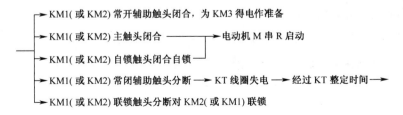

合上电源开关 QF→KT 线圈得电→KT 延时闭合的常闭触头瞬时分断→

→KM3 处于断电状态→保证电动机 M 串接电阻 R 启动

然后按下 SB1(或 SB2) —— KM1(或 KM2)线圈得电 ——

—— KM1(或 KM2)常开辅助触头闭合，为 KM3 得电作准备

—— KM1(或 KM2)主触头闭合 —— 电动机 M 串 R 启动

—— KM1(或 KM2)自锁触头闭合自锁

—— KM1(或 KM2)常闭辅助触头分断 —— KT 线圈失电 —— 经过 KT 整定时间 ——

—— KM1(或 KM2)联锁触头分断对 KM2(或 KM1)联锁

　　──→ KT 常闭触头恢复闭合 ──→ KM3 线圈得电 ──→ KM3 主触头闭合短接 R ──→
　　──→ 电动机 M 启动结束进入正常运转

停止时，按下停止按钮 SB3 即可。

6.2.3.3　串励直流电动机制动控制线路

　　由于串励电动机的理想空载转速趋于无穷大，所以运行中不可能满足再生发电制动的条件，因此，串励电动机电力制动的方法只有能耗制动和反接制动两种。

　　1. 能耗制动控制线路

　　串励直流电动机的能耗制动分为自励式和他励式两种。

　　自励式能耗制动是指当电动机断开电源后，将励磁绕组反接并与电枢绕组和制动电阻串联构成闭合回路，使惯性运转的电枢处于自励发电状态，产生与原方向相反的电流和电磁转矩，迫使电动机迅速停转。串励电动机自励式能耗制动控制电路如图 6-14 所示。

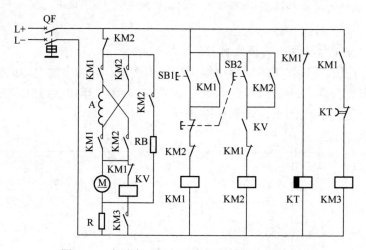

图 6-14　串励电动机自励式能耗制动控制电路图

　　线路工作原理如下：

　　串电阻启动运转：合上电源开关 QF，时间继电器 KT 线圈得电，KT 延时闭合的常闭触头瞬时分断。按下启动按钮 SB1，接触器 KM1 线圈得电，KM1 触头动作，使电动机 M 串电阻 R 启动后并自动转入正常运转。

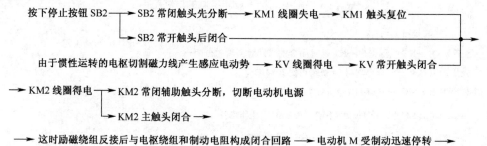

　　自励式能耗制动设备简单，在高速时制动力矩大，制动效果好。但在低速时制动力矩减

小很快，制动效果变差。

　　他励式能耗制动原理图如图 6-15 所示。制动时，切断电动机电源，将电枢绕组与放电电阻 R1 接通、将励磁绕组与电枢绕组断开，串入分压电阻 R2，再接入外加直流电源励磁。若与电枢供电电源共用时，则需要在串励回路串入较大的降压电阻（因串励绕组电阻很小）。这种制动方法不仅需要外加的直流电源设备，而且励磁电路消耗的功率较大，所以经济性较差。

　　小型串励直流电动机作为伺服电动机使用时，采用的他励式能耗制动控制电路如图 6-16 所示。其中，R1 和 R2 为电枢绕组的放电电阻，减小它们的阻值可使制动力矩增大；R3 是限流电阻，防止电动机启动电流过大；R 是励磁绕组的分压电阻；SQ1 和 SQ2 是位置开关。该线路的工作原理读者可自行分析。

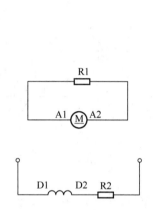
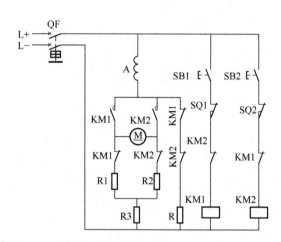

图 6-15　串励电动机他励式能耗制动原理图　　　　图 6-16　小型串励电动机他励式能耗制动控制电路图

2．反接制动控制线路

　　串励电动机的反接制动可通过以下两种方式来实现：一是位能负载时，可采用转速反向法；二是电枢直接反接法。

　　位能负载转速反向法就是强迫电动机的转速反向，使电动机的转速方向与电磁转矩的方向相反，以实现制动。如提升机下放重物时，电动机在重物（位能负载）的作用下，转速 n 与电磁转矩 T 反向，使电动机处于制动状态，如图 6-17 所示。

　　电枢直接反接法，就是切断电动机的电源后，将电枢绕组串入制动电阻后反接，并保持其励磁电流方向不变的制动方法。必须注意的是，采用电枢反接制动时，不能直接将电源极性反接，否则，由于电枢电流和励磁电流同时反向，起不到制动作

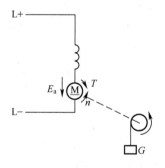

图 6-17　串励电动机转速反向法制动原理图

用。串励电动机反接制动自动控制电路如图 6-18 所示。

　　图 6-18 中的 AC 是主令控制器，用来控制电动机的正反转；KA 是过电流继电器，用来对电动机进行过载和短路保护；KV 是零压保护继电器；KA1、KA2 是中间继电器；R1、R2 是启动电阻；RB 是制动电阻。

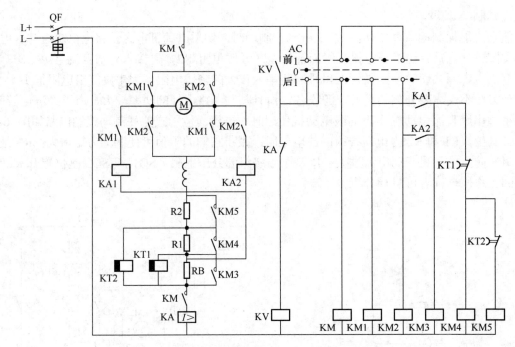

图 6-18　串励电动机反接制动自动控制电路图

　　线路工作原理如下：准备启动时，将主令控制器 AC 手柄放在"0"位，合上电源开关 QF，零压继电器 KV 得电，KV 常开触头闭合自锁。

　　电动机正转时，将控制器 AC 手柄向前扳向"1"位置，AC 触头（2－4）、（2－5）闭合，线路接触器 KM 和正转接触器 KM1 线圈得电，它们的主触头闭合，电动机 M 串入二级启动电阻 R1 和 R2 以及反接制动电阻 RB 启动；同时，时间继电器 KT1、KT2 线圈得电，它们的常闭触头瞬时分断，接触器 KM4、KM5 处于断电状态，KM1 的常开辅助触头闭合，使中间继电器 KA1 线圈得电，KA1 常开触头闭合，使接触器 KM3、KM4、KM5 依次得电动作，它们的常开触头依次闭合短接电阻 RB、R1、R2，电动机启动完毕进入正常运转。

　　若需要电动机反转时，将主令控制器 AC 手柄由正转位置向后扳向反转位置，这时，接触器 KM1 和中间继电器 KA1 失电，其触头复位，电动机在惯性作用下仍沿正转方向转动，但电枢电源则由于接触器 KM、KM2 的接通而反向，使电动机运行在反接制动状态，而中间继电器 KA2 线圈上的电压变得很小并未吸合，KA2 常开触头分断，接触器 KM3 线圈失电，KM3 常开触头分断，制动电阻 RB 接入电枢电路，电动机进行反接制动，其转速迅速下降。当转速降到接近于零时，KA2 线圈上的电压升到吸合电压，此时，KA2 线圈得电，KA2 常开触头闭合，使 KM3 得电动作，RB 被短接，电动机进入反接启动运转，其详细过程读者可自行分析。若要电动机停转，把主令控制器手柄扳向"0"位即可。

6.2.3.4　串励直流电动机调速控制线路

　　串励电动机的电气调速方法与他励和并励电动机的电气调速方法相同，即电枢回路串电阻调速、改变主磁通调速和改变电枢电压调速三种方法。其中，改变主磁通调速，在大型串励电动机上，常采用在励磁绕组两端并联可调分流电阻的方法进行调磁调速；在小型串励电动机上，常采用改变励磁绕组的匝数或接线方式来实现调磁调速。以上几种调速方法的控制线路及原理与他励或并励电动机基本相似，读者可参照前面的内容自行分析，在此不再详述。

6.2.4　任务实施

串励直流电动机启动、调速控制线路的安装与检修

1．目的要求

掌握串励直流电动机启动、调速控制线路的安装与调试方法。

2．工具、仪表及器材

（1）工具：测电笔、螺钉旋具、尖嘴钳、斜口钳、剥线钳、电工刀等。

（2）仪表：万用表、兆欧表、转速表、电磁系钳形电流表。

（3）器材：电器元件见表6-4。

表6-4　元件明细表

代号	名称	型号	规格	数量
M	直流电动机	Z4－100－1	他励式、1.5kW、160V、13.4A、1000/2000r/min	1
QF	断路器	DZ5－20/230	2极、220V、20A、整定电流13.4A	1
FU	熔断器	RD1A－60/30	60A、配熔体30A	2
RS	启动变阻器	启Z－203	1.5kW、0～13.9Ω	1
RP	调速变阻器	BC1－300	300W、0～20Ω	1
XT	端子板	JD0－2520	380W、25A、20节	1
	导线	BVR－1.5	1.5mm^2（7×0.52mm）	若干
	控制板		500mm×400mm×20mm	1

3．安装步骤及工艺要求

（1）按表6-4配齐所用电器元件，并检验元件。

（2）根据如图6-11所示电路图，牢固安装各电器元件，并进行正确布线。电源开关及启动变阻器的安装位置要接近电动机和被拖动的机械，以便在控制时能看到电动机和被拖动机械的运行情况。

（3）自检。

（4）检查无误后通电试车。其操作顺序是：

1）合上电源开关QF前，先检查启动变阻器RS的手轮是否置于最左端的0位；调速变阻器RP的阻值调到零。

2）合上电源开关QF。

3）慢慢转动启动变阻器手轮8，使手轮从0位逐步转至5位，逐级切除启动电阻。在每切除一级电阻后要停留数秒钟，用转速表测量其转速，并填入表6-5。用钳形电流表测量电枢电流以观察电流的变化情况。

表6-5　测量结果

手轮位置	1	2	3	4	5
转速（r/min）					

4）调节调速变阻器 RP。在逐渐增大其阻值时，要注意测量电动机转速，其转速不能超过电动机的最高转速 2000r/min。测量结果填入表 6-6。

表 6-6　测量结果

测量次数	1	2	3	4	5
转速（r/min）					

5）停转时，切断电源开关 QF，将调速变阻器 RP 的阻值调到零，并检查启动变阻器 RS 是否自动返回起始位置。

4．注意事项

（1）通电试车前，要认真检查励磁回路的接线，必须保证连接可靠，以防止电动机运行时出现因励磁回路断路失磁引起的"飞车"事故。

（2）启动时，应使调速变阻器 RP 短接，使电动机在满磁情况下启动；启动变阻器 RS 要逐级切换，不可越级切换或一扳到底。

（3）直流电源若采用单相桥式整流器供电时，必须外接 13mH 的电抗器。

（4）通电试车时，必须有指导教师在现场监护，同时做到安全文明生产。如有异常情况，应立即断开电源开关 QF。

6.2.5　任务考核

任务考核按照表 6-7 进行。

表 6-7　任务考核评价

评价项目	评价内容	自评	互评	师评
学习态度（10分）	能否认真听讲，答题是否全面			
安全意识（10分）	是否按照安全规范操作并服从教学安排			
完成任务情况（70分）	电器元件设计图符合要求与否（10分）			
	控制线路接线设计正确与否（10分）			
	电器元件准备正确与否（10分）			
	电路安装正确与否（10分）			
	试车操作过程正确与否（10分）			
	调试过程中出现故障检修正确与否（10分）			
	通电试验后各项工作完成如何（10分）			
协作能力（10分）	与同组成员交流讨论解决了一些问题			
总评	好（85～100分），较好（70～85分），一般（少于70分）			

知识梳理与总结

直流电动机具有启动转矩大、调速范围广、调速精度高、能够实现无级平滑调速以及可以频繁启动等一系列优点，在高精度金属切削机床、轧钢机、造纸机、龙门刨床、电气机车等生产机械中都是用直流电动机来拖动的。

直流电动机按励磁方式划分为他励、并励、串励和复励四种。本章主要介绍并励和串励直流电动机启动、正反转、制动以及调速的基本控制线路。

直流电动机常用的启动方法有两种：一是电枢回路串联电阻启动；二是降低电源电压启动。对并励直流电动机常采用的是电枢回路串联电阻启动。串励电动机和并励电动机一样，常采用电枢回路串联启动电阻的方法进行启动，以限制启动电流。

直流电动机反转有两种方法：一是电枢反接法，即改变电枢电流方向，保持励磁电流方向不变；二是励磁绕组反接法，即改变励磁电流方向，保持电枢电流方向不变。而在实际应用中，并励直流电动机的反转常采用电枢反接法来实现，串励直流电动机的反转常采用励磁绕组反接法来实现。

直流电动机的制动与三相异步电动机的制动相似，其制动方法也有机械制动和电力制动两大类。机械制动常用的方法是电磁抱闸制动器制动；电力制动常用的方法是能耗制动、反接制动和再生发电制动三种。由于串励电动机的理想空载转速趋于无穷大，所以运行中不可能满足再生发电制动的条件，因此，串励电动机电力制动的方法只有能耗制动和反接制动两种。

直流电动机的调速性能比异步电动机好，调速范围广，能够实现无级调速，且便于自动控制。电动机的调速是指在电动机的机械负载不变的条件下改变电动机的转速。调速有机械调速、电气调速以及机械电气配合调速几种方式。机械调速是人为改变机械传动装置的传动比，从而改变生产机械的运行速度。机械调速是有级的，在变换齿轮时必须停车，否则易将齿轮打坏。电气调速是通过改变电动机的机械特性来改变电动机的转速。电气调速可使机械传动机构简化，提高传动效率，还可实现无级调速，调速时无须停车，操作简便，便于实现调速的自动控制。直流电动机的调速可通过三种方法来实现：一是电枢回路串电阻调速；二是改变主磁通调速；三是改变电枢电压调速。串励电动机的电气调速方法与他励和并励电动机的电气调速方法相同。

思考与练习

1．直流电动机常用的启动方法有哪两种？并励直流电动机常采用哪种方法启动？

2．使直流电动机反转有哪两种方法？并励直流电动机反转常采用哪种方法来实现？为什么？

3．直流电动机的电力制动常用哪三种方法？如何实现能耗制动？

4．并励直流电动机采用反接制动时应注意哪些问题？

5．直流电动机有哪三种调速方法？

6．串励电动机与并励电动机相比较，主要有哪些特点？

7．串励直流电动机使用时应注意哪些问题？

8．串励直流电动机反接制动有哪两种方法？如何实现？

9．串励直流电动机采用电枢反接制动时，通过改变外电源的电压极性是否能达到制动目的？为什么？

10．串励直流电动机改变主磁通调速时，通常采用哪些方法？

项目七 电气控制线路识读与设计

【知识能力目标】

1. 掌握电气原理图的识读方法和步骤及电气控制线路图的设计方法；
2. 掌握电气控制线路设计中元器件的选择原则及电动机的控制、保护及选择方法；
3. 熟悉生产机械电气设备施工设计方法。

【专业能力目标】

1. 能正确识读电气原理图，并能准确设计电气控制线路图；
2. 针对一项具体任务能正确选择电动机及其控制方式和保护措施；
3. 能正确选择项目中所需元器件；

【其他能力目标】

1. 培养学生谦虚、好学的能力；培养学生勤于思考、做事认真的良好作风；培养学生良好的职业道德。
2. 学生分析问题、解决问题的能力的培养；学生勇于创新、敬业乐业的工作作风的培养；学生质量意识、安全意识的培养；培养学生的团结协作能力；能根据工作任务进行合理的分工，互相帮助、协作完成工作任务。
3. 培养学生填写、整理、积累技术资料的能力；在进行电路装接、故障排除之后能对所进行的工作任务进行资料收集、整理、存档。
5. 培养学生语言表达能力，能正确描述工作任务、工作要求，任务完成之后能进行工作总结并进行总结发言。

任务 7.1　电气原理图的识读

项目一的任务 1.2 中已经简单地介绍了电气控制线路的绘制及线路安装步骤，由此了解到电气原理图是表示电气控制线路工作原理的图形，都是根据国家标准，采用统一的文字符号、图形符号及画法，以便于设计人员的绘图与现场技术人员、维修人员的识读。所以熟悉识读电气原理图，有利于掌握设备正常工作状态、迅速处理电气故障。

生产机械的实际电路往往比较复杂，有些还和机械、液压（气压）等动作相配合来实施控制，因此在识读电气原理图之前，首先要了解生产工艺过程对电气控制的基本要求。下面介绍电气原理图阅读分析的一般方法和步骤以及常用的三种具体的读图方法。

7.1.1　电气原理图阅读分析的一般方法和步骤

（1）阅读设备说明书，了解设备的机械结构、电气传动方式、对电气控制的要求、电机和电器元件的布置情况以及设备的使用操作方法、各种按钮、开关等的作用，熟悉图中各器件的符号和作用。

（2）在电气原理图上先分清主电路或执行元件电路和控制电路，并从主电路着手，根据电动机的拖动要求，分析其控制内容，包括启动方式、有无正反转、调速方式、制动控制和手动循环等基本环节。并根据工艺过程，了解各电气设备之间的相互联系、采用的保护方式等。在完全了解主电路的这些工作特点后，就可以根据这些特点再去阅读控制电路。

（3）控制电路由各种电器组成，主要用来控制主电路工作。在分析控制电路时，一般根据主电路接触器主触头的文字符号，到控制电路中去找与之相应的吸引线圈，进一步弄清楚电动机的控制方式。分析控制电路时可按控制功能的不同，划分若干控制环节进行分析，这就是"化整为零"的分析方法。对各控制环节逐一分析时，应注意它们之间的联锁关系，最后再全面地看整个电路，这就是"积零为整"看全部。

（4）了解机械传动和液压传动情况。对于机、电、液（气）配合得比较紧的生产机械，必须进一步了解有关机械传动和液压传动的情况，有时还要借助于工作循环图和动作顺序表，配合电器动作来分析电路中的各种联锁关系，以便掌握其全部控制过程。

（5）阅读其他电路环节。比如照明、信号指示、监测、保护等各辅助电路环节。

7.1.2　查线读图分析法

查线读图分析法也称跟踪追击法，是目前广泛采用的一种看图分析方法。采用这种方法读图时，应遵循先主电路后控制电路。分析主电路时，最常见的执行元件是电动机、电磁铁、电磁阀等。在主电路中看有哪些控制元件的主触点，根据它们的组合规律，可以确定电动机的启动方法、制动方式和转向控制等。然后，在控制电路上，根据主触点的位置标记，找到其驱动部分及有关控制环节。通常，控制电路从左至右、自上而下逐一分析驱动元件——继电器和接触器的线圈的通断条件。接着操作按钮，跟踪查看按钮动作时，哪些线圈得电；再从该线圈的插图和表格中的位置标记，跟踪查看有关触点如何去控制其他元件动作。用同样的方法，再去查看这些控制元件触点又是如何控制其他元件动作的。依此方法将电路全部追查到底，便可读懂电路的工作原理。

现以图 7-1 电动机星型连接转为三角形连接（Y－△）启动电路来说明查线读图的过程。

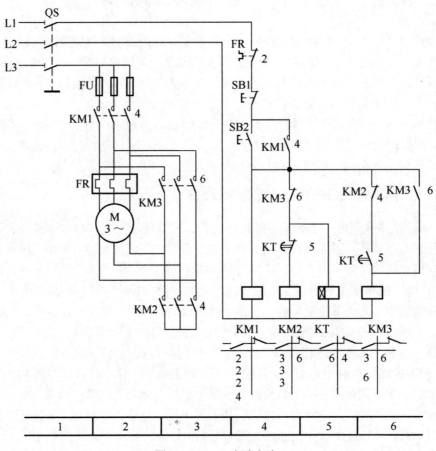

图 7-1　Y－△启动电路

阅读主电路可以看到，电动机具有短路保护和过载保护，分别由 FU 和 FR 完成。KM1 的三对主触点接通电源，KM2 主触点完成 Y 形连接，而 KM3 主触点实现△形连接。从 KM1、KM2、KM3 主触点的位置标记，可查到相应的线圈位置。然后阅读控制电路，从左至右、自上而下。首先分析 KM1 线圈电路，按 SB2 按钮，KM1 线圈得电，主触点闭合接通电源，辅助触点（位 4 列）完成自锁作用，与此同时，KM2 和 KT 线圈得电。这样电动机作 Y 形连接启动。KT 为延时继电器，其线圈得电后，在 4 列中的触点延时断开，使 KM2 线圈失电，电动机 Y 形连接断开；同时，在 6 列中的触点延时闭合，使 KM3 线圈得电，电动机△形连接运行。

归纳起来：

```
                    ┌─→ KM1 线圈得电并自锁 ──→ 接通电源 ──┐
                    │                                      ├─→ 电动机起动
  按下 SB2 ─────────┼─→ KM2 线圈得电 ──→ 电动机 Y 形连接 ─┘
                    │
                    └─→ KT 得电并延时 ──┬─→ KM2 线圈失电 ──→ Y 形连接断开
                                        │
                                        └─→ KM3 线圈得电 ──→ △形连接运行
```

查线读图分析法直观性强，查线迅速，易于理解和掌握。它的缺点是分析复杂电路时容易遗漏某些控制环节。

7.1.3 图示读图分析法

上述的查线读图分析法对于比较复杂的控制线路，由于电气控制多与机械和液压的动作相关联，增加了读图难度；况且对于复杂的控制过程，读图时不易一一记清。为了获得较好的读图效果，介绍一种适用的图形表达法，也称为图示读图法。

由于电气控制线路对机械的控制过程，实际上是配合机械完成动作的各种程序，也就是保证各动作对时间的确切关系。因此，以纵坐标表示控制电器的工作状态，称为状态坐标；以横坐标作为控制作用时间，称为时间坐标。这样，可以画出各电器工作状态对时间的关系，也就是一个电气控制过程图。这种过程图的画法是：用查线读图分析法，从原始状态画起，在发出控制指令后，按动作顺序逐一画出各电器元件的状态变化，并用箭头表示各元件间的控制关系。这种过程图能清楚地看出整个系统的动作程序以及各步序中哪些元件动作。

下面以电动机双向启动反接制动的控制线路为例，说明图示读图分析法的应用过程。如图 7-2 所示，先将图中各电器元件分别作为横坐标，时间坐标公用，这样便于了解同一时刻所有电器元件的状态情况。然后用查线读图分析法，操作按钮 SB2，分析各电器元件的动作情况如下：

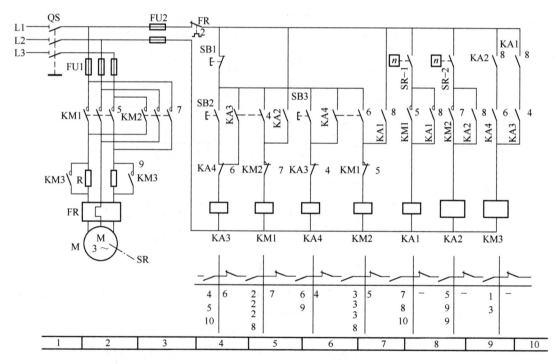

图 7-2 双向启动反接制动的控制线路

按下 SB2→KA3 线圈得电并自锁→KM1 线圈得电吸合→电动机串接电阻 R 启动。同时 KM1 的常闭辅助触点断开，使 KM2 线圈无法得电。

电动机启动后，转速升到一定值时，速度继电器触点 SR-1 动作：SR-1 闭合→KA1 线圈得电吸合→KM3 线圈得电吸合→电阻 R 短接。

这样，KM3 短接电阻，启动结束，投入全压运行。

停止时的动作过程如下：按下 SB1→KA3 线圈失电→KM1 线圈失电，使电动机断电，同时 KM2 线圈得电（通过已闭合的 KA1 常开触点和已复位的 KM1 的常闭触点），电动机反接制动。

当电动机转速降低到接近零时，速度继电器复位：SR-1 断开→KA1 失电→KM2 失电→电动机自动停车。

电动机反向启动及反向制动的工作过程与上述分析相同。

将上面分析结果以及各电器元件状态变化画在各自坐标上，便得到如图 7-3 所示的控制过程图。

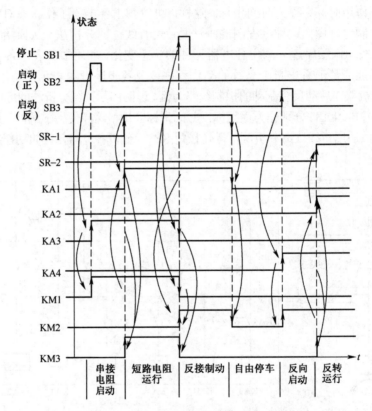

图 7-3　双向启动反接制动的控制过程图

从控制过程图中清楚地看到，电动机正转启动时，KA3、KM1 得电动作；正常运行时，除 KA3、KM1 继续保持得电外，SR-1、KA1、KM3 也动作。操作 SB1 反接制动开始，这时 KA3、KM1、KM3 相继失电，KA1 保持得电，电动机处于反接制动状态。当转速降低到接近零时（一般低于 100r/min），SR-1 动作，恢复断开状态，使 KA1、KM2 失电，电动机自动停车。

当电动机运行出现故障时，可以借助控制过程图去检查有关元件是否动作。可见，这种图示法具有直观性强、逻辑性强的特点。

7.1.4　逻辑代数读图分析法

数字电路中应用的逻辑代数也称为开关代数，这种函数的取值只有"0"和"1"两种状态，与开关只有接通和断开两种状态相对应。开关或触点的串联、并联关系，在逻辑代数中对应于"与"运算（逻辑乘）、"或"运算（逻辑加）。因此，电气控制线路中触点、开关的组合，可以采用逻辑代数来描写和分析，这就是逻辑代数读图分析法，简称逻代法。

应用逻代法分析的具体步骤是：

（1）写出控制电路各控制元件、执行元件动作条件的逻辑表达式。

（2）记住逻辑表达式中各变量的初始状态，然后发出指令控制信号，通常是按下启动按钮或某一开关。紧接着分析判别哪些逻辑式为"1"（"1"为得电状态），以及由于相互作用而使其逻辑式为"1"者。再考虑执行元件有何动作。

下面用逻辑表达式表达继电器—接触器控制电路中，电器（线圈）得电的条件，写出电器（线圈）得电的逻辑表达式。

图 7-4 所示的三相异步电动机 Y—△启动电路。

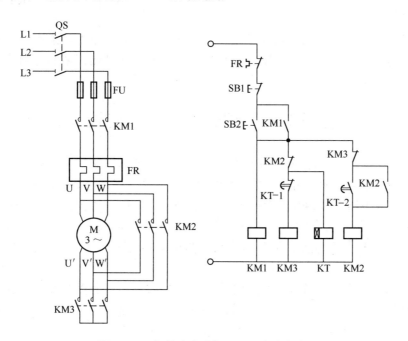

图 7-4　三相异步电动机 Y—△启动电路

按下按钮 SB2，接触器 KM1、KM3 和时间继电器 KT 的线圈得电，电动机 Y 连接启动。时间继电器得电后，经预定延时时间，时间继电器延时断开常闭触点打开，使接触器 KM3 断电，而延时闭合常开触点闭合，使接触器 KM2 通电，电动机由 Y 连接自动改变为△连接。为防止接触器 KM2、KM3 同时得电，控制电路中接入互锁作用触点。

电动机△连接后，进入正常运行，这时通过接触器 KM2 的辅助常闭触点将时间继电器 KT 和接触器 KM3 断电，以减少电能损耗。

各电器线圈得电的逻辑函数表达式为：

$$KM1 = QS\,SB1\,(SB2 + KM1)\,\overline{FR} \tag{7-1}$$

$$KM3 = QS\,SB1\,(SB2 + KM1)\,\overline{KM2} \cdot \overline{KT\text{-}1} \cdot \overline{FR} \tag{7-2}$$

$$KT = QS\,SB1\,(SB2 + KM1)\,\overline{KM2} \cdot \overline{FR} \tag{7-3}$$

$$KM2=QS\overline{SB1}(SB2+KM1)(KT\text{-}2+KM2)\overline{KM3}\cdot\overline{FR} \tag{7-4}$$

分析式（7-1）～式（7-4）可以发现，KM2 与 KM3、KT 之间是联锁的。

合上 QS，则 QS=1，此时因 SB2=0，KM1=0，使 KM1、KM2、KM3、KT 均为"0"，即均未动作。如按下 SB2，即 SB2=1，因 SB1=0，FR=0，所以将上述逻辑值代入式（7-1）、式（7-2）、式（7-3）中，得 KM1=KM3=KT=1，电动机接成 Y 形启动。当 KT 延时时间到，则 KT-1 通电延时断开的常闭触头断开，KT-2 通电延时闭合的常开触头闭合，即 KT-1=1、KT-2=1，所以将上述逻辑值代入式（7-2），得 KM3=0；将 KT-2=1、KM3=0 代入式（7-4）得 KM2=1；将 KM2=1 代入式（7-3）得 KT=0，电动机 Y 形启动结束转接成△形运行。

从上述分析可看出，逻辑代数分析法的主要特点是，只要控制元件的逻辑表达式写得正确，并且对式中各指令元件、控制元件的状态清楚，则电路中各控制元件的制约关系便一目了然，各控制元件的动作顺序、控制功能也不会遗漏。但对复杂控制电路描述逻辑式和分析过程也比较麻烦。

总之，上述三种读图分析法各有优缺点，可根据具体需要选用。图示分析法和逻辑代数法都是以查线分析法为基础，因而首先应熟练掌握查线读图分析法，在此基础上，再去理解和掌握其他各种读图分析法。

任务 7.2　电气控制线路图的设计

在工业生产中，所用的机械设备种类很多，对电动机提出的控制要求各不相同，从而构成的电气控制线路也不一样。常用的生产机械目前仍广泛应用继电器—接触器控制系统，在学习了低压电器、继电器—接触器典型控制环节及一些典型生产机械电气控制线路之后，应能对一般生产机械电气控制线路进行分析。更重要的是应能举一反三，对一些生产机械进行电力装置的设计并提供一套完整的技术资料。本章将介绍相关的电气控制线路的设计方法和所使用的低压电器的选择方法。

由于电气控制线路是为整个机械设备和工艺过程服务的，所以在设计前要深入现场收集有关资料，进行必要的调查研究。此外，设计工作者要树立正确的设计思想，树立工程实践的观点，使设计的产品经济、实用、可靠、先进、使用及维修方便。

7.2.1　电气控制线路设计的基本原则

机械设备的控制系统绝大多数属于电力拖动控制系统。在电气控制系统设计中，应遵循的基本原则是：

（1）应最大限度地满足生产机械对电气控制线路的控制要求和保护要求。

（2）在满足生产工艺要求的前提下，应力求使控制线路简单、经济、合理。

（3）保证控制的可靠性和安全性。

（4）操作和维修方便。

7.2.2　电气控制线路设计的基本内容

（1）确定电力拖动方案。

（2）设计生产机械电力拖动自动控制线路。

（3）选择电动机及电器元件，制定电器元件明细表。

（4）进行生产机械电力装备施工设计。

（5）编写生产机械电气控制系统的说明书与设计文件。

7.2.3　电气控制线路图设计

生产机械电力拖动方案及拖动电动机容量确定之后，在确定控制系统设计要求的基础上，就可以进行电气控制线路图的设计。

电气控制线路图的设计可采用经验设计法，也可采用逻辑设计法。

经验设计法就是根据生产机械的工艺要求，按照电动机的控制方法，采用典型环节线路直接进行设计。先设计各个独立的控制线路，然后根据设备的工艺要求将它们综合地组合在一起。

逻辑设计法是采用逻辑代数进行设计。

7.2.3.1　设计线路举例

下面举例说明经验设计方法。

现用某专用机床给一箱体加工两侧平面，加工方法是将箱体夹紧在可前后移动的滑台上，两侧平面用左右动力头铣削加工。其要求是：

（1）加工前滑台应快速移动到加工位置，然后改为慢速进给。快进速度为慢进速度的 20 倍，滑台速度的改变是由齿轮变速机构和电磁铁来实现的，即电磁铁吸合时为快速，电磁铁释放时为慢速。

（2）滑台从快速到慢速进给应自动变换，铣削完毕后要自动停车，然后由人工操作滑台快速退回原位后自动停车。

（3）具有短路、过载、欠压及失压保护。

本专用机床共需要三台笼型异步电动机：滑台电动机 M1 的功率选用 1.1kW，需正反转；两台动力头电动机 M2 和 M3 的功率选用 4.5kW，只需要单向运转。试设计该机床的电气控制线路。

根据上述设备的工艺要求及结构来选择电动机的数量，然后根据各生产机械的调速要求来确定调速方案，同时，应考虑使电动机的调速特性与负载特性相适应，以求得电动机充分合理的应用。

（1）选择基本控制线路。根据要求滑台电动机 M1 需正反转，两台动力头电动机 M2 和 M3 只需要满足单向运转的控制要求，选择接触器联锁正反转控制线路和接触器自锁正转控制线路，并进行有机地组合，设计画出线路草图如图 7-5 所示。

（2）修改完善线路。根据加工前滑台应快速移动到加工位置，且电磁铁吸合时为快进，说明 KM1 得电时，电磁铁 YA 应得电吸合，故应在电磁铁 YA 线圈回路串入 KM1 的常开辅助触头；滑台由快速移动自动变为慢速进给，所以在 YA 线圈回路中串接位置开关 SQ3 的常闭触头；滑台慢速进给终止（切削完毕）应自动停车，所以应在 KM1 控制回路中串接位置开关 SQ1 的常闭触头；人工操作滑台快速退回，故在 KM1 的常开辅助触头和 SQ3 的常闭触头电路的两端并接接触器 KM2 的常开辅助触头；滑台快速退回到原位后自动停车，所以应在接触器 KM2 控制回路中串接位置开关 SQ2 的常闭触头；由于动力头电动机 M2 和 M3 随滑台电动机 M1 的慢速工作而工作，所以可把接触器 KM3 的线圈串接 SQ3 的常开触头后与 KM1 线圈并接；线路需要短路、过载、欠压及失压保护，所以在线路中接入熔断器 FU1、FU2、FU3 和热继电器 FR1、FR2、FR3。修改完善后的控制线路如图 7-6 所示。

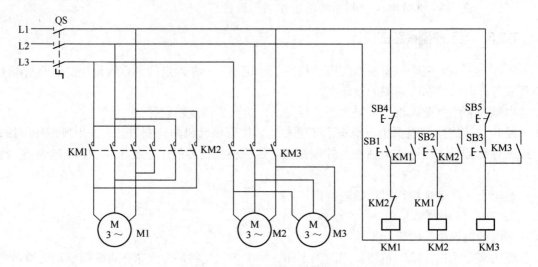

图 7-5　电气控制线路草图

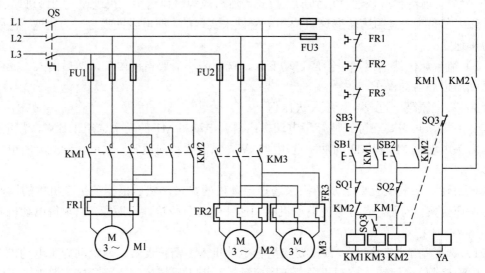

图 7-6　修改完善后的控制线路

（3）校核完成线路。控制线路初步设计完成后，可能还有不合理、不可靠、不安全的地方，应当根据经验和控制要求对线路进行认真仔细地校核，以保证线路的正确性和实用性。如上述线路中，由于电磁铁电感大，会产生大的冲击电流，有可能引起线路工作不可靠，故选择中间继电器 KA 组成电磁铁的控制回路，如图 7-7 所示。

7.2.3.2　设计线路应注意的问题

用经验设计法设计线路时，除应牢固掌握各种基本控制线路的构成和原理外，还应注重了解机械设备的控制要求以及设计、使用和维修人员在长期实践中总结出的经验，这对于安全、可靠、经济、合理地设计控制线路是十分重要的，这些经验概括起来有以下几点：

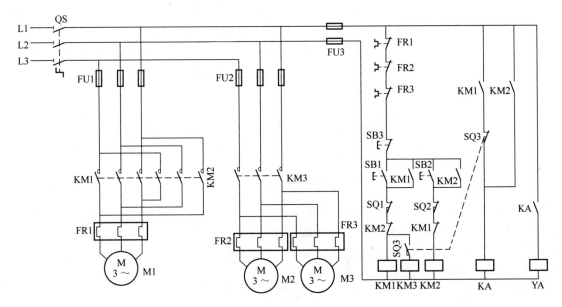

图 7-7　设计完成的控制线路

（1）尽量缩减电器的数量，采用标准件和尽可能选用相同型号的电器。设计线路时，尽量减少不必要的触头以简化线路，提高线路的可靠性。若把如图 7-8（a）所示线路改接成如图 7-8（b）所示线路，就可以减少一个触头。

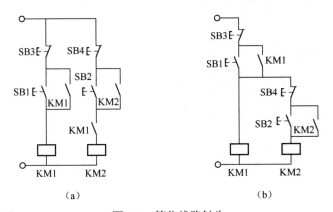

图 7-8　简化线路触头

（2）尽量缩短连接导线的数量和长度。设计线路时，应考虑到各电器元件之间的实际接线，特别要注意电气柜、操作台和位置开关之间的连接线，尽量减少配线时的连接导线。例如，如图 7-9（a）所示的接线就不合理，因为按钮通常是安装在操作台上，而接触器则安装在电气柜内，所以若按此线路安装时，由电气柜内引出的连接线势必要两次引接到操作台上的按钮处。因此，合理的接法应当是把启动按钮和停止按钮直接连接，而不经过接触器线圈，如图 7-9（b）所示，这样就减少了一次引出线。

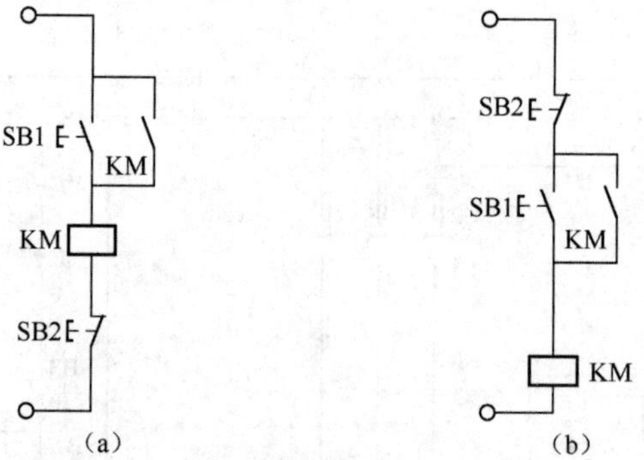

图 7-9　减少实际连线

（3）正确连接电器的线圈。在交流控制电路的一条支路中不能串联两个电器的线圈，如图 7-10 所示。即使外加电压是两个线圈额定电压之和，也是不允许的。因为每个线圈上分配到的电压和线圈阻抗成正比，两个电器需要同时动作时，其线圈应该并接。

（4）正确连接电器的触头。同一个电器的常开和常闭辅助触头靠得很近，如果连接不当，将会造成线路工作不正常。如图 7-11（a）所示接线，位置开关 SQ 的常开触头和常闭触头由于不是等电位，当触头断开产生电弧时很可能在两对触头之间形成飞弧而造成电源短路。因此，在一般情况下，将共用同一电源的所有接触器、继电器以及执行电器线圈的一端，均接在电源的一侧，而这些电器的控制触头接在电源的另一侧，如图 7-11（b）所示。

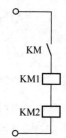

图 7-10　电器线路不能串联

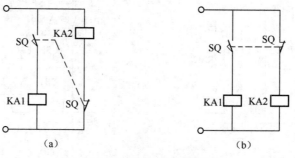

图 7-11　正确连接电器的触头

（5）在满足控制要求的情况下，应尽量减少电器通电的数量。现以三相异步电动机串电阻降压启动的控制线路为例进行分析。在如图 3-6（a）所示线路中，电动机启动后，接触器 KM1 和时间继电器 KT 就失去了作用。但仍然需要长期通电，从而使能耗增加，电器寿命缩短。当采用如图 3-6（b）所示线路时，就可以在电动机启动后切除 KM1 和 KT 的电源，既节约了电能，又延长了电器的使用寿命。

（6）应尽量避免采用许多电器依次动作才能接通另一个电器的控制线路。在如图 7-12（a）（b）所示线路中，中间继电器 KA1 得电动作后，KA2 才动作，而后 KA3 才能得电动作。KA3 的得电动作要通过 KA1 和 KA2 两个电器的动作，若接成如图 7-12（c）所示线路，KA3 的动作只需 KA1 电器动作，而且只需经过一对触头，故工作可靠。

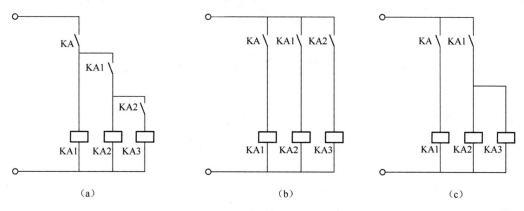

图 7-12　触头的合理使用

（7）在控制线路中应避免出现寄生回路。在控制线路的动作过程中，非正常接通的线路叫寄生回路。在设计线路时要避免出现寄生回路。因为它会破坏电器元件和控制线路的动作顺序。如图 7-13 所示线路是一个具有指示灯和过载保护的正反转控制线路。在正常工作时，能完成正反转启动、停止和信号指示。但当热继电器 FR 动作时，线路就出现了寄生回路。这时虽然 FR 的常闭触头已断开，但由于存在寄生回路，仍有电流沿图 7-13 中虚线所示的路径流过 KM1 线圈，使正转接触器 KM1 不能可靠释放，起不到过载保护作用。

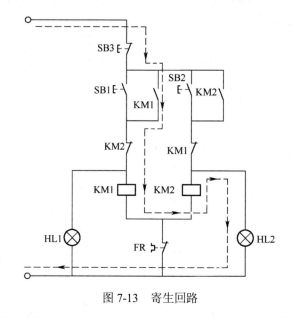

图 7-13　寄生回路

（8）保证控制线路工作可靠和安全。为了保证控制线路工作可靠，最主要的是选用可靠的电器元件。如选用电器时，尽量选用机械和电气寿命长、结构合理、动作可靠、抗干扰性能好的电器。在线路中采用小容量继电器的触头断开和接通大容量接触器的线圈时，要计算继电器触头断开和接通容量是否足够。若不够，必须加大继电器容量或增加中间继电器，否则工作不可靠。

（9）线路应具有必要的保护环节，保证即使在误操作情况下也不致造成事故。一般应根据线路的需要选用过载、短路、过流、过压、失压、弱磁等保护环节，必要时还应考虑设置合闸、断开、事故、安全等指示信号。

任务 7.3　电动机的控制、保护及选择

7.3.1　电动机的控制

通过前面的学习，我们对电动机的各种基本电气控制线路有了更深的了解，生产机械的电气控制线路也就是在这些控制线路的基础上，根据生产工艺过程的控制要求设计的，而生产工艺过程必然伴随着一些物理量的变化，并根据这些物理量的变化对电动机实现自动控制。对电动机控制的一般原则，归纳起来有如下几种：

1. 行程控制原则

行程控制原则就是根据生产机械运动部件的行程或位置，利用位置开关来控制电动机的工作状态。行程控制原则是生产机械电气自动化中应用最多和作用原理最简单的一种方式。如前面所学的位置控制和自动往返控制。

2. 时间控制原则

时间控制原则就是利用时间继电器按一定时间间隔来控制电动机的工作状态。如在电动机的降压启动、制动以及变速过程中，利用时间继电器按一定的时间间隔改变线路的接线方式，来自动完成电动机的各种要求。

3. 速度控制原则

速度控制原则就是根据电动机的速度变化，利用速度继电器等电器来控制电动机的工作状态。如三相异步电动机反接制动控制线路。

4. 电流控制原则

电流控制原则就是根据主电路电流的大小，利用电流继电器来控制电动机的工作状态。如三相绕线异步电动机串电阻降压启动控制线路。

7.3.2　电动机的保护

电动机在运行的过程中，除按生产工艺要求完成各种正常运行外，还必须在线路出现短路、过载、过流、欠压、零压及弱磁等现象时，能自动切断电源停转，以防止和避免电气设备和机械设备的损坏事故，保证操作人员的人身安全。为此，生产机械的电气控制线路中，必须采取以下保护措施：

1. 短路保护

短路保护就是当电动机绕组和导线的绝缘损坏或者控制电器及线路发生故障时，线路将出现短路现象，此时保护电器立即动作，迅速切断电源的过程。因为当发生短路故障时，线路中会产生很大的短路电流，使电动机、电器及导线等电气设备严重损坏。因此，必须在事故发生时立即切断电源。

常用的短路保护电器是熔断器和低压断路器。熔断器的熔体与被保护的电路串联，当电路正常工作时，熔断器的熔体不起作用，相当于一根导线。当电路短路时，很大的短路电流流

过熔体，使熔体立即熔断，切断电动机的电源，电动机停转。同样，若电路中接入低压断路器，当电路出现短路时，低压断路器动作切断电源，使电动机停转。

2. 过载保护

过载保护就是当电动机负载过大、启动操作频繁或缺相运行时，保护电器动作切断电源，使电动机停转，避免事故发生的过程。过载会使电动机的工作电流长时间超过其额定电流，电动机绕组过热，温度升高超过其允许值，导致电动机的绝缘材料变脆，寿命缩短，严重时会使电动机损坏。因此，当电动机过载时，必须有过载保护措施。

常用的过载保护电器是热继电器。当电动机工作电流等于额定电流时，热继电器不动作；当电动机短时过载或过载电流较小时，热继电器不动作，或经过较长时间才动作；当电动机过载电流较大时，串联在主电路中的热元件会在较短的时间内发热弯曲，使串联在控制电路中的常闭触头断开，先后切断控制电路和主电路的电源，使电动机停转。

3. 欠压保护

欠压保护就是当电网电压降低时，保护电器动作切断电源，避免电动机在欠压下运行的过程。由于电动机负载没有改变，所以欠压下电动机转速下降，定子绕组的电流增加。因为电流增加的幅度尚不足以使熔断器和热继电器动作，所以这两种电器起不到保护作用。如不采取保护措施，时间长后会使电动机过热损坏。另外，欠压将引起一些电器释放，使线路不能正常工作，也可能导致人身设备事故。因此当电动机在欠压下运行时，必须有欠压保护措施。

实现欠压保护的电器是接触器和电磁式电压继电器。一般当电网电压下降到额定电压的85%以下时，接触器（或电压继电器）线圈产生的电磁吸力将小于复位弹簧的拉力，动铁心被迫释放，其主触头和自锁触头同时断开，切断主电路和控制电路电源，使电动机停转。

4. 零压保护

零压保护也称失压保护。生产机械在工作时，由于某种原因使电网突然停电，这时电源电压下降到零，电动机停转，生产机械的运动部件也随之停止运转。一般情况下，操作人员不可能及时拉开电源开关。如不采取措施，当电源电压恢复正常时，电动机便会自行启动运转，很可能造成人身和设备事故，并引起电网过电流和瞬间网络电压下降。因此，必须采取失压保护措施。

在电气控制线路中，起失压保护作用的电器是接触器和中间继电器。当电网停电时，接触器和中间继电器线圈中的电流消失，电磁吸力减小到零，动铁心被迫释放，触头复位，切断主电路和控制电路电源，使电动机停转。

5. 过流保护

为了限制电动机的启动或制动电流，在直流电动机的电枢绕组或在交流绕线转子异步电动机的转子绕组中需要串入附加的限流电阻。

过流保护常用电磁式过电流继电器来实现。当电动机电流值达到过电流继电器的动作值时，继电器动作，使串接在控制电路中的常闭触头断开，切断控制电路，电动机随之脱离电源停转，达到了过流保护。

6. 弱磁保护

直流电动机必须在磁场具有一定强度时才能启动、正常运转。若在启动时，电动机的励磁电流太小，产生的磁场太弱，将会使电动机的启动电流很大；若电动机在正常运转过程中，磁场突然减弱或消失，电动机的转速将会迅速升高，甚至发生"飞车"。因此，在直流电动机的电气控制线路中要采取弱磁保护。

弱磁保护常在电动机励磁回路中串入欠电流继电器来实现。在电动机启动运行过程中，当励磁电流值达到欠电流继电器的动作值时，继电器就吸合，使串联在控制电路中的常开触头闭合，允许电动机启动或维持正常运转；当励磁电流减小很多或消失时，继电器就释放，使串联在控制电路中的常开触头断开，切断控制电路，接触器线圈失电，电动机断电停转。

7. 多功能保护器

选择和设置保护装置的目的不仅要使电动机免受损坏，而且还应使电动机得到充分的利用。因此，一个正确的保护方案应该是：使电动机在充分发挥过载能力的同时不但免于损坏，而且还能提高电力拖动系统的可靠性和生产的连续性。

采用双金属片的热保护和电磁保护属于传统的保护方式，这种方式已经越来越不适应生产发展对电动机保护的要求。例如，由于现代电动机工作时绕组电流密度显著增大，当电动机过载时，绕组电流密度增长速率比过去的电动机大 2～2.5 倍。这就要求温度检测元件具有更小的发热时间常数，保护装置具有更高的灵敏度和精度。电子式保护装置在这方面具有极大的优越性。

既然过载、断相、短路和绝缘损坏等都对电动机造成威胁，那就都必须加以防范，最好能在一个保护装置内同时实现电动机的过载、断相及堵转瞬动保护。多功能保护器就是这样一种电器。近年来出现的电子式多功能保护器装置品种很多，性能各异。图 7-14 是一种多功能保护器的电路图。

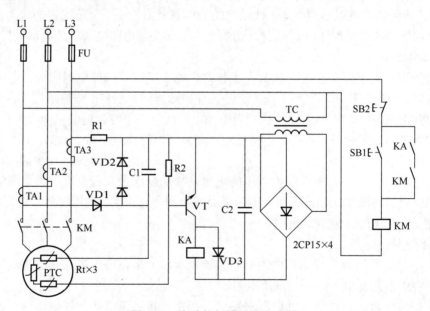

图 7-14　多功能保护器的电路图

多功能保护器的工作原理如下：保护信号由电流互感器 TA1、TA2、TA3 串联后取得。这种互感器选用具有较低饱和磁感应强度的磁环（例如用铁氧体软磁材料 MX0－2000 型锰锌磁环）制成。电动机运行时磁环处于饱和状态，因此互感器二次绕组中的感应电动势，除基波外还有三次谐波成分。

电动机正常运行时，由于三个线电流基本平衡（即大小相等、相位互差 120°），所以在电流互感器二次绕组中的基波电动势合成为零，但三次谐波电动势合成后是每个电动势的 3 倍。取得的三次谐波电动势经过二极管 VD1 整流、VD2 稳压（利用二极管的正向特性）、电容器 C1 滤波，再经过 Rt 与 R2 分压后，供给晶体三极管 VT 的基极，使 VT 饱和导通。于是电流继电器 KA 吸合，KA 常开触头闭合。按下 SB1 时，接触器 KM 线圈得电并自锁。

当电动机的电源线断开一相时，其余两相中的线电流大小相等、方向相反，互感器三个串联的二次绕组中只有两个绕组感应电动势，且大小相等、方向相反，使互感器二次绕组中总电动势为零，既不存在基波电动势，也不存在三次谐波电动势，于是 VT 的基极电流为零，VT 截止，接在集电极的电流继电器 KA 释放，接触器 KM 线圈失电，其触头断开切断电动机电源。

当电动机由于故障或其他原因使其绕组温度过高，若温度超过允许值时，PTC 热敏电阻 Rt 的阻值急剧上升，改变了 Rt 与 R2 的分压比，使晶体三极管 VT 的基极电流的数值减小（实际上接近于零），VT 截止，电流继电器 KA 释放，接触器 KM 线圈失电，其触头断开切断电动机电源。

7.3.3 电动机的选择

电力拖动系统中生产机械的动力主要来自电动机，因此，对电动机的正确选择具有很重要的意义。它不仅涉及设备的投资成本以及运行的可靠性等问题，而且还与设备的运行费用密切相关。因此，为了使电力拖动系统安全、经济、可靠和合理运行，必须遵循以下基本原则正确选择电动机。

一是电动机能够完全满足生产机械所需要的工作速度、调速的指标、加速度以及启动、制动时间等机械特性方面的要求。

二是电动机在工作过程中，其功率要能充分利用，即温升应达到国家标准规定的数值。

三是电动机的结构形式应适合周围环境的条件。如防止外界灰尘、水滴等物质进入电动机内部；防止绕组绝缘受有害气体的侵蚀；在有爆炸危险的环境中，应把电动机的导电部位和有火花的部位封闭起来，不使它们影响外部等。

电动机的选择不仅包括容量选择，而且涉及到电动机的额定电压、额定转速以及结构形式等的选择。下面分别介绍如下：

1. 电动机额定功率的选择

在以往的电力拖动系统设计过程中，为了片面地追求系统运行的可靠性，电动机的容量往往选择很大，造成所谓的"大马拉小车"的局面。客观地讲，"大马拉小车"的确保证了设备的可靠性，但却使得生产机械的运动成本大大增加。由于经常处于轻载运行状态，电动机的运行效率与功率因数均偏低，造成电动机以及传输线路的损耗增加，电能浪费严重。另外，如果电动机的功率选择过小，电动机将过载运行，使温度超过允许值，会缩短电动机的使用寿命甚至烧毁电动机。因此合理选择电动机的功率尤其重要。

电动机的工作方式有以下三种：连续工作制、短时工作制和周期性断续工作制。

（1）连续工作制又称为长期工作制，其特点是：电动机的工作时间较长，工作过程中的温升可以达到规定的稳态值。未加声明，电动机铭牌上的工作方式均指连续工作制。采用连续工作制电动机拖动的生产机械有通风机、水泵、造纸机以及机床的主轴等负载。连续工作制电动机的负载可分为恒定负载和变化负载两类。

1）恒定负载下电动机额定功率的选择。在工业生产中，相当多的生产机械是在长期恒定的或变化很小的负载下运转，这类机械选择电动机的功率比较简单，只要电动机的额定功率等于或略大于生产机械所需要的功率即可。

若负载功率为 P_L，电动机的额定功率为 P_N，则应满足：

$$P_N \geq P_L \tag{7-5}$$

通常电动机的容量是按周围环境温度为 40℃ 而确定的。绝缘材料最高允许温度与 40℃ 的差值称为允许温升，各级绝缘材料最高允许温度和允许温升见表 7-1。

表 7-1　各级绝缘材料最高允许温度和允许温升/℃

绝缘等级	Y	A	E	B	F	H	C
最高允许温度	90	105	120	130	155	180	>180
允许温升	50	65	80	90	115	140	>140

为了充分利用电动机的功率，可以对电动机能够应用的容量进行修正，不同环境温度下电动机功率的修正值见表 7-2。

表 7-2　不同环境温度下电动机功率的修正值

环境温度/℃	≤30	35	40	45	50	55
功率增减的百分数/%	+8	+5	0	-5	-12.5	-25

2）变化负载下电动机额定功率的选择。在变化负载下使用的电动机，一般是为恒定负载工作而设计的。因此，这种电动机在变化负载下使用时，必须进行发热校验。所谓发热校验，就是看电动机在整个运行过程中达到的最高温升是否接近并低于允许温升，因为只有这样，电动机的绝缘材料才能充分利用而不至于过热。

在变化负载下长期运转的电动机功率可按以下步骤进行选择：

第一步，计算并绘制生产机械的负载记录图，如图 7-15 所示。

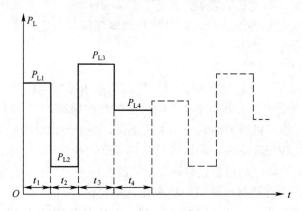

图 7-15　周期性负载变化记录

第二步，求出负载的平均功率 P_{Lj}。

$$P_{Lj} = \frac{P_{L1}t_1 + P_{L2}t_2 + \cdots + P_{Ln}t_n}{t_1 + t_1 + \cdots + t_n} = \frac{\sum_{i=1}^{n} P_{Li}t_i}{\sum_{i=1}^{n} t_i} \tag{7-6}$$

式中，P_{L1}、P_{L2}、…、P_{Ln} 是各段负载的功率；t_1、t_2、…、t_n 是各段负载工作所用时间。

第三步，按 $P_N \geqslant (1.1 \sim 1.6) P_{Lj}$ 预选电动机。如果在工作过程中大负载所占的比例较大时，则系数应选得大些。

第四步，对预选电动机进行发热、过载能力及启动能力校验，合格后即可使用。

（2）短时工作制的特点是：电动机的工作时间较短，工作过程中温升达不到稳定值，而停歇时间又较长，停歇后温度则可能降到周围环境的温度值。如吊车、水闸、车床的夹紧装置的拖动运转等。

短时工作制电动机铭牌上的额定功率是按 15min、30min、60min、90min 四种标准时间规定的。因此，若电动机的实际工作时间符合标准工作时间时，选择电动机的额定功率 P_N 只要不小于负载功率 P_L 即可，即满足 $P_N \geqslant P_L$。

（3）周期性断续工作制又称为重复短时工作制，其特点是：电动机工作与停歇交替进行，两者持续的时间都较短。在工作期间，温度未升到稳定值，而在停歇期间，温度也来不及降到周围环境的温度值。如很多起重设备以及某些金属切削机床的拖动运转即属于此类。

电机制造厂专门设计生产的周期性断续工作制的交流电动机有 YZR 和 YZ 系列。

周期性断续工作制电动机功率的选择方法和连续工作制变化负载下的功率选择类似，在此不再叙述。但需指出的是，当负载持续率 FC≤10%时，按短时工作制选择；当负载持续率 FC≥70%时，可按长期工作制选择。

2. 电动机额定电压的选择

电动机的额定电压、相数、额定频率应与供电系统一致。若选择电动机的额定电压低于供电系统电源电压时，电动机将由于电流过大而烧毁；若选择电动机的额定电压高于供电系统电源电压时，电动机有可能因电压过低不能启动，或虽能启动但因电流过大而减少其使用寿命甚至被烧毁。

对于交流电动机，车间的低压供电系统一般为三相380V，故中小型异步电动机的额定电压大都为 220/380V（△/Y 连接）及 380/660V（△/Y 连接）两种。当电动机功率较大时，为了节省铜材，并减小电动机的体积，可根据供电电源系统，选用 3000V、6000V 和 10000V 的高压电动机。

对于直流电动机，其额定电压一般为 110V、220V、440V 以及 600～1000V。最常用的直流电压等级为 220V，当不采用整流变压器而直接将晶闸管相控变流器接至电网为直流电动机供电时，可采用新改型的直流电动机，如 160V（配合单相全波整流）、440V（配合三相桥式整流）等电压等级。此外，国外还专门为大功率晶闸管交流装置设计了额定电压为 1200V 的直流电动机。

3. 电动机额定转速的选择

额定功率相同的电动机，额定转速越高，则电动机的体积、重量越小，成本越低，相应电动机的转子则呈现细长特点，此时，转子的飞轮惯性较小，启动、制动时间较短。因此，从经济的角度和提高系统快速性的角度看，选用高速电动机比较合适。但由于生产机械的工作速度一定，且较低（30～900r/min），因此电动机转速越高，转动机构的传动比越大，传动机构越复杂。所以，选择电动机的额定转速时，必须全面考虑，在电动机性能满足生产机械要求的前提下，力求电能损耗少，设备投资少，维护费用少。通常，电动机的额定转速选在 750～1500r/min 比较合适。

4. 电动机结构形式的选择

根据工作方式不同，电动机有立式和卧式结构之分。原则上电动机与生产机械的工作方式应该一致，考虑到立式结构的电动机价格偏高，因此，一般情况下电力拖动系统多采用卧式结构的电动机。往往在不得已的情况下或为了简化传动装置时才采用立式结构的电动机，如立式深井泵及钻床等。

根据轴伸情况的不同，电动机有单轴伸和双轴伸两种。大多数情况下采用单轴伸电动机，特殊情况下才选用双轴伸电动机，如需同时拖动两台生产机械或安装测速装置等。

根据电动机的防护方式不同，电动机有开启式、防护式、封闭式和防爆式之分。开启式电动机的定子两侧与端盖上均开有较大的通风口，其散热好，价格便宜，但容易进入灰尘、水滴、铁屑等杂物，通常只在清洁、干燥的环境下使用。

防护式电动机的机座下面开有通风口，其散热好，可以防止水滴、铁屑等从上方落入电机内部，但不能防止潮气及灰尘的侵入。这类电动机一般仅适用于干燥、防雨、无腐蚀性和爆炸性气体的场合。

封闭式电动机的外壳是完全封闭的，其机座和端盖上均无通风孔。它有自冷扇式、他冷扇式及密封式之分。前两种形式的电动机可在潮湿、多尘埃、有腐蚀性气体、易受风雨浸蚀等恶劣环境下运行；后一种形式的电动机则可浸在液体中使用，如潜水电泵等。

防爆式电动机是在封闭式结构的基础上制作成隔爆形式，其机壳强度高，适用于有易燃、易爆气体的环境，如矿井、油库、煤气等。

5. 电动机种类的选择

选择电动机的种类时，在考虑电动机的性能必须满足生产机械的要求下，优先选用结构简单、价格便宜、运行可靠、维修方便的电动机。

三相笼型异步电动机的电源采用的是应用最普遍的动力电源——三相交流电源。这种电动机的优点是结构简单、价格便宜、运行可靠、维修方便。缺点是启动和调速性能较差。因此，在启动和调速性能要求不高的场合，如各种车床、水泵、通风机等生产机械上应优先选用三相笼型异步电动机；对要求大启动转矩的生产机械，如某些纺织机械、空气压缩机、皮带运输机等，可选用具有高启动转矩的三相笼型异步电动机，如斜槽式、深槽式或双笼式异步电动机等；对需要有级调速的生产机械，如某些机车和电梯等，可选用多速笼型异步电动机。

在启动、制动比较频繁，启动、制动转矩较大，而且有一定调速要求的生产机械上，如桥式起重机、矿井提升机等，可以优先选用三相绕线转子异步电动机。三相绕线转子异步电动机一般采用转子串联电阻（或电抗器）的方法实现启动和调速，调速范围有限，使用晶闸管串级调速，扩展三相绕线转子异步电动机的应用范围，如水泵、风机的节能调速。

在要求大功率、恒转速和改善功率因素的场合，如大功率水泵、压缩机、通风机等生产机械上应选用三相同步电动机。

直流电动机的启动性能好，可以实现无级平滑调速，且调速范围广、精度高，所以对于要求在大范围内平滑调速和需要准确位置控制的生产机械，如高精度的数控机床、龙门刨床、可逆轧钢机、造纸机、矿井卷扬机等可使用他励或并励直流电动机；对于要求启动转矩大、机械特性较软的生产机械，如电车、重型起重机等则选用串励直流电动机。近年来，在大功率的生产机械上，广泛采用晶闸管励磁的直流发电机-电动机或晶闸管-直流电动机组。

综上所述，选择电动机时，应从额定功率、额定电压、额定转速、结构形式及种类几方面综合考虑，做到既经济又合理。

任务 7.4　电气控制线路设计中元器件的选择

在电气控制线路的识读和设计中，我们了解了各电器设备在电气线路中的作用以及相互之间的联系。在电动机的控制、选择和保护中，也知道了电动机的选择方法。现在就可着手选择各种控制电器。

电动机的启动、制动、换向、调速以及各种保护环节几乎是借助控制电器来完成的，因此，正确合理地选择电器元件是控制电路安全运行、可靠工作的重要保证。

7.4.1　接触器的选择

接触器随使用场合及控制对象的不同，其操作条件与工作繁重程度也不同。为尽可能经济、正确地使用接触器，必须对控制对象的工作情况及接触器的性能有较全面的了解，不能仅看产品的铭牌数据。因接触器铭牌上所标定的电压、电流、控制功率等参数均为某一使用条件下的额定值，使用时应对接触器本身的性能及控制对象的工作情况等进行尽可能全面的了解，根据具体的使用条件正确选用。

选择接触器主要依据以下数据：电源种类（直流或交流）；主触点额定电流；辅助触点的种类、数量和触点的额定电流；电磁线圈的电源种类、频率和额定电压；额定操作频率等。机床用得最多的是交流接触器。

交流接触器的选择主要考虑主触点额定电流、额定电压、线圈电压等。

（1）主触点额定电流 I_N 可根据下面的经验公式进行选择：

$$I_N \geqslant \frac{P_N \times 10^3}{KU_N} \tag{7-7}$$

式中　I_N——接触器主触点额定电流，A；

　　　K——比例系数，一般取 1～1.4；

　　　P_N——被控电动机的额定功率，kW；

　　　U_N——被控电动机的额定电压，V。

（2）交流接触器主触点的额定电压一般按高于线路额定电压来确定。

（3）根据控制回路的电压决定接触器的线圈电压。为保证安全，一般接触器吸引线圈选择较低的电压。但在控制线路比较简单的情况下，为了省去变压器，可选用 380V 电压。值得注意的是，接触器产品系列是按使用类别设计的，所以要根据接触器负担的工作任务来选用相应的产品系列。

（4）接触器辅助触点的数量、种类应满足线路的需要。

7.4.2　继电器的选择

继电器是组成各种控制系统的基础元件。因此，选用时应综合考虑继电器的适用性、功能特点、使用环境、工作制、额定工作电压及额定工作电流等因素，做到选用适当，使用合理，保证系统正常而可靠地工作。

1. 一般继电器的选择

一般继电器是指具有相同电磁系统的继电器，又称电磁继电器。选用时，除满足继电器线圈电压或线圈电流的要求外，还应按照控制需要分别选用过电流继电器、欠电流继电器、过电压继电器、欠电压继电器、中间继电器等。此外，还应考虑继电器安装地点的环境温度、海拔高度、相对湿度、污染等级及冲击、振动等条件，确定继电器的结构特征和防护类别。另外有些继电器还有交流、直流之分，选择时也应当注意。

2. 时间继电器的选择

时间继电器类型多种多样，各具特色，选择时应从以下几方面考虑：

（1）根据控制线路的要求选择延时方式，即通电延时型或断电延时型。

（2）根据延时准确度要求和延时时间的长短选择。

（3）根据使用场合、工作环境选择合适的时间继电器。

3. 热继电器的选择

热继电器主要用于电动机的过载保护，因此必须了解电动机的工作环境、启动情况、负载性质、工作制及允许的过载能力。应使热继电器的安秒特性位于电动机的过载特性之下，并尽可能接近，一方面要充分发挥电动机的过载能力，另一方面，电动机在短时过载时与启动瞬间热继电器不受影响。

（1）热继电器结构形式的选择。星型连接的电动机可以选择二相或三相结构的热继电器，三角形连接的电动机应当选择带断相保护装置的三相结构热继电器。

（2）热元件额定电流的选择。一般可按下式选取：

$$I_R = (0.95 \sim 1.05) I_N \tag{7-8}$$

式中　I_R——热元件额定电流，A；

　　　I_N——电动机的额定电流，A。

对于工作环境恶劣、启动频繁的电动机，则按下式选取：

$$I_R = (1.15 \sim 1.5) I_N \tag{7-9}$$

热元件选好后，还需要根据电动机的额定电流来调整它的整定值。

7.4.3　熔断器的选择

熔断器的选择主要包括熔断器类型、额定电压、额定电流与熔体额定电流的确定。

1. 熔断器类型与额定电压选择

根据负载保护特性和短路电流大小、各类熔断器的适用范围来选用熔断器类型；根据被保护电路的电压来决定熔断器的额定电压。

2. 熔体与熔断器额定电流的确定

熔断器熔体的额定电流大小与负载大小、负载性质有关。对于负载平稳、无冲击电流，如一般照明电路、电热电路，可按负载电流大小来确定熔体额定电流。对于有冲击电流的电动机负载，在达到短路保护目的的同时，还要保证电动机能正常启动，所以熔断器熔体的额定电流如下：

单台电动机：

$$I_{NF} = (1.5 \sim 2.5) I_{NM} \tag{7-10}$$

式中　I_{NF}——熔体的额定电流，A；

I_{NM}——电动机的额定电流，A。

多台电动机共用一个熔断器保护：

$$I_{NF}=（1.5\sim2.5）I_{NMmax}+\sum I_M \tag{7-11}$$

式中　I_{NMmax}——容量最大的一台电动机的额定电流，A；

　　　$\sum I_M$——其余各台电动机额定电流之和，A。

轻载启动及启动时间较短时，式中系数取 1.5；重载启动及启动时间较长时，式中系数取 2.5。熔断器的额定电流大于或等于熔体的额定电流。

3. 熔断器上下级的配合

为了满足选择性保护的要求，应注意熔断器上下级之间的配合。一般要求上一级熔断器的熔断时间至少是下一级的 3 倍，不然将会发生越级动作，扩大停电范围。为此，当上下级采用同一种型号的熔断器时，其电流等级以相差两级为宜；上下级采用的熔断器型号不同时，则应根据保护特性上给出的熔断时间选择。

4. 校核保护特性

对上述选定的熔断器类型及熔体额定电流，还须校核已选熔断器的保护特性曲线是否与保护对象的过载特性有良好的配合，使在整个范围内获得可靠的保护。同时，熔断器的极限分断能力应大于或等于所保护电路可能出现的短路电流值，这样才能得到可靠的短路保护。

7.4.4　控制变压器的选用

控制变压器一般用于降低控制电路或辅助电路的电压，以保证控制电路安全可靠。选择控制变压器的原则为：

（1）控制变压器原、副边电压应与交流电源电压、控制电路电压及辅助电路电压要求相符。

（2）应保证接于变压器副边的交流电磁器件在启动时能可靠地吸合。

（3）电路正常运行时，变压器温升不应超过允许温升。

（4）控制变压器容量可按长期运行的温升来考虑，这时变压器容量应大于或等于最大工作负荷的功率，近似计算公式为：

$$S\geq K_L\sum S_i \tag{7-12}$$

式中　$\sum S_i$——电磁器件吸持总功率，VA；

　　　K_L——变压器容量的储备系数，一般取 1.1～1.25。

7.4.5　其他控制电器的选用

1. 自动空气开关的选用

（1）根据线路的计算电流和工作电压，确定自动空气开关的额定电流和额定电压。显然，自动空气开关的额定电流不应小于线路的计算电流。

（2）确定热脱扣器的整定电流。其数值应与被控制的电动机的额定电流或负载的额定电流一致。

（3）确定电流脱扣器瞬时动作的整定电流：

$$I_Z\geq KI_{PK} \tag{7-13}$$

式中　I_Z——瞬时动作的整定电流，A；

I_{PK}——线路中的尖峰电流，A；

K——考虑整定误差和启动电流允许变化的安全系数。

对于动作时间在 0.02s 以上的自动空气开关，取 K=1.35；对于动作时间在 0.02s 以下的自动空气开关，取 K=1.7。

2. 控制按钮的选用

控制按钮可按下列要求选用：

（1）根据使用场合，选择控制按钮的种类，如开启式、防水式、防腐式或保护式等。

（2）根据用途，选用合适的型式，如手把旋钮式、钥匙式、紧急式、带灯式等。

（3）按控制回路的需要，确定不同的按钮数，如单钮、双钮、三钮、多钮等。

（4）按工作状态指示和工作情况的要求，选择按钮及指示灯的颜色。

3. 行程开关的选用

（1）根据使用场合及控制对象选择，如一般用途的行程开关和起重设备用的行程开关等。

（2）根据安装环境选择防护形式，如开启式或保护式等。

（3）按控制回路的电压和电流需要，选择行程开关系列。

（4）根据机械与行程开关的传力与位移关系选择合适的头部型式。

4. 万能转换开关的选择

万能转换开关可按下列要求选用：

（1）按额定电压和工作电流选用合适的万能转换开关系列。

（2）按操作需要选定手柄型式和定位特征。

（3）按控制要求参照转换开关样本确定触点数量和接线图编号。

（4）选择面板型式及标志。

5. 接近开关的选用

接近开关可按下列要求选用：

（1）接近开关较行程开关价格高，因此仅用于工作频率高、可靠性及精度要求均较高的场合。

（2）按应答距离要求选择型号、规格。

（3）按输出要求是有触点还是无触点以及触点数量，选择合适的输出型式。

任务 7.5　生产机械电气设备施工设计

电气控制系统在完成电气控制线路设计、电动机的选择以及电气元件选择后，下一步就是进行电气设备施工设计。

电气设备施工设计的依据是电气控制线路图和所选定的电气元件明细表。

电气设备施工设计的内容与步骤如下：

（1）电气设计总体方案的拟定。

（2）电气控制装置的结构设计。

（3）绘制电气控制装置的位置图。

（4）绘制电气控制装置的接线图。

（5）绘制各部件的电器布置图。

（6）绘制电气设备内部接线图。

（7）绘制电气设备外部接线图。

（8）编制电气设备技术资料。

上述有些步骤在前面已详细讲述，下面只选择几个步骤作简要说明。

7.5.1 电气设备的总体布置

按照国家标准 GB5226－85《机床电气设备通用技术条件》规定：尽可能把电气设备组装在一起，使其成为一台或几台控制装置。只有那些必须安装在特定位置上的器件，如按钮、手动控制开关、位置传感器（限位开关）、离合器、电动机等，才允许分散安装在设备的其他部位。

将发热元件（如电阻器）安放在控制柜中时，必须使柜中所有元件的温升在其允许的极限内。对于散热大的元件，如电动机的启动电阻器等，必须隔开安装，必要时可采用风冷。

所有电器安装位置必须妥当，便于识别、检测和维修。

在上述规定指导下，根据设备的电气控制电路图和设备控制要求，拟定采用哪些电气控制装置，如控制柜、操纵台或悬挂操纵箱等，然后确定设备电气控制装置的安放位置。需经常操作和监视的部分应放在操作方便、能通观全局的位置；悬挂操纵箱置于操作者附近，接近加工工件且有一定移动方位处；发热或振动噪声大的电气设备要置于远离操作者的地方。

7.5.2 绘制电气控制装置布置图

按照国家标准 GB5226－85 规定，电气柜内电器元件必须位于维修台之上 0.4～2m 之间。所有器件的接线端子和互连端子，必须位于维修台之上至少 0.2m 处，以便装拆导线。

安排器件时，元器件的空间距离应符合 GB4720《电气传动控制设备第一部分低压电器控制设备》的规定，必须隔开规定的间隔，并考虑有关的维修条件。

电气柜和壁龛中裸露、无电弧的带电零件与电气柜或壁龛导体壁板之间必须留有适当的间隙，一般 250V 以下电压，不小于 15mm；250～500V 电压，不小于 25mm。

电气柜内电器的安排：按照用户技术要求制作的电气装置，最少留有 10%的备用面积，以供对控制装置进行改进或局部修改时用。

除手动控制开关、信号和测量器件外，电气柜门上不得安装任何器件。

由电源电压直接供电的电器装在一起，并与由控制电压供电的部分分开。

电源开关最好装在电气柜内右上方，其操作手柄应装在电气柜前后或侧面，在其上方最好不安装其他电器。否则，应把电源开关用绝缘材料盖住，以防止电击。

遵循上述规定，电气柜内的电器可按照下述原则布置：

（1）一般监视器件布置在电气柜仪表板上，测量仪表布置在仪表板上部，指示灯布置在仪表板下部。

（2）体积大或较重的电器元件安装在电气柜的下方；发热元件安装在电气柜的上方，并注意将发热元件与感温元件隔开。

（3）弱电强电应分开，弱电部分应加屏蔽和隔离，以防强电及外界电磁的干扰。

（4）布置元器件时，应留布线、接线、维修和调整操作的空间距离。

（5）电器布置应考虑整齐、美观、对称。尽量使外形与结构尺寸相同的电器元件安装在一起，便于加工、安装和配线。

（6）接线座的布置：对用于相邻柜间连接用的接线座，应布置在柜的两侧；用于与柜外部接线的接线座，应布置在柜下部且不低于 200mm。

一般通过实物排列进行控制柜的设计。操纵台及悬挂操纵箱均有标准结构设计，可根据要求选择，或适当进行补充加工以至单独自行设计。

7.5.3　绘制电气控制装置接线图

根据电气控制原理图与电气控制装置的电器布置图来绘制电气控制装置的接线图。其原则是：

（1）接线图的绘制应符合 GB6988.5－86《电气制图　控制接线图和接线表》的规定。

（2）在接线图中，各电器的相对位置与实际安装的相对位置一致。

（3）所有电器元件及其接线座的标注相一致，采用同样的文字符号及线号。

（4）接线图与电气控制原理图不同，接线图应将同一电器元件中的各带电部分，如线圈、触点等画在一起，并用细实线框入。

（5）接线图中一律用细线条绘制，应清楚地表示各电器元件的接线关系和接线去向。

接线图的接线关系有两种画法：一是直接接线法，即直接画出电器元件之间的接线，此法适用于电气系统简单、电器元件少、接线关系简单的场合；二是符号标注接线法，即仅在电器元件接线端处标注符号以表明相互连接关系，此法适用于电气系统复杂、电器元件多、接线关系较为复杂的场合。

（6）接线图中应清楚地标注配线用的各种导线的型号、规格、截面积及颜色。

（7）控制电路和信号进入电气柜的导线超过 10 根时，必须提供端子板或连接器件，动力电路和测量电路可以直接连接到电器的端子上。

（8）端子板上各接点按接线号顺序排列，并将动力线、交流控制线、直流控制线分类排开。

（9）对于板后配线的电气接线图应按控制板翻转后的方位绘制电器元件，以便施工配线，但触点方向不能倒置。

7.5.4　设备内部接线图和外部接线图

1．设备内部接线图

（1）根据设备上各电器的实际布置位置绘制本图。

（2）设备上各处电器元件、组件、部件之间的连接线必须经过管道进行。

（3）图上应表明分线盒进线与出线的接线关系，接线板上的线号应清晰，以便配线施工。

2．设备外部接线图

（1）设备外部接线图表示设备外部的电动机或电器元件的接线关系，它主要供用户单位安装配线用。

（2）设备外部接线图应按电气设备的实际位置绘制，其要求与设备内部接线图相同。

知识梳理与总结

本项目讲述了电气原理图阅读分析的一般方法和步骤，并重点介绍了三种读图分析法，即查线读图分析法、图示读图分析法和逻辑代数读图分析法。三种读图分析法各有优缺点，可根据具体需要选用。图示分析法和逻辑代数法都是以查线分析法为基础，因而首先应熟练掌握查线读图分析法。

　　本项目较为全面地介绍了电气控制系统的设计内容、方法步骤，电气控制线路的设计，电动机的控制、保护及选择，常用控制电器的选择，以及电气控制设备的施工设计。所有这些都应在满足生产机械工艺要求的前提下，做到运行安全可靠、操作维修方便、设备投资费用节省。这就要求灵活运用所学知识，努力设计出最佳电气控制电路，施工完成优良的电气设备来实现上述目的。

　　电气控制线路的设计常用分析设计法，它是根据生产机械的工艺要求与工作过程，充分运用典型控制环节，加以补充修改，综合成所需的电气控制线路；当无典型控制环节借鉴时，只有采用边分析、边画图、边修改的方法进行设计。此法易于掌握，但往往不易获得最佳方案，所以需反复推敲，进行多种方案的分析比较，选择最佳方案。

　　电动机的控制、保护及选择涉及到方方面面，仅靠本章是不可能解决所有问题的。本章仅提供了其一般性控制、保护和选择的原则，这些原则首先涉及到电气方面的内容，包括供电电源的考虑，电动机类型的选择，电动机与生产机械配合的稳定性考虑，调速方案的选择，启动、制动方案以及其他性能指标的考虑。其次，还要对经济指标进行考虑。

　　电动机的选择包括额定电压、额定容量、结构形式以及额定转速的选择。其中最主要的是电动机的额定容量的选择。电动机的保护有短路、过载、过流、欠压、零压及弱磁等保护。电动机的控制原则包括行程控制原则、时间控制原则、速度控制原则、电流控制原则。

　　要求学会运用手册、产品样本，正确选择电动机、控制电器、导线截面等，掌握其安装、调整和试车的方法，能完成有关生产机械电气设备的全部工作。应积极参加生产实践，逐步提高电气控制电路的设计水平和实践能力。

思考与练习

1. 阅读电气原理图中的控制电路部分时，应当注意什么问题？
2. 简述电气原理图分析的一般步骤。
3. 电气原理图的阅读方法归纳起来是怎样的？如何理解其含义？
4. 电路读图分析常用哪几种方法？各有什么特点？
5. 电力拖动控制系统中电动机的选择主要包括哪些主要内容？
6. 电力拖动控制系统中电动机的类型是怎样确定的？
7. 电动机的三种工作制是如何划分的？
8. 电动机的控制原则包括哪些内容？
9. 电力拖动控制系统中应该具有哪些必要的保护？
10. 有一台 7kW 的电动机，空载启动，用熔断器作短路保护，试选择熔断器的型号和熔体的额定电流等级。
11. 某机床有三台电动机，其容量分别为 2.8kW、0.6kW、1.1kW，采用熔断器作短路保护，试选择总电源的熔断器的型号和熔体的额定电流等。

项目八
典型设备电气控制线路分析及故障检修

【知识能力目标】

1. 熟悉典型机床电气控制系统的结构、工作原理及使用；
2. 掌握典型机床电气控制系统的设计、安装与检修；
3. 掌握机床的常见故障维修和保养方法。

【专业能力目标】

1. 能正确设计、安装和调试典型机床电气控制系统；
2. 对典型机床电气控制系统能正确进行故障诊断、检修维护；
3. 具有学习能力、分析问题和解决问题能力、团结协作能力、协调能力、创新思维能力等综合能力。

【其他能力目标】

1. 培养学生好学的能力；培养学生勤于思考、做事认真的良好作风；培养学生良好的职业道德。
2. 学生分析问题、解决问题的能力的培养；学生勇于创新、敬业乐业的工作作风的培养；学生质量意识、安全意识的培养；培养学生的团结协作能力。
3. 基本职业素养的培养：遵守工作时间，在教学活动中渗透企业的 6S 制度（整理/整顿/清扫/清洁/素养/安全）。
4. 培养学生语言表达能力，能正确描述工作任务、工作要求，任务完成之后能进行工作总结并进行总结发言。
5. 培养学生填写、整理、积累技术资料的能力；在进行电路装接、故障排除之后能对所进行的工作任务进行资料收集、整理、存档。

前面已经学习了电动机的基本控制线路及其安装调试，而且学习了电气控制线路的识读与设计，下面将对机械设备的电气控制线路进行分析和研究。机床的电气控制系统是比较典型的，更是机床的重要组成部分。它不仅要完成机床运动执行元件的启动、停止、反转、制动及调速等方面的控制，还要保证机床各部分动作的协调和准确，以满足零件加工的要求，进一步实现加工的自动化。本章从常用机床的电气控制入手，以期学会分析机床电气控制电路的方法、步骤，加深对典型控制环节的理解和应用，了解机床上机械、液压、电气三者的紧密配合，从机床加工工艺出发掌握各种典型机床的电气控制，为机床及其他生产机械电气控制的设计、安装、调试、运行打下基础。

机床电气控制系统图的分析方法及步骤：

（1）了解金属切削机床的主要技术性能，了解其中的机械、液压、电气各部分的分工、作用及工作原理。

（2）分析并明确机床所具有的运动，各运动执行元件的运动性质、规律以及对这些运动属性的控制要求。

（3）根据对运动的要求，对电气控制系统的主电路进行分析，包括用电设备的数量、线路的连接情况、各触点及保护环节的作用与功能等。

（4）控制线路分析时，将整个控制电路按功能不同分成若干局部控制电路，逐一分析，分析时应注意各局部电路之间的联锁与互锁关系，然后再统观整个电路，形成一个整体观念。

任务 8.1　车床电气控制线路分析、安装及故障检修

8.1.1　任务目标

（1）了解车床的结构形式及主要运动形式。

（2）了解车床的实际应用。

（3）掌握车床的工作原理及分析方法。

（4）学会故障分析方法及故障的检测流程。

（5）能对普通车床电路进行安装、调试。

（6）能对普通车床进行检修。

8.1.2　任务内容

（1）学习车床的基本结构、运动形式及控制要求。

（2）识读并分析车床电路的工作原理。

（3）CA6140 车床线路的制作。

（4）完成 CA6140 车床线路故障的检测与排除。

8.1.3　相关知识

车床是一种应用极为广泛的金属切削机床，能够车削外圆、内圆、端面、螺纹、螺杆以及车削定型表面等。

普通车床有两种主要运动部件，一是卡盘或顶尖带动工件的旋转运动，也就是车床主轴

的运动，它承受车削加工时的主要切削功率；另外一个是溜板带动刀架的纵向或横向直线运动，称为进给运动。车床的辅助运动包括刀架的快速进给与快速退回，尾座的移动与工件的夹紧与松开等。

车削加工时，应根据工件材料、刀具种类、工件尺寸、工艺要求等来选择不同的切削速度，这就要求主轴能在相当大的范围内调速。目前大多数中小型车床采用三相鼠笼型感应电动机拖动，主轴的变速是靠齿轮箱的机械有级调速来实现的：车床加工时，一般不要求反转，但在加工螺纹时，为避免乱扣，要反转退刀；同时，加工螺纹时，要求工件旋转速度与刀具的移动速度之间有严格的比例关系。为此，车床溜板箱与主轴箱之间通过齿轮传动来连接，而主运动与进给运动由一台电动机拖动。为了提高工作效率，有的车床刀架的快速移动由一台单独的进给电动机拖动。

进行车削加工时，刀具的温度高，需要用切削液进行冷却。为此，车床备有一台冷却泵电动机，拖动冷却泵，实现刀具的冷却。有的车床还专门设有润滑泵电动机，对系统进行润滑。

下面以 CA6140 车床为例进行分析。

该车床型号的意义如下：

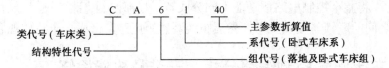

8.1.3.1　CA6140 型车床的主要结构及运动形式

CA6140 型车床为我国自行设计制造的普通车床，与 C620－1 型车床比较，具有性能优越、结构先进、操作方便和外形美观等优点。

CA6140 型普通车床的外形图如图 8-1 所示。

CA6140 型普通车床主要由床身、主轴箱、进给箱、溜板箱、刀架、丝杠、光杠、尾架等部分组成。

车床的切削运动包括工件旋转的主运动和刀具的直线进给运动。车削速度是指工件与刀具接触点的相对速度。根据工件的材料性质、车刀材料及几何形状、工件直径、加工方式及冷却条件的不同，要求主轴有不同的切削速度。主轴变速是由主轴电动机经 V 带传递到主轴箱来实现的。CA6140 型车床的主轴正转速度有 24 种（10～1400r/min），反转速度有 12 种（14～1580r/min）。

车床的进给运动是刀架带动刀具的直线运动。溜板箱把丝杠或光杠的转动传递给刀架部分，变换溜板箱外的手柄位置，经刀架部分使车刀做纵向式横向进给。

车床的辅助运动为车床上除切削运动以外的其他一切必需的运动，如尾架的纵向移动，工件的夹紧与放松等。

8.1.3.2　电力拖动特点及控制要求

（1）主拖动电动机一般选用三相笼型异步电动机，不进行电气调速。

（2）采用齿轮箱进行机械有级调速。为减小振动，主拖动电动机通过几条 V 带将动力传递到主轴箱。

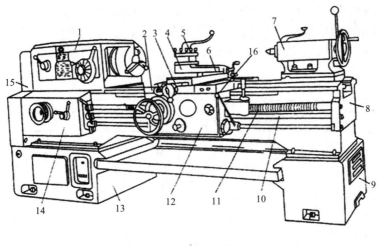

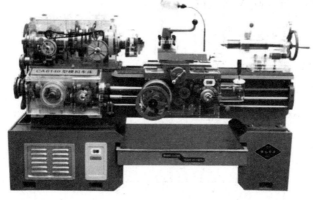

图 8-1　CA6140 型普通车床外形图

1—主轴箱；2—纵溜板；3—横溜板；4—转盘；5—方刀架；6—小溜板；7—尾架；8—床身；

9—右床座；10—光杠；11—丝杠；12—溜板箱；13—左床身；14—进给箱；15—挂轮架；16—操纵手柄

（3）在车削螺纹时，要求主轴有正、反转，由主拖动电动机正反转或采用机械方法来实现。

（4）主拖动电动机的启动、停止采用按钮操作。

（5）刀架移动和主轴转动有固定的比例关系，以便满足对螺纹的加工需要。

（6）车削加工时，由于刀具及工作温度过高，有时需要冷却，因而应该配有冷却泵电动机，且要求在主拖动电动机启动后，方可决定冷却泵开动与否。当主拖动电动机停止时，冷却泵应立即停止。

（7）必须有过载、短路、欠压、失压保护。

（8）具有安全的局部照明装置。

8.1.3.3　电气控制线路分析

CA6140 型卧式车床电路图如图 8-2 所示。

（1）绘制和阅读机床电路图的基本知识。机床电路图包含的电器元件和电气设备的符号较多，要正确绘制和阅读机床电路图，除第 7 章讲述的一般原则之外，还要明确以下几点：

1）将电路图按功能划分成若干个图区，通常是一条回路或一条支路划为一个图区，并从左向右依次用阿拉伯数字编号，标注在图形下部的图区栏中，如图 8-2 所示。

2）电路图中，每个电路在机床电气操作中的用途，必须用文字标明在电路图上部的用途栏内，如图 8-2 所示。

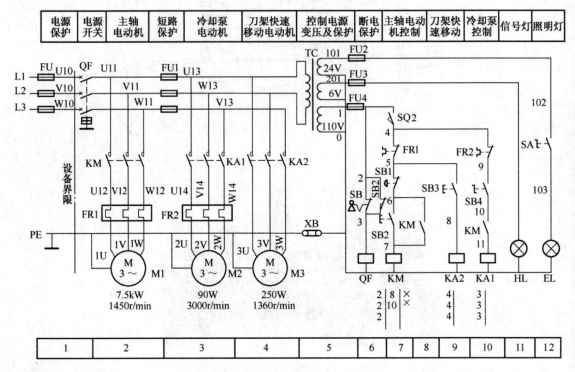

图 8-2　CA6140 型普通车床电路图

3）在电路图中，每个接触器线圈的文字符号 KM 的下面画两条竖直线，分成左、中、右三栏，把受其控制而动作的触头所处的图区号按表 8-1 的规定填入相应栏内。对备而未用的触头，在相应的栏中用记号"×"标出或不标出任何符号。接触器线圈符号下的数字标记见表 8-1。

表 8-1　接触器线圈符号下的数字标记

栏目	左栏	中栏	右栏
触头类型	主触头所处的图区号	辅助常开触头所处的图区号	辅助常闭触头所处的图区号
举例 KM 2｜8｜× 2｜10｜× 2	表示 3 对主触头均在图区 2	表示一对辅助常开触头在图区 8，另一对辅助常开触头在图区 10	表示两对常闭触头未用

4）在电路图中，每个继电器线圈符号下面画一条竖直线，分成左、右两栏，把受其控制而动作的触头所处的图区号按表 8-2 的规定填入相应的栏内。同样，对备而未用的触头，在相应的栏中用记号"×"标出或不标出任何符号。继电器线圈符号下的数字标记见表 8-2。

表 8-2　继电器线圈符号下的数字标记

栏目	左栏	右栏
触头类型	常开触头所处的图区号	常闭触头所处的图区号
举例 KA2 4 × 4 × 4 ×	表示 3 对常开触头均在图区 4	表示常闭触头未用

5）电路图中触头文字下面的数字表示电器线圈所处的图区号。如图 8-2 所示，在图区 4 标有 KA2，表示中间继电器 KA2 的线圈在图区 9。

（2）主电路分析。主电路共有三台电动机：M1 为主轴电动机，带动主轴旋转和刀架作进给运动；M2 为冷却泵电动机，用以输送切削液；M3 为刀架快速移动电动机。

将钥匙开关 SB 向右旋转，再扳动断路器 QF 将三相电源引入。主轴电动机 M1 由接触器 KM 控制，热继电器 FR1 作过载保护，熔断器 FU 作短路保护，接触器 KM 作失压和欠压保护。冷却泵电动机 M2 由中间继电器 KA2 控制，热继电器 FR2 作为它的过载保护。刀架快速移动电动机 M3 由中间继电器 KA2 控制，由于是点动控制，故未设过载保护。FU1 作为冷却泵电动机 M2、快速移动电动机 M3、控制变压器 TC 的短路保护。

（3）控制电路分析。控制电路的电源由控制变压器 TC 二次侧输出 110V 电压提供。在正常工作时，位置开关 SQ1 的常开触头闭合。打开床头皮带罩后，SQ1 断开，切断控制电路电源，以保证人身安全。钥匙开关 SB 和位置开关 SQ2 在正常工作时是断开的，QF 线圈不通电，断路器 QF 能合闸。打开配电盘壁龛门时，SQ2 闭合，QF 线圈获电，断路器 QF 自动断开。

1）主轴电动机 M1 的控制。

M1 启动：

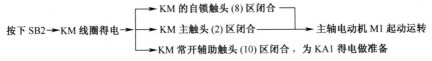

M2 停止：

按下 SB1→KM 线圈失电→KM 所有触头复位→M1 失电停止

主轴的正反转是采用多片摩擦离合器实现的。

2）冷却泵电动机 M2 的控制。由于主轴电动机 M1 和冷却泵电动机 M2 在控制电路中采用顺序控制，所以，只有当主轴电动机 M1 启动后，即 KM 常开辅助触头（10）区闭合，合上旋钮开关 SB4，冷却泵电动机 M2 才可能启动。当 M1 停止运行时，M2 自行停止。

3）刀架快速移动电动机 M3 的控制。刀架快速移动电动机 M3 的启动是由安装在进给操作手柄顶端的按钮 SB3 控制的，它与中间继电器 KA2 组成点动控制线路。刀架移动方向（前、后、左、右）的改变，是由进给操作手柄配合机械装置实现的。如需要快速移动，按下 SB3 即可。

（4）照明、信号电路的分析。控制变压器 TC 二次侧分别输出 24V 和 6V 电压，作为车床照明灯和信号灯电路的电源。EL 作为车床的低压照明灯，由开关 SA 控制；HL 为电源信号灯。它们分别由 FU4 和 FU3 作为短路保护。

8.1.4　任务实施

8.1.4.1　CA6140 车床电气控制线路的检修
1．目的要求
（1）加深对 CA6140 车床线路工作原理的认识。
（2）学习 CA6140 车床线路的制作。
2．工具、仪表及器材
（1）工具：测电笔、螺钉旋具、尖嘴钳、斜口钳、剥线钳、电工刀等。
（2）仪表：兆欧表、钳形电流表、万用表。
（3）器材：所需器材见表 8-3。

表 8-3　技能训练所需器材

代号	名称	型号规格	用途	数量
QF	三相漏电开关	DZ47－60 10A	电源开关	1
FR1	热继电器	JR16－20/3D，15.4A	M1 过载保护	1
FR2	热继电器	JR16－20/3D，0.32A	M2 过载保护	1
M1	主轴电动机	Y123M－4－B3，7.5kW，145r/min	主转动	1
M2	冷却泵电动机	AOB－25，90W，3000 r/min	输送冷却液	1
M3	快速移动电动机	AOS5634，250W，1360 r/min	溜板快速移动	1
KM	交流接触器	CJ20－20，线圈电压 110V	控制 M1	
KA1	中间继电器	JZ7－44，线圈电压 110V	控制 M2	
KA2	中间继电器	JZ7－44，线圈电压 110V	控制 M3	
SB1	按钮	LAY3－01ZS/1	停止 M1	
SB2	按钮	LAY3－10/3.11	启动 M1	
SB3	按钮	LA9	启动 M3	
SB4	旋转开关	LAY3－10X/1	启动 M2	
SQ1、SQ2	位置开关	JWM6－11	断电保护	
HL	信号灯	ZSD－0.6V	刻度照明	
TC	控制变压器	JBK2－100，380V/110V/24V/6V	控制、照明	
EL	机床照明灯	JC11	工作照明	
SA	旋转开关	LAY3－01Y/2	电源开关锁	
FUI	熔断器	BZ001，熔体 6A	380V 主电源	
FU2	熔断器	BZ001，熔体 1A	110V 控制电源	
FU3	熔断器	BZ001，熔体 1A	信号灯电路	
FU4	熔断器	BZ001，熔体 2A	照明电路	
	端子排、线槽、导线			各适量

3．安装步骤及工艺要求

按图 8-2 接线，经指导老师检查无误后，方可进行实验。

（1）按表 8-3 配齐元件和电气设备，并逐个检测其规格和质量是否合格。

（2）根据电动机的容量、线路走向及要求和各元器件的安装尺寸，选配导线的规格、导线通道类型和数量、接线端子板型号及节数、控制板、管夹、束节、紧固体等。

（3）在控制板上安装电器元件，并在各电器元件附件做好与电路图上相同代号的标记。

（4）按照控制板内布线的工艺要求进行布线和套编码套管。

（5）选择合理的导线走向，做好导线通道的支持准备，并安装控制板外部的所有电器。

（6）进行控制箱外部布线，并在导线线头上套装与电路图相同线号的编码套管。

（7）检查电路的接线是否正确和接地通道是否具有连续性。

（8）热继电器整定值的设置

（9）检查电动机的安装是否牢固。与生产机械传动装置的连接是否可靠。

（10）电动机及线路绝缘电阻测试，清理安装现场。

（11）通电试车。

4．注意事项

（1）不要漏接接地线。严禁采用金属软管作为接地通道。

（2）检修所用工具、仪表应符合使用要求。

（3）通电操作时，必须严格遵守安全操作规程。

（4）带电检修时，必须有指导教师监护，以确保安全。

5．实训报告与考核要求

（1）实训报告。

1）描述自己安装、调试的步骤和体会。

2）整理所测数据。

3）实训中发生过什么故障？是如何排除的。

（2）考核要求。

1）在规定的时间内完成安装、调试。

2）安装步骤及工艺达到基本要求，接点牢靠，接触良好。

3）文明安全操作，没有损坏电器及违反安全规程。

4）操作时间：180 分钟。

6．评分标准（见表 8-4）

表 8-4 评分标准

序号	考核项目及考核点	分值	考核标准	考核方式	占总分比例
1	装前检查	5	电器元件错检或漏检，每处扣 2 分	实操	5%
2	器件选用	10	（1）导线选择不符合要求，每处扣 4 分 （2）穿线管选用不符合要求，每处扣 3 分 （3）编码套管等附件选用不当，每项扣 2 分	实操	10%

序号	考核项目及考核点	分值	考核标准	考核方式	占总分比例
3	器件安装	10	（1）控制箱内部元件安装不符合要求，每处扣 3 分 （2）控制箱外部电器元件安装不牢固，每处扣 2 分 （3）损坏电器元件，每只扣 10 分 （4）电动机安装不符合要求，每台扣 5 分 （5）导线通道敷设不符合要求，每处扣 5 分	实操	10%
4	布线	25	（1）不按电路图接线，扣 20 分 （2）控制箱内导线敷设不符合要求，每根扣 3 分 （3）通道内导线敷设不符合要求，每根扣 3 分 （4）漏接接地线，扣 8 分	实操	25%
5	通电试车	30	（1）整定值未整定或整定错，每只扣 5 分 （2）熔体规格配错，每只扣 3 分 （3）通电不成功，扣 25 分 （4）位置开关安装不合适，扣 5 分	实操	30%
6	安全文明生产	10	违反安全文明生产规程扣 5～40 分	实操	10%
7	平时表现	10	违反校纪校规扣 5～20 分	考勤	10%
8	备注	除定额时间外，各项目的最高分不应超过配分		成绩	
9	开始时间		结束时间		

8.1.4.2　CA6140 车床电气控制线路的检修

1．目的要求

掌握 CA6140 车床电气控制线路的故障分析及检修方法。

2．工具、仪表及器材

（1）工具：测电笔、螺钉旋具、尖嘴钳、斜口钳、剥线钳、电工刀等。

（2）仪表：兆欧表、钳形电流表、万用表。

（3）器材：CA6140 模拟车床电气控制线路（参见图 8-2）。

3．常见电气故障分析及检修

当需要打开配电盘壁龛门进行检修时，将 SQ2 开关的传动杆拉出，断路器 QF 仍可合上。关上壁龛门后，SQ2 复原恢复保护作用。

（1）主轴电动机 M1 不能启动，可按下列步骤检修：

1）检查接触器 KM 是否吸合，如果接触器 KM 吸合，则故障必然发生在电源电路和主电路上。可按下列步骤检修：

①合上断路器 QF，用万用表测接触器受电端 U11、V11、W11 点之间的电压，如果电压是 380V，则电源电路正常。当测量 U11 与 W11 之间无电压时，再测量 U11 与 W10 之间有无电压，如果无电压，则 FU（L3）熔断或连线断路；否则，故障是断路器 QF（L3）接触不良或连线断路。

修复措施：查明损坏原因，更换相同规格和型号的熔体、断路器及连线。

②断开断路器 QF，用万用表电阻 R×1 挡测量接触器输出端 U12、V12、W12 之间的电

阻值，如果阻值较小且相等，说明所测电路正常；否则，依次检查 FR1、电动机 M1 以及它们之间的连线。

修复措施：查明损坏原因，修复或更换相同规格和型号的热继电器 FR1、电动机 M1 以及它们之间的连线。

③检查接触器 KM 主触头是否良好，如果接触不良或烧毁，则更换动、静触头或相同规格的接触器。

④检查电动机机械部分是否良好，如果电动机内部轴承等损坏，应更换轴承；如果外部机械有问题，可配合机修钳工进行维修。

2）若接触器 KM 不吸合，可按下列步骤检修：首先检查 KA2 是否吸合，若吸合，说明 KM 和 KA2 的公共控制电路部分（0—1—2—4—5）正常，故障范围在 KM 线圈部分支路（5—6—7—0）；若 KA2 也不吸合，就要检查照明灯和信号灯是否亮，若照明灯和信号灯亮，说明故障范围在控制电路上。若灯 HL、EL 都不亮，说明电源部分有故障，但不能排除控制电路有故障。下面用电压分段测量法检修如图 8-3 所示控制电路的故障。根据各段电压值来检查故障的方法见表 8-5。

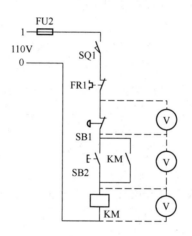

图 8-3 电压分段测量法

表 8-5 用电压分段测量法检测故障点并排除

故障现象	测量状态	5—6	6—7	7—0	故障点	排除
按下 SB2 时，KM 不吸合，按下 SB3 时，KA2 吸合	按下 SB2 不放	110V	0	0	SB1 接触不良或接线脱落	更换按钮 SB1 或将脱落线接好
		0	110V	0	SB2 接触不良或接线脱落	更换按钮 SB2 或将脱落线接好
		0	0	110V	KM 线圈开路或接线脱落	更换同型号线圈或将脱落线接好

（2）主轴电动机 M1 启动后不能自锁。当按下启动按钮 SB2 时，主轴电动机能启动运转，但松开 SB2 后，M1 也随之停止。造成这种故障的原因是接触器 KM 的自锁触头接触不良或连接线松脱。

（3）主轴电动机 M1 不能停车。造成这种故障的原因多是接触器 KM 的主触头熔焊；停止按钮 SB1 击穿或线路中 5、6 两点连接线短路；接触器铁心表面粘牢污垢。可采用下列方法判明是哪种原因造成电动机 M1 不能停车：若断开 QF，接触器 KM 释放，则说明故障为按钮 SB1 击穿或线路连接线短路；若接触器过一段时间释放，则故障为铁心表面粘牢污垢；若断开 QF，接触器 KM 不释放，则故障为主触头熔焊。根据具体故障采取相应措施修复。

（4）主轴电动机在运行中突然停车。这种故障的主要原因是由于热继电器 FR1 动作。发生这种故障后，一定要找出热继电器 FR1 动作的原因，排除后才能使其复位。引起热继电器 FR1 动作的原因可能是：三相电源电压不平衡；电源电压较长时间过低；负载过重以及 M1 的连接导线接触不良等。

（5）刀架快速移动电动机不能启动。首先检查 FU1 熔丝是否熔断；其次检查中间继电器 KA2 触头的接触器是否良好；若无异常或按下 SB3 时，继电器 KA2 不吸合，则故障必定在控制线路中。这时依次检查 FR1 的常闭触头、点动按钮 SB3 及继电器 KA2 的线圈是否有断路现象即可。

4．检修步骤及工艺要求

（1）在操作师傅的指导下对车床进行操作，了解车床的各种工作状态及操作方法。

（2）在教师的指导下，参照电器位置图和机床接线图，熟悉车床电器元件的分布位置和走线情况。

（3）在 CA6140 车床上人为设置自然故障点。故障设置时应注意以下几点：

1）人为设置的故障必须模拟车床在使用中由于受外界因素影响而造成的自然故障。

2）切忌设置更改线路或更换电器元件等由于人为原因而造成的非自然故障。

3）对于设置一个以上故障点的线路，故障现象尽可能不要相互掩盖。如果故障相互掩盖，按要求应有明显的检查顺序。

4）设置的故障必须与学生应该具有的修复能力相适应。随着学生检修水平的逐步提高，再相应提高故障的难度等级。

5）应尽量设置不容易造成人身或设备事故的故障点，如有必要时，教师必须在现场密切注意学生的检修动态，随时做好采取应急措施的准备。

（4）教师示范检修。教师进行示范检修时，可把下述检修步骤及要求贯穿其中，直至故障排除。

1）用通电实验法引导学生观察故障现象。

2）根据故障现象，依据电路图用逻辑分析法确定故障范围。

3）采取正确的检查方法查找故障点，并排除故障。

4）检修完毕进行通电试验，并做好维修记录。

（5）教师设置让学生事先知道的故障点，指导学生如何从故障现象着手进行分析，逐步引导学生采用正确的检修步骤和检修方法。

（6）教师设置故障点，让学生检修。

5．注意事项

（1）熟悉 CA6140 车床电气控制线路的基本环节及控制要求，认真观摩教师示范检修。

（2）检修所用工具、仪表应符合使用要求。

（3）排除故障时，必须修复故障点，但不得采用元件代换法。

（4）检修时，严禁扩大故障范围或产生新的故障。

（5）带电检修时，必须有指导教师监护，以确保安全。

6．实训报告与考核要求

（1）实训报告。

1）描述自己检修的步骤和体会。

2）整理所测数据。

3）实训中发生过什么故障？是如何排除的。

（2）考核要求。

1）在规定的时间内完成检修、排故。

2）检修步骤及工艺达到基本要求，接点牢靠，接触良好。

3）文明安全操作，没有损坏电器及违反安全规程。

4）操作时间：180 分钟。

7．评分标准（见表 8-6）

表 8-6　评分标准

序号	考核项目及考核点	分值	考核标准	考核方式	占总分比例
1	机床操作	20	按运动过程和控制要求进行操作，每错一步扣 5 分	实操	20%
2	故障分析	20	（1）标不出故障线段或错标在故障回路以外，每个故障点扣 10 分 （2）不能标出最小故障范围，每个故障点扣 5～10 分	实操	20%
3	排除故障	40	（1）停电不验电扣 5 分 （2）测量仪器和工具使用不正确，每次扣 5 分 （3）排除故障的方法不正确扣 10 分 （4）损坏电器元件，每个扣 20 分 （5）不能排除故障点，每个扣 20 分 （6）扩大故障范围或产生新的故障，每个扣 30 分	实操	40%
4	安全文明生产	10	违反安全文明生产规程扣 5～40 分	实操	10%
5	平时表现	10	违反校纪校规扣 5～20 分	考勤	10%
6	备注	除定额时间外，各项目的最高分不应超过配分		成绩	
7	开始时间			结束时间	

任务 8.2　铣床电气控制线路分析及故障检修

8.2.1　任务目标

（1）了解铣床的主要运动形式。

（2）了解铣床的实际应用。

（3）掌握铣床的结构形式、工作原理及分析方法。

（4）学会故障分析方法及故障的检测流程。

（5）能对普通铣床进行操作和电气线路故障检修。

8.2.2 任务内容

（1）学习铣床的基本结构、运动形式及拖动特点与控制要求。
（2）识读并分析铣床电路的工作原理。
（3）完成 X62W 铣床线路故障的检测与排除。

8.2.3 相关知识

铣床的种类很多，按照结构形式和加工性能的不同，可分为立式铣床、卧式铣床、龙门铣床、仿形铣床和专用铣床等。

万能铣床是一种通用的多用途机床，它可以用圆柱铣刀、圆片铣刀、角度铣刀、成型铣刀及端面铣刀等刀具对各种零件进行平面、斜面、螺旋面及成型表面的加工，还可以加装万能铣头、分度头和圆工作台等机床附件，扩大加工范围。常用的万能铣床有两种，一种是 X62W 型卧式万能铣床，铣头水平方向放置；另一种是 X52K 型立式万能铣床，铣头垂直方向放置。这两种铣床在结构上大体相似，差别在于铣头的放置方向不同，而工作台的进给方式、主轴变速的工作原理等都一样，电气控制线路经过系列化以后也基本一样。

本节以 X62W 型卧式万能铣床为例，分析铣床对电气传动的要求、电气控制线路的构成及其工作原理。

该铣床型号的意义如下：

8.2.3.1 X62W 型卧式万能铣床的主要结构及运动形式

X62W 型卧式万能铣床的外形结构如图 8-4 所示，它由床身、主轴、刀杆、悬梁、工作台、回转盘、横溜板、升降台、底座等几部分组成。箱形的床身固定在底座上，床身内装有主轴的传动机构和变速操纵机构。在床身的顶部有水平导轨，上面装着带有一个或两个刀杆支架的悬梁。刀杆支架用来支撑铣刀心轴的一端，心轴的另一端固定在主轴上，由主轴带动铣刀铣削。刀杆支架在悬梁上以及悬梁在床身顶部的水平导轨上都可以作水平移动，以便安装不同的心轴。在床身的前面有垂直导轨，升降台可沿着它上下移动。在升降台上面的水平导轨上，装有可以在平行主轴轴线方向移动（前后移动）的溜板。溜板上部有可转动的回转盘，工作台就在溜板上部回转盘上的导轨上作垂直于主轴轴线方向的移动（左右移动）。工作台上有 T 形槽用来固定工件。这样，安装在工作台上的工件就可以在三个坐标上的六个方向调整位置或进给。

此外，由于回转盘相对于溜板可绕中心轴线左右转动一个角度（通常为±45°），因此，工作台在水平面上除了能在平行于或垂直于主轴轴线方向进给外，还能在倾斜方向进给，可以加工螺旋槽，故称万能铣床。

铣削是一种高效率的加工方式。铣床主轴带动铣刀的旋转运动是主运动；铣床工作台的前后（横向）、左右（纵向）和上下（垂直）6 个方向的运动是进给运动；铣床其他的运动，如工作台的旋转运动则属于辅助运动。

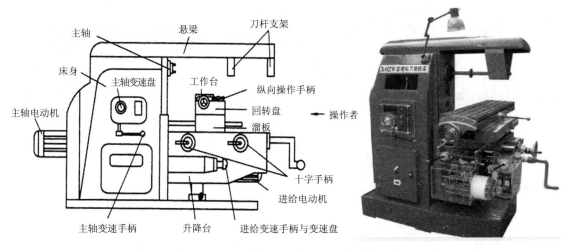

图 8-4 X62W 型卧式万能铣床的外形结构图

8.2.3.2 X62W 万能铣床电力拖动的特点及控制要求

该铣床共用 3 台异步电动机拖动，它们分别是主轴电动机 M1、进给电动机 M2 和冷却泵电动机 M3。

（1）铣削加工有顺铣和逆铣两种加工方式，所以要求主轴电动机能正反转，但考虑到正反转操作并不频繁（批量顺铣或逆铣），因此在铣床床身下侧电器箱上设置一个组合开关，来改变电源相序，实现主轴电动机的正反转。由于主轴传动系统中装有避免振动的惯性轮，使主轴停车困难，故主轴电动机采用电磁离合器制动以实现准确停车。

（2）铣床的工作台要求有前后、左右、上下 6 个方向的进给运动和快速移动，所以也要求进给电动机能正反转，并通过操纵手柄和机械离合器相配合来实现。进给的快速移动是通过电磁铁和机械挂挡来完成的。为了扩大其加工能力，在工作台上可加装圆形工作台，圆形工作台的回转运动是由进给电动机经传动机构驱动的。

（3）根据加工工艺的要求，该铣床应具有以下电气联锁措施：

1）为防止刀具和铣床的损坏，要求只有主轴旋转后才允许有进给运动和进给方向的快速移动。

2）为了减小加工工件表面的粗糙度，只有进给停止后主轴才能停止或同时停止。该铣床在电气上采用了主轴和进给同时停止的方式，但由于主轴运动的惯性很大，实际上就保证了进给运动先停止，主轴运动后停止的要求。

3）6 个方向的进给运动中同时只能有一种运动产生，该铣床采用了机械操纵手柄和位置开关相配合的方式来实现 6 个方向的联锁。

（4）主轴运动和进给运动采用变速盘进行速度选择，为保证变速齿轮进入良好啮合状态，两种运动都要求变速后作瞬时点动。

（5）当主轴电动机或冷却泵电动机过载时，进给运动必须立即停止，以免损坏刀具和铣床。

8.2.3.3 X62W 万能铣床电气控制线路分析

X62W 万能铣床的电路如图 8-5 所示。该线路是 1982 年以后改进的线路，适合于 X62M 和 X52K 两种万能铣床。线路的改进主要在主轴制动和进给快速移动控制上。未改进的铣床控制线路的主轴制动用反接制动，快速移动用电磁铁改变齿轮传动链。改进后的线路一律用电磁离合器控制。

电源开关及保护	主轴电动机	冷却泵电动机	进给电动机	整流变压器	整流器	主轴制动	工作台快速移动	控制照明变压器

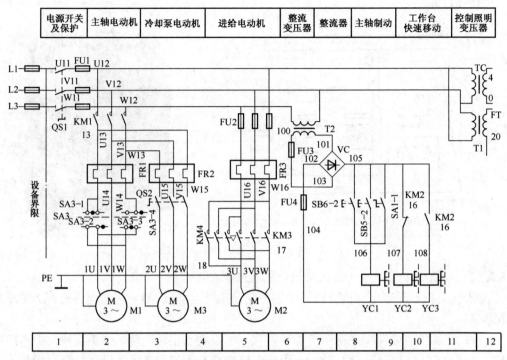

（a）X62W万能铣床的主电路

控制照明变压器	照明	主轴控制		快速进给控制	工作台进给控制	
		冲动、启动、制动			冲动、上、下、左、右、前、后移动	

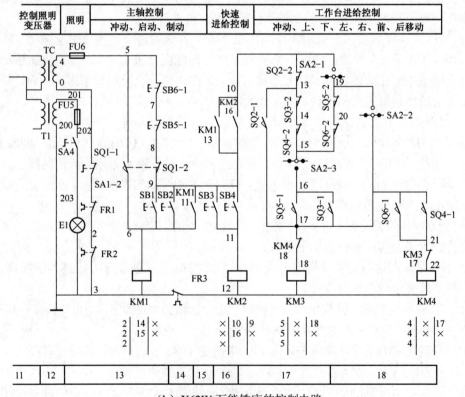

（b）X62W万能铣床的控制电路

图 8-5　X62W 万能铣床

该线路分为主电路、控制电路和照明电路。

1. 主电路分析

主电路中共有三台电动机，其中 M1 为主轴电动机，拖动主轴带动铣刀进行铣削加工，SA3 作为 M1 的换向开关；M2 为工作台进给电动机，通过操纵手柄和机械离合器的配合，拖动工作台前后、左右、上下 6 个方向的进给运动和快速移动，其正反转由接触器 KM3、KM4 来实现；M3 为冷却泵电动机，供应切削液，且当 M1 启动后 M3 才能启动，用手动开关 QS2 控制；3 台电动机共用熔断器 FU1 作短路保护，3 台电动机分别用热继电器 FR1、FR2、FR3 作过载保护。

2. 控制电路分析

控制电路的电源由控制变压器 TC 输出 110V 电压供给。

（1）主轴电动机 M1 的控制。为了方便操作，主轴电动机的 M1 采用两地控制方式，一组安装在工作台上；另一组安装在床身上。SB1 和 SB2 是两组启动按钮并联在一起，SB5 和 SB6 是两组停止按钮串联在一起。KM1 是主轴电动机 M1 的启动接触器，YC1 是主轴制动用的离合器，SQ1 是主轴变速时瞬时点动的位置开关。主轴电动机是经过弹性联轴器和变速机构的齿轮传动链来实现传动的，可使主轴具有 18 级不同的转速（30～1500r/min）。

1）主轴电动机 M1 的启动。启动前，应首先选择好主轴的转速，然后合上电源开关 QS1，再把主轴换向开关 SA3（2 区）扳到所需要的转向。SA3 的位置及动作说明见表 8-7。按下启动按钮 SB1（或 SB2），接触器 KM1 线圈得电，KM1 主触头和自锁触头闭合，主轴电动机 M1 启动运转，KM1 常开辅助触头（9－10）闭合，为工作台进给电路提供了电源。

表 8-7　主轴换向开关 SA3 的位置及动作说明

位置	正转	停转	反转
SA3－1	-	-	+
SA3－2	+	-	-
SA3－3	+	-	-
SA3－4	-	-	+

2）主轴电动机 M1 的制动。当铣削完毕，需要对主轴电动机 M1 制动时，按下停止按钮 SB5（或 SB6），SB5-1（或 SB6-1）常闭触头（13 区）分断，接触器 KM1 线圈失电，KM1 所有触头复位，电动机 M1 断电作惯性运转，SB5-2（或 SB6-2）常开触头（8 区）闭合，接通电磁离合器 YC1，主轴电动机 M1 制动停转。

3）主轴换铣刀控制。M1 停转后并不处于制动状态，主轴仍可自由转动。在主轴更换铣刀时，为避免主轴转动，造成更换困难，应将主轴制动。方法是将转换开关 SA1 扳向换刀位置，这时常开触头 SA1-1（8 区）闭合，电磁离合器 YC1 线圈得电，主轴处于制动状态以便换刀；同时常闭触头 SA1-2（13 区）断开，切断了控制电路，铣床无法运行，保证了人身安全。

4）主轴变速时的瞬时点动（变速冲动控制）。主轴变速操纵箱装在床身左侧窗口上，主轴变速由一个变速手柄和一个变速盘实现。主轴变速时的冲动控制，是利用变速手柄与冲动开关 SQ1 通过机械上的联动机构进行控制的，如图 8-6 所示。变速时，先把变速手柄 3 压下，使手柄的楔块从定位槽中脱出，然后向外拉动手柄使楔块落入第二道槽内，使齿轮组脱离啮合。转动变速盘 4 选所需转速后，把手柄 3 推回原位，使楔块重新落进槽内，使齿轮组重新啮合

（这时已改变了传动比）。变速时为了使齿轮容易啮合，扳动手柄复位时，电动机 M1 会产生一个冲动。在手柄 3 推进时，手柄上装的凸轮 1 将弹簧杆 2 推动一下又返回，这时弹簧杆 2 推动一下位置开关 SQ1（13 区），使 SQ1 的常闭触头 SQ1-2 先分开，常开触头 SQ1-1 后闭合，接触器 KM1 瞬时得电动作，电动机 M1 瞬时启动；紧接着凸轮 1 放开弹簧杆 2，位置开关 SQ1 触头复位，接触器 KM1 断电释放，电动机 M1 断电。此时，电动机 M1 因未制动而惯性旋转，使齿轮系统抖动。在抖动时刻，将变速手柄 3 先快后慢地推进去，齿轮便顺利啮合。当瞬时点动过程中齿轮系统没有实现良好啮合时，可以重复上述过程直到啮合为止。变速前应先停车。

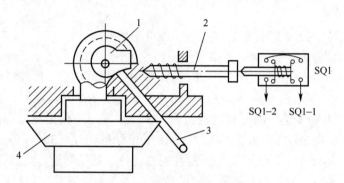

图 8-6　主轴变速冲动控制示意图

1—凸轮；2—弹簧；3—变速手柄；4—变速盘

　　（2）工作台进给电动机 M2 的控制。工作台的进给运动在主轴启动后方可进行。工作台的进给可以在 3 个坐标 6 个方向运动，即工作台在回旋盘上的左右运动；工作台与回旋盘一起在溜板上和溜板一起前后运动；升降台在床身的垂直导轨上作上下运动。这些进给运动是通过两个操纵手柄和机械联动机构控制相应的位置开关，使进给电动机 M2 正转或反转来实现的，并且 6 个方向的运动是联锁的，不能同时接通。

　　1）圆工作台进给控制。为了扩大铣床的加工范围，可以在铣床工作台上安装附件圆形工作台，进行对圆弧或凸轮的铣削加工。转换开关 SA2 就是用来控制圆形工作台的。当需要圆形工作台旋转时，将开关 SA2 扳到接通位置，这时触头 SA2-1 和 SA2-3（17 区）断开，触头 SA2-2（18 区）闭合，电流经 10—13—14—15—20—19—17—18 路径，使接触器 KM3 得电，电动机 M2 启动，通过一根专用轴带动圆形工作台旋转运动。当不需要圆形工作台旋转时，将开关 SA2 扳到断开位置，这时触头 SA2-1 和 SA2-3（17 区）闭合，触头 SA2-2（18 区）断开，以保证工作台在 6 个方向的进给运动，因为圆工作台的旋转运动和 6 个方向的进给运动是联锁的。

　　2）工作台的左右进给运动。工作台的左右进给运动由左右进给操作手柄控制，操作手柄与位置开关 SQ5 和 SQ6 联动有左、中、右三个位置，其控制关系见表 8-8。当手柄扳向中间位置时，位置开关 SQ5 和 SQ6 均未被压合，进给控制电路处于断开状态；当手柄扳向左或右位置时，手柄压下位置开关 SQ5 或 SQ6，使常闭触头 SQ5-2 或 SQ6-2（17 区）分开，常开触头 SQ5-1（17 区）或 SQ6-1（18 区）闭合，接触器 KM3 或 KM4 得电动作，电动机 M2 正转或反转。由于在 SQ5 或 SQ6 被压合的同时，通过机械机构已将电动机 M2 的传动链与工作台下面的左右进给丝杠相搭合，所以电动机 M2 的正转或反转就拖动工作台向左或向右运动。当工作台向左或向右进给到极限位置时，由于工作台两端各装有一块限位挡铁，所以挡铁碰撞手柄连杆，使手柄自动复位到中间位置，位置开关 SQ5 或 SQ6 复位，电动机的传动链与左右丝杠脱离，电动机 M2 停转，工作台停止进给，实现了左右运动的终端保护。

表 8-8　工作台的左右进给手柄位置及其控制关系

手柄位置	位置开关动作	接触器动作	电动机 M2 转向	传动链搭合丝杠	工作台运动方向
左	SQ5	KM3	正转	左右进给丝杠	向左
中	-	-	停止	-	停止
右	SQ6	KM4	反转	左右进给丝杠	向右

　　3）工作台的上下和前后进给。工作台的上下和前后进给运动是由一个手柄控制的。该手柄与位置开关 SQ3 和 SQ4 联动，有上、下、前、后、中 5 个位置，其控制关系见表 8-9。当手柄扳向中间位置时，位置开关 SQ3 和 SQ4 均未被压合，工作台无任何进给运动；当手柄扳至下或前位置时，手柄压下位置开关 SQ3，使常闭触头 SQ3-2（17 区）分开，常开触头 SQ3-1（17 区）闭合，接触器 KM3 得电动作，电动机 M2 正转，带动工作台向下或向前运动；当手柄扳至上或后位置时，手柄压下位置开关 SQ4，使常闭触头 SQ4-2（17 区）分开，常开触头 SQ4-1（18 区）闭合，接触器 KM4 得电动作，电动机 M2 反转，带动工作台向上或向后运动。这里为什么进给电动机 M2 只有正反两个转向，而工作台却能够在四个方向上进给呢？这是因为手柄扳向不同位置时，通过机械机构将电动机 M2 的传动链与不同的进给丝杠相搭合的缘故。当手柄扳至下或上位置时，手柄在压下位置开关 SQ3 或 SQ4 的同时，通过机械机构将电动机 M2 的传动链与升降台上下进给丝杠相搭合，当 M2 得电正转或反转时，就带着升降台向下或向上运动；同理，当手柄扳至前或后位置时，手柄在压下位置开关 SQ3 或 SQ4 的同时，又通过机械机构将电动机 M2 的传动链与溜板下面的前后进给丝杠相搭合，当 M2 得电正转或反转时，就带着溜板向前或向后运动。和左右进给一样，当工作台在上、下、前、后四个方向的任一方向进给到极限位置时，挡铁都会碰撞手柄连杆，使手柄自动复位到中间位置，位置开关 SQ3 或 SQ4 复位，上下丝杠或前后丝杠与电动机的传动链脱离，电动机 M2 停转，工作台停止了进给。

表 8-9　工作台在上、下、中、前、后进给手柄位置及其控制关系

手柄位置	位置开关动作	接触器动作	电动机 M2 转向	传动链搭合丝杠	工作台运动方向
上	SQ4	KM4	反转	上下进给丝杠	向上
下	SQ3	KM3	正转	上下进给丝杠	向下
中	-	-	停止	-	停止
前	SQ3	KM3	正转	前后进给丝杠	向前
后	SQ4	KM4	反转	前后进给丝杠	向后

　　由以上分析可见，两个操作手柄被置于某一方向后，只能压下四个位置开关 SQ3～SQ6 中的一个开关，接通电动机 M2 正转或反转电路，同时通过机械机构将电动机的传动链与三根丝杠（左右丝杠、上下丝杠、前后丝杠）中的一根（只能是一根）丝杠相搭合，拖动工作台沿选定的进给方向运动，而不会沿其他方向进给。

　　4）左右进给手柄和上下前后进给手柄的联锁控制。在两个手柄中只能进行其中的一个进给方向上的操作。即当一个操作手柄被置于某一进给方向后，另一个操作手柄必须置于中间位置，否则将无法实现任何进给运动，这是因为在控制电路中对两者实行了联锁保护。如当把左

右进给手柄扳向左时，若又将另一个进给手柄扳向下进给方向，则位置开关 SQ5 和 SQ3 均被压下，触头 SQ5-2 和 SQ3-2 均分断，断开了接触器 KM3 和 KM4 的通路，电动机 M2 只能停止，保证了操作安全。

5）进给变速时的瞬时点动。和主轴变速时一样，进给变速时，为了齿轮进入良好的啮合状态，也要进行变速后的瞬时点动。进给变速时，必须先把进给操纵手柄放在中间位置，然后将进给变速盘（在升降台前面）向外拉出，使进给齿轮松开，转动变速盘选定进给速度后，再将变速盘向里推回原位，齿轮便重新啮合。在推进过程中，挡块压下位置开关 SQ2（17 区），使触头 SQ2-2 分断，SQ2-1 闭合，接触器 KM3 经 10−19−20−15−14−13−17−18 路径得电动作，电动机 M2 启动；但随着变速盘复位，使接触器 KM3 断电释放，电动机 M2 失电停转。这样使电动机 M2 瞬时点动一下，齿轮系统产生一次抖动，齿轮便顺利啮合。

6）工作台的快速移动控制。为了提高劳动生产效率，减少生产辅助工时，在不进行铣削加工时，可使工作台快速移动。6 个进给方向的快速移动是通过两个进给操纵手柄和快速移动按钮配合实现的。

安装好工件后，扳动进给操作手柄选定进给方向，按下快速移动按钮 SB3 或 SB4（两地控制），接触器 KM2 得电，KM2 常闭触头（9 区）分断，电磁离合器 YC2 失电，将齿轮传动链与进给丝杠分离；KM2 两对常开触头闭合，一对使电磁离合器 YC3 得电，将电动机 M2 与进给丝杠直接搭合；另一对使接触器 KM3 或 KM4 得电动作，电动机 M2 得电正转或反转，带动工作台沿选定的方向快速移动。由于工作台的快速移动采用的是点动控制，故松开 SB3 或 SB4，快速移动停止。

（3）冷却泵及照明电路的控制。主轴电动机 M1 和冷却泵电动机 M3 采用的是顺序控制，即只有在主轴电动机 M1 启动后冷却泵电动机 M3 才能启动。冷却泵电动机 M3 由组合开关 QS2 控制。

铣床照明变压器 T1 供给 24V 的安全电压，由开关 SA4 控制。熔断器 FU5 作为照明电路的短路保护。

8.2.4 任务实施

X62W 型万能铣床电气控制电路检修

1. 目的要求

（1）掌握 X62W 型万能铣床的线路布置情况，了解运动形式，分析电路工作原理。

（2）正确掌握操作方法、故障分析及检修方法。

2. 工具、仪表及器材

（1）工具：测电笔、螺钉旋具、尖嘴钳、斜口钳、剥线钳、电工刀等。

（2）仪表：兆欧表、钳形电流表、万用表。

（3）机床：X62W 型万能铣床或 X62W 型万能铣床模拟电气控制台。

3. 常见电气故障分析及检修

（1）主电动机 M1 不能起动。这种故障现象分析可采用电压法，从上到下逐一测量，也可按中间分段电压法快速测量，检测流程如图 8-7 所示。

（2）主电动机起动，进给电动机就转动，但扳动任一进给手柄，都不能进给。故障是由圆工作台转换开关 SA2 拨到了"接通"位置造成的。进给手柄在中间位置时，起动主轴，进给电动机 M2 工作，扳动任一进给手柄，都会切断 KM3 的通电回路，使进给电动机停转。只要将 SA2 拨到"断开"位，就可正常进给。

（3）主轴停车没有制动作用。主轴停车无制动作用，常见的故障点有：交流回路中 FU3、T2，整流桥，直流回路中的 FU4、YC1、SB5-2（SB6-2）等。故障检查时，可先将主轴转向转换开关 SA3 扳到停止位置，然后按下 SB5（或 SB6），仔细听有无 YCI 得电离合器动作的声音，具体检测流程如图 8-8 所示。

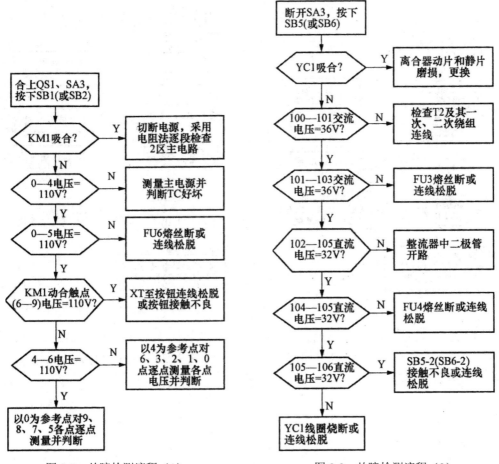

图 8-7　故障检测流程（1）　　　　　图 8-8　故障检测流程（2）

注意： 该故障测量时注意万用表交直流量程转换，不能一个表笔在直流端，另一个表笔在交流端，否则易造成测量过程的短路事故。YC1 的直流电阻为 24～26Ω。

（4）工作台各方向都不能进给。主轴工作正常，而进给方向均不能进给，故障多出现在公共点上，可通过试车现象判断故障位置，再进行测量。其故障检测流程如图 8-9 所示。

提示： 主轴电动机工作正常后，而进给部分有故障，为了能通过试车声音判断故障位置，可将主轴转换开关 SA3 转至停止位置，避免主轴电动机工作声音影响判断。

（5）工作台能上下进给，但不能左右进给运行。工作台上下进给正常，而左右进给均不能工作，表明故障多出现在左右进给的公共通道 17 区。首先检查垂直与横向进给十字手柄是否位于中间位置，是否压触 SQ3 或 SQ4；然后在两个手柄在中间位置时，试进给变速冲动是否正常，正常表明故障在变速冲动位置开关 SQ2-2 接触不良或其连接线松脱，否则故障多在 SQ3-2、SQ4-2 触点及其连接线上。

提示： 故障测量时，为避免误判断，可在不起动主轴的前提下，将纵向进给手柄置于任意工作位置，断开互锁的一条并联通道，然后采用电压法或电阻法测量找出故障的具体位置。

工作台能左进给但不能右进给。由于工作台的左进给和工作台的上（后）进给都是 KM4 吸合，M2 反转，因此可通过试向上进给来缩小故障区域。其故障检测流程如图 8-10 所示。

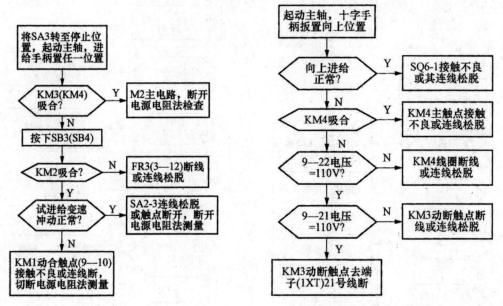

图 8-9　故障检测流程（3）　　　　图 8-10　故障检测流程（4）

（6）圆工作台不工作。圆工作台不工作时，应该将圆工作台转换开关 SA2 重新转置断开位置，检查纵向和横向进给工作是否正常，排除四个位置开关（SQ3～SQ6）动断触点之间互锁故障。当纵向和横向进给正常后，圆工作台不工作故障只在 SA2-2 触点或其连接线上。

8.2.5　任务考核

任务考核按照表 8-10 进行。

以下故障需人为在 X62W 型万能铣床或 X62W 型万能铣床模拟电气控制台上设置，然后由学生排查检修。

（1）主轴电机正、反转均缺一相，进给电机、冷却泵缺一相，控制变压器及照明变压器均没电。

（2）主轴电机无论正反转均缺一相。

（3）进给电机反转缺一相。

（4）快速进给电磁铁不能动作。

（5）照明及控制变压器没电，照明灯不亮，控制回路失效。

（6）控制变压器没电，控制回路失效。

（7）照明灯不亮。

（8）控制回路失效。

（9）主轴制动失效。

（10）主轴不能启动。

（11）工作台进给控制失效。

（12）工作台向下、向右、向前进给控制失效。

（13）工作台向后、向上、向左进给控制失效。

（14）两处快速进给全部失效。

表 8-10 评分标准

序号	考核项目及考核点	分值	考核标准	考核方式	占总分比例
1	机床操作	20	按运动过程和控制要求进行操作，每错一步扣 5 分	实操	20%
2	故障分析	20	（1）标不出故障线段或错标在故障回路以外，每个故障点扣 10 分 （2）不能标出最小故障范围，每个故障点扣 5～10 分	实操	20%
3	排除故障	40	（1）停电不验电扣 5 分 （2）测量仪器和工具使用不正确，每次扣 5 分 （3）排除故障的方法不正确扣 10 分 （4）损坏电器元件，每个扣 20 分 （5）不能排除故障点，每个扣 20 分 （6）扩大故障范围或产生新的故障，每个扣 30 分	实操	40%
4	安全文明生产	10	违反安全文明生产规程扣 5～40 分	实操	10%
5	平时表现	10	违反校纪校规扣 5～20 分	考勤	10%
6	备注	除定额时间外，各项目的最高分不应超过配分		成绩	
7	开始时间			结束时间	

任务 8.3 钻床电气控制线路分析及故障检修

8.3.1 任务目标

（1）了解钻床的主要运动形式。

（2）了解钻床的实际应用。

（3）掌握钻床的结构形式、工作原理及分析方法。

（4）学会故障分析方法及故障的检测流程。

（5）能对普通钻床进行操作和电气线路故障检修。

8.3.2 任务内容

（1）学习钻床的基本结构、运动形式及拖动特点与控制要求。

（2）识读并分析铣床电路的工作原理。

（3）完成 Z3040 型摇臂钻床线路故障的检测与排除。

8.3.3 相关知识

钻床电气控制线路

钻床是一种用途广泛的孔加工机床。它主要用钻头钻削精度要求不太高的孔，另外还可用来扩孔、铰孔、镗孔以及攻螺纹等。

钻床的结构形式很多，有立式钻床、卧式钻床、台式钻床、深孔钻床及多轴钻床。摇臂钻床是一种立式钻床，它适用于单件或批量生产中带有多孔的大型零件的孔加工，是一种机械加工车间常用的机床。下面以 Z3040 型摇臂钻床为例进行分析。

该钻床型号意义：

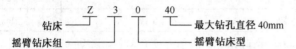

摇臂钻床的主运动为主轴带着钻头的旋转运动；辅助运动有摇臂连同外立柱围绕着内立柱的回旋运动，摇臂在外立柱上的上升、下降运动，主轴箱在摇臂上的左右运动等；主轴的前进移动是机床的进给运动。Z3040 型摇臂钻床的外形如图 8-11 所示。

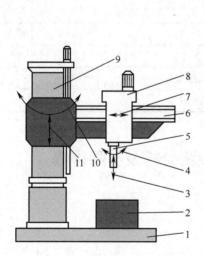

图 8-11　Z3040 型摇臂钻床结构及运动情况示意图

1—底座；2—工作台；3—主轴纵向进给；4—主轴旋转主运动；5—主轴；6—摇臂；
7—主轴箱沿摇臂径向运动；8—主轴箱；9—内外立柱；10—摇臂回旋运动；11—摇臂垂直运动

对机床控制系统的要求如下：

（1）刀具主轴的正反转控制，以实现螺纹的加工及退刀。

（2）刀具主轴旋转及垂直进给速度的控制，以满足不同的工艺要求。

（3）外立柱、摇臂、主轴箱等部件位置的调整运动。

（4）为确保加工过程中刀具的径向位置不会发生变化，外立柱、摇臂、主轴箱等部件必须有夹紧与放松控制。

（5）冷却泵及液压泵电动机的起、停控制。

（6）必要的保护环节及照明指示电路。

（7）摇臂钻床的主轴旋转与摇臂的升降不允许同时进行，它们之间应互锁，以确保安全。

Z3040 型摇臂钻床上采用机、电、液三者有机结合的方式来实现有关的控制。如主轴旋转速度及方向、主轴上下移动速度的控制均采用机械变速、换向及液压速度预选装置，内外立柱、摇臂、主轴箱等部件的夹紧与放松则利用液压和菱形块机构，液压系统的压力油是由电动机带动一个齿轮泵提供的。下面对其电气控制系统进行分析。

Z3040 型摇臂钻床的主电路如图 8-12 所示。其电源由断路器 QF 引入，图中 M1 为主电动机（功率 3kW），M2 为摇臂的升降控制电动机，M3 为液压泵电动机，M4 为冷却泵电动机。其中主电动机和液压泵电动机分别采用热继电器 FR1、FR2 作为过载保护，而摇臂的升降控制电动机和冷却泵电动机由于工作时间短，因而没有过载保护。

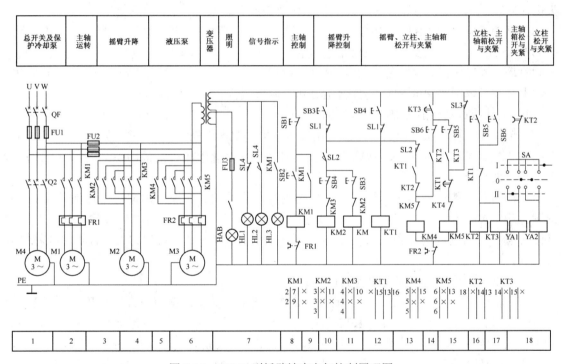

图 8-12　Z3040 型摇臂钻床电气控制原理图

1．主电动机的控制

由于 Z3040 型摇臂钻床主电动机的功率不大，因此采用全压直接启动，而且它的主轴的正反转是由机床液压系统操纵机构配合正反转摩擦离合器实现的，故电动机只作单向旋转。主电动机启动时，将 QF 合上，此时如果外立柱、主轴箱处于夹紧状态，则 SL4 动断触头闭合，指示灯 HL1 亮。按下 SB2，接触器 KM1 线圈得电吸合并自锁，主轴电动机 M1 启动并运转，同时由于 KM1 的动合辅助触头闭合，指示灯 HL3 亮。按下停止按钮 SB1，接触器 KM1 释放，主轴电动机 M1 停转，指示灯 HL3 灭。

2．摇臂升降电动机的控制

摇臂的上升与下降均为辅助运动，属于短时间的调整，因此采用了点动工作方式。要使摇臂上下运动，首先必须将其松开。动作过程如下：按下 SB3，其常开触头闭合，KT1 先得电，它的瞬动常开触头闭合，接触器 KM4 线圈得电，使其主触点闭合，液压泵电动机 M3 启动，产生压力油，经分配阀进入摇臂松开油腔，推动活塞使摇臂松开。同时活塞杆通过弹簧片使限位开关 SQ2 的常闭触点断开，KM4 失电，液压泵电动机 M3 停车，而 SQ2 的常开触点闭合，接触器 KM2 线圈得电，摇臂升降控制电动机 M2 启动，并拖动摇臂上升。

如果摇臂没有松开，SQ2 的常开触点不能闭合，摇臂升降控制电动机 M2 不能启动，这样就保证了只有在摇臂松开后才能使其运动。

当摇臂上升到所需位置时，松开 SB3，KM2、KT1 失电。一方面摇臂升降控制电动机 M2 停转，摇臂停止上升；另一方面 KT1 失电后，在达到它的整定时间时，其延时复位的常闭触点复位，接触器 KM5 得电，主触点闭合，M3 反转，使得压力油经分配阀进入摇臂的夹紧腔，将摇臂夹紧。与此同时，活塞杆通过弹簧片使限位开关 SQ3 的常闭触点断开，接触器 KM5 失电，M3 停转，完成摇臂的松开→上升→夹紧全过程。

摇臂的下降是由 SB4 控制的，动作过程是松开→下降→夹紧。摇臂的上升与下降是利用电动机 M2 的正反转来实现的，M2 的正反转是接触器 KM2 和 KM3 分别控制的。为了防止它们同时动作引起短路，故将它们的常闭辅助触点分别串入对方的线圈回路中，以启动互锁的作用。上升和下降回路中的 SQ1 为摇臂上升和下降极限位置保护用的行程开关。

3．主轴箱和立柱的松开与夹紧的控制

主轴箱和立柱的松开或夹紧控制仍由液压泵电动机 M3 来实现。从液压泵出来的压力油经电磁阀 YA1、YA2 分别进入主轴箱夹紧液压缸或立柱夹紧液压缸的油腔中，以实现对这两者的松开与夹紧控制。

主轴箱和立柱松开与夹紧控制既可分别进行，也可同时完成，这取决于转换开关 SA 的位置。当 SA 扳到"Ⅰ"的位置时，可进行立柱的松开和夹紧；当 SA 扳到"Ⅱ"的位置时，可对主轴箱进行松开和夹紧；当 SA 扳到"0"的位置时，同时完成主轴箱和立柱松开与夹紧。

下面以主轴箱的松开与夹紧为例说明其动作过程。

首先将转换开关 SA 扳到"Ⅱ"的位置，按下 SB5，其常闭触点断开，常开触点闭合，时间继电器 KT2、KT3 同时得电。KT2 得电后，其断电延时复位的常开触点瞬时闭合，电磁阀 YA1 得电，为压力油进入主轴箱夹紧液压缸的油腔打开通路。经过 KT3 的整定时间（1～3s）后，其通电延时闭合的常开触点闭合，接触器 KM4 线圈得电，液压泵电动机 M3 正转，压力油经电磁阀阀体进入主轴箱夹紧液压缸的油腔，推动活塞使主轴箱松开。放开 SB5 按钮，KT2、KT3 失电，接触器 KM4 线圈也失电，在经过 1～3s 的延时后，KT2 的延时断开触点打开，电磁阀 YA1 失电。

当要夹紧主轴箱时，按下 SB6，其过程与上面基本相同，不同的是 KM5 线圈得电，液压泵电动机 M3 反转，压力油经电磁阀阀体进入主轴箱夹紧液压缸的油腔，推动活塞使主轴箱夹紧。至此主轴箱完成一次松开—夹紧的过程。一般而言，松开主轴箱，意味着要调整主轴箱的位置，因此只有当主轴箱移动到合适的位置后，才能对其重新夹紧。

8.3.4 任务实施

Z3040 型摇臂钻床电气控制电路检修

1．目的要求

（1）掌握 Z3040 型摇臂钻床的线路布置情况，了解运动形式，分析电路工作原理；

（2）正确掌握操作方法、故障分析及检修方法。

2．工具、仪表及器材

（1）工具：测电笔、螺钉旋具、尖嘴钳、斜口钳、剥线钳、电工刀等。

（2）仪表：兆欧表、钳形电流表、万用表。

（3）机床：Z3040 型摇臂钻床或 Z3040 型摇臂钻床模拟电气控制台。

3．常见电气故障分析及检修

摇臂钻床电气控制的重点和难点环节是摇臂的升降、立柱与主轴箱的夹紧和放松。

Z3040 型摇臂钻床的工作过程是由电气、机械及液压系统紧密配合实现的。因此，在维修中不仅要注意电气部分能否正常工作，还要关注它与机械、液压部分的协调关系。

（1）摇臂不能上升但能下降。

摇臂能下降但不能上升，表明摇臂和立柱松开部分电路正常。按下 SB3，若接触器 KM2能吸合，而摇臂不能上升，故障发生在接触器 KM2 主电路或控制电路回路 10 区摇臂上升电路中。其故障检测流程如图 8-13 所示。

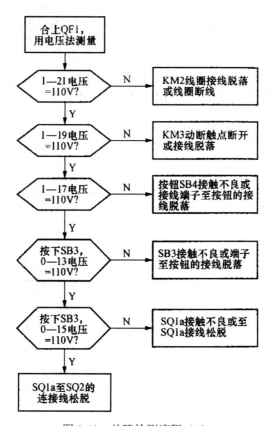

图 8-13 故障检测流程（1）

提示：Z3040 型摇臂钻床试车顺序是先试主轴电动机 M1 运转是否正常，以此判断机床电源是否正常；其次试立柱与主轴箱的松开与夹紧是否正常，以此判断 KM4、KM5 线圈支路及液压泵电动机 M3 运转是否正常；最后才是摇臂能否上下。

（2）摇臂不能上升也不能下降。

摇臂上升或下降之前，应先将摇臂与立柱松开。摇臂不能上升、下降，应试立柱与主轴箱能否放松，若也不能放松，故障多出在接触器 KM4 线圈支路；若能放松，则应重点检查断电延时时间继电器 KT1 是否吸合，电磁阀 YA 是否得电，以及 KT 的瞬时闭合动合触点、SQ2 位置开关是否压下等。摇臂上升或下降顺序动作特征明显，可按接触器动作状态（根据动作吸合声音）、液压泵工作声音，判断出故障的大致位置。故障检测流程如图 8-14 所示。

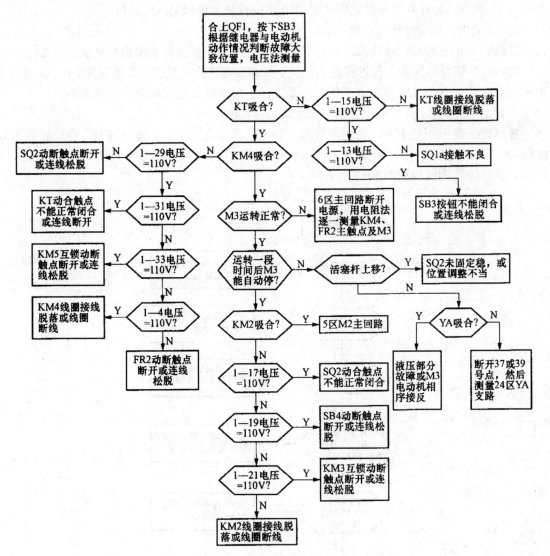

图 8-14　故障检测流程（2）

（3）摇臂升降后不能夹紧（或升降后没有夹紧过程）。

摇臂升降后的夹紧过程是自动进行的。若升降后摇臂没有夹紧动作过程，表明控制电路中接触器 KM5 支路（15 区）或 KM5 主电路有故障；摇臂夹紧动作的结束是由位置开关 SQ3 被活塞杆压下来完成的。如果 SQ3 动作过早，尚未充分将摇臂夹紧就切断了 KM5 线圈支路，使 M3 停转。

排除故障时，首先判断松开 SB3（或 SB4）1～3s 后 KM5、液压泵 M3 是否动作；然后打开侧壁龛箱盖判断是液压系统故障（如活塞杆阀芯卡死或油路堵塞造成的夹紧力不够），还是电气方面 SQ3 动作距离不当或 SQ3 固定螺钉松动故障。

（4）摇臂升降后夹紧过度（液压泵 M3 一直运转）。

摇臂升降完毕，自动夹紧过程不停，表明位置开关没有正常动作。打开侧壁龛箱盖，观察活塞杆是否将 SQ3 压下。如果已被压下，说明 SQ3 动断触点短接，或时间继电器 KT1 瞬时闭合延时断开触点粘连。若未被压下，通过调整板调整 SQ3 位置或固定松动了的螺钉，使 SQ3 正常。

（5）立柱与主轴箱不能夹紧与松开。

应先检查 FR2 动断触点及其连线是否松脱、SB5（SB6）接线是否良好。若接触器 KM4、KM5 动作正常，M3 运转正常，表明电气线路工作正常，故障在液压、机械部分（油路堵塞）。

提示：液压泵电动机 M3 的相序不能接错，否则夹紧装置该夹紧时反而松开，该松开时反而夹紧，摇臂不能升降。可通过按下立柱与主轴箱的松开按钮 SB5 后，主轴箱与摇臂的夹紧或放松状态、指示灯指示情况判断。

8.3.5　任务考核

任务考核按照表 8-11 进行。

表 8-11　评分标准

序号	考核项目及考核点	分值	考核标准	考核方式	占总分比例
1	机床操作	20	按运动过程和控制要求进行操作，每错一步扣 5 分	实操	20%
2	故障分析	20	（1）标不出故障线段或错标在故障回路以外，每个故障点扣 10 分 （2）不能标出最小故障范围，每个故障点扣 5～10 分	实操	20%
3	排除故障	40	（1）停电不验电扣 5 分 （2）测量仪器和工具使用不正确，每次扣 5 分 （3）排除故障的方法不正确扣 10 分 （4）损坏电器元件，每个扣 20 分 （5）不能排除故障点，每个扣 20 分 （6）扩大故障范围或产生新的故障，每个扣 30 分	实操	40%
4	安全文明生产	10	违反安全文明生产规程扣 5～40 分	实操	10%
5	平时表现	10	违反校纪校规扣 5～20 分	考勤	10%
6	备注		除定额时间外，各项目的最高分不应超过配分　　成绩		

以下故障人为在 Z3040 型摇臂钻床或 Z3040 型摇臂钻床模拟电气控制台上设置，然后由学生排查检修。

（1）M4 启动后缺一相。

（2）M1 启动后缺一相。

（3）除冷却泵电机可正常运转外，其余电机及控制回路均失效。

（4）摇臂上升时电机缺一相。

（5）M3 液压松紧电机缺一相。

（6）除照灯外，其他控制全部失效。

（7）QF1 不能吸合。

（8）按摇臂上升时液压松开无效，且 KT1 线圈不得电。

（9）摇臂升降控制，液压松紧控制，立柱与主轴箱控制失效。

（10）液压松开正常，摇臂上升失效。

（11）摇臂下降控制、液压松紧控制、立柱与主轴箱控制失效，KT1 线圈能得电。

（12）摇臂液压松开失效；立柱和主轴箱的松开也失效。

（13）液压夹紧控制失效。

（14）摇臂升降操作后，液压夹紧失效、立柱与主轴箱控制失效。

（15）摇臂升降操作后，液压自动夹紧失效。

（16）立柱和主轴箱的液压松开和夹紧操作均失效

任务 8.4　磨床电气控制线路分析及故障检修

8.4.1　任务目标

（1）了解磨床的主要运动形式。

（2）了解磨床的实际应用。

（3）掌握磨床的结构形式、工作原理及分析方法。

（4）学会故障分析方法及故障的检测流程。

（5）能对普通磨床进行操作和电气线路故障检修。

8.4.2　任务内容

（1）学习磨床的基本结构、运动形式及拖动特点与控制要求。

（2）识读并分析磨床电路的工作原理。

（3）完成 M7120 型平面磨床线路故障的检测与排除。

8.4.3　相关知识

磨床电气控制线路

磨床是用砂轮的周边或端面对工件的表面进行机械加工的一种精密机床。磨床的种类很多，根据用途不同可分为平面磨床、内圆磨床、外圆磨床、无心磨床以及螺纹磨床、球面磨床、齿轮磨床、导轨磨床等专用机车。其中尤以平面磨床的应用最为普遍。

本节以 M7120 型平面磨床为例分析磨床电气控制线路的构成、原理。

M7120 型平面磨床的电气控制线路可分为主电路、控制电路、电磁工作台控制电路及照明与指示灯电路四部分，如图 8-15 所示。

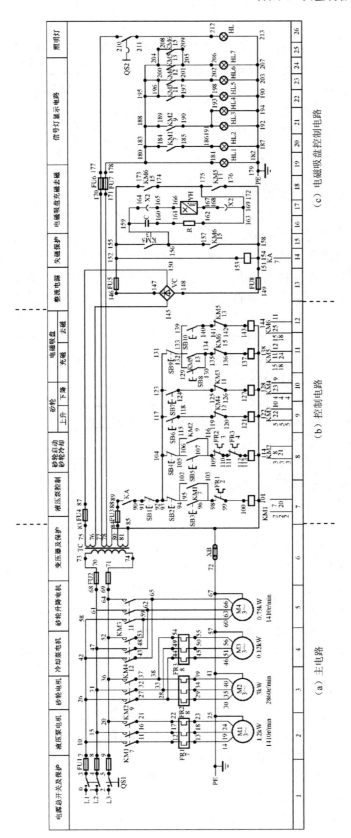

图 8-15 M7120 平面磨床电路

1．主电路分析

主电路中共有四台电动机，如图 8-15（a）所示，其中 M1 是液压泵电动机，实现工作台的往复运动；M2 是砂轮电动机，带动砂轮转动来完成磨削加工工件；M3 是冷却泵电动机；它们只要求单向旋转，分别用接触器 KM1、KM2 控制。冷却泵电机 M3 只是在砂轮电机 M2 运转后才能运转。M4 是砂轮升降电动机，用于磨削过程中调整砂轮和工件之间的位置。

M1、M2、M3 是长期工作的，所以都装有过载保护。M4 是短期工作的，不设过载保护。四台电动机共用一组熔断器 FU1 作短路保护。

2．控制电路分析

图 8-15（b）是 M7120 平面磨床控制电路。

（1）液压泵电动机 M1 的控制。

合上总开关 QS1 后，整流变压器一个副边输出 130 伏交流电压，经桥式整流器 VC 整流后得到直流电压，使电压继电器 KA 获电动作，其常开触头（7 区）闭合，为启动电机做好准备。如果 KA 不能可靠动作，各电机均无法运行。因为平面磨床的工件靠直流电磁吸盘的吸力将工件吸牢在工作台上，只有具备可靠的直流电压后，才允许启动砂轮和液压系统，以保证安全。

当 KA 吸合后，按下启动按钮 SB3，接触器 KM1 通电吸合并自锁，工作台电机 M1 启动运转，HL2 灯亮。若按下停止按钮 SB2，接触器 KM1 线圈断电释放，电动机 M1 断电停转。

（2）砂轮电动机 M2 及冷却泵电机 M3 的控制。

按下启动按钮 SB5，接触器 KM2 线圈获电动作，砂轮电动机 M2 启动运转。由于冷却泵电动机 M3 与 M2 联动控制，所以 M3 与 M2 同时启动运转。按下停止按钮 SB4 时，接触器 KM2 线圈断电释放，M2 与 M3 同时断电停转。

两台电动机的热断电器 FR2 和 FR3 的常闭触头都串联在 KM2 中，只要有一台电动机过载，就使 KM2 失电。因冷却液循环使用，经常混有污垢杂质，很容易引起电动机 M3 过载，故用热继电器 FR3 进行过载保护。

（3）砂轮升降电动机 M4 的控制。

砂轮升降电动机只有在调整工件和砂轮之间位置时使用，所以用点动控制。当按下点动按钮 SB6，接触器 KM3 线圈获电吸合，电动机 M4 启动正转，砂轮上升。到达所需位置时，松开 SB6，KM3 线圈断电释放，电动机 M4 停转，砂轮停止上升。

按下点动按钮 SB7，接触器 KM4 线圈获电吸合，电动机 M4 启动反转，砂轮下降。到达所需位置时，松开 SB7，KM4 线圈断电释放，电动机 M4 停转，砂轮停止下降。

为了防止电动机 M4 的正、反转线路同时接通，故在对方线路中串入接触器 KM4 和 KM3 的常闭触头进行联锁控制。

3．电磁吸盘控制电路分析

电磁吸盘是固定加工工件的一种夹具。利用通电导体在铁心中产生的磁场吸牢铁磁材料的工件，以便加工。它与机械夹具比较，具有夹紧迅速，不损伤工件，一次能吸牢若干个小工件，以及工件发热可以自由伸缩等优点。因而电磁吸盘在平面磨床上用得十分广泛。

电磁吸盘的控制电路包括整流装置、控制装置和保护装置三个部分，如图 8-15（c）所示。

整流装置由变压器 TC 和单相桥式全波整流器 VC 组成，供给 120V 直流电源。

控制装置由按钮 SB8、SB9、SB10 和接触器 KM5、KM6 等组成。

充磁过程如下：

按下充磁按钮 SB8，接触器 KM5 线圈获电吸合，KM5 主触头（15、18 区）闭合，电磁吸盘 YH 线圈获电，工作台充磁吸住工件。同时其自锁触头闭合，联锁触头断开。

磨削加工完毕，在取下加工好的工件时，先按 SB9，切断电磁吸盘 YH 的直流电源。由于吸盘和工件都有剩磁，所以需要对吸盘和工件进行去磁。

去磁过程如下：

按下点动按钮 SB10，接触器 KM6 线圈获电吸合，KM6 的两副主触头（15、18 区）闭合，电磁吸盘通入反相直流电，使工作台和工件去磁。去磁时，为防止因时间过长使工作台反向磁化，再次吸住工件，因而接触器 KM6 采用点动控制。

保护装置由放电电阻 R 和电容 C 以及零压继电器 KA 组成。电阻 R 和电容 C 的作用是：电磁吸盘是一个大电感，在充磁吸工件时，存贮有大量磁场能量。当它脱离电源时的一瞬间，吸盘 YH 的两端产生较大的自感电动势，会使线圈和其他电器损坏，故用电阻和电容组成放电回路。利用电容 C 两端的电压不能突变的特点，使电磁吸盘线圈两端电压变化趋于缓慢，利用电阻 R 消耗电磁能量。如果参数选配得当，此时 R-L-C 电路可以组成一个衰减振荡电路，对去磁将是十分有利的。零压继电器 KA 的作用是：在加工过程中，若电源电压不足，则电磁吸盘将吸不牢工件，会导致工件被砂轮打出，造成严重事故。因此，在电路中设置了零压继电器 KA，将其线圈并联在直流电源上，其常开触头（7 区）串联在液压泵电机和砂轮电机的控制电路中。若电磁吸盘吸不牢工件，KA 就会释放，使液压泵电机和砂轮电机停转，保证了安全。

4．照明和指示灯电路分析

图中 EL 为照明灯，其工作电压为 36V，由变压器 TC 供给。QS2 为照明开关。

HL1、HL2、HL3、HL4 和 HL5 为指示灯，其工作电压为 6.3V，也由变压器 TC 供给，五个指示灯的作用是：

HL1 亮，表示控制电路的电源正常；不亮，表示电源有故障。

HL2 亮，表示工作台电动机 M1 处于运转状态，工作台正在进行往复运动；不亮，表示 M1 停转。

HL3、HL4 亮，表示砂轮电动机 M2 及冷却泵电动机 M3 处于运转状态；不亮，表示 M2、M3 停转。

HL5 亮，表示砂轮升降电动机 M4 处于上升工作状态；不亮，表示 M4 停转。

HL6 亮，表示砂轮升降电动机 M4 处于下降工作状态；不亮，表示 M4 停转。

HL7 亮，表示电磁吸盘 YH 处于工作状态（充磁和去磁）；不亮，表示电磁吸盘未工作。

8.4.4　任务实施

M7130 型平面磨床电气控制电路检修

1．目的要求

（1）掌握 M7130 型平面磨床的线路布置情况，了解运动形式，分析电路工作原理。

（2）正确掌握操作方法、故障分析及检修方法。

2．工具、仪表及器材

（1）工具：测电笔、螺钉旋具、尖嘴钳、斜口钳、剥线钳、电工刀等。

（2）仪表：兆欧表、钳形电流表、万用表。

（3）机床：M7130 型平面磨床或 M7130 型平面磨床模拟电气控制台。

3．常见电气故障分析及检修

（1）电磁吸盘无吸力，若照明灯 HL 正常工作而电磁吸盘无吸力，故障检修流程如图 8-16 所示。

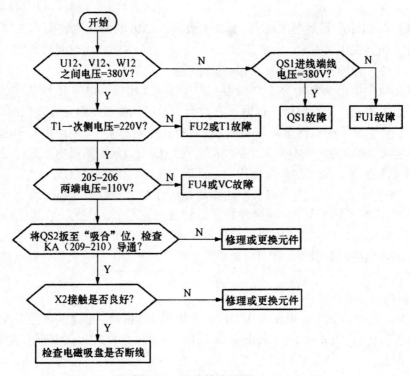

图 8-16　故障检修流程（1）

提示：在故障测量时，对于同一个线号至少有两个相关接线连接点，应根据电路逐一测量，判断是属于连接点处故障还是同一线号两接线点之间的导线故障。另外，吸盘控制电路还有其他元件，应根据电路测量各点电压，判断故障位置，进行修理或更换。

（2）砂轮电动机的热继电器 FR2 经常脱扣，故障检修电路如图 8-17 所示。

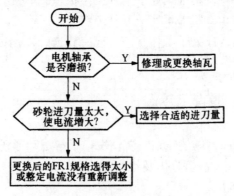

图 8-17　故障检修流程（2）

砂轮电动机 M2 为装入式电动机，它的前轴承是铜瓦，易磨损。前轴承磨损后易发生堵转现象，使电流增大，导致热继电器脱扣。

（3）三台电动机都不能起动，故障检测程序如图 8-18 所示。

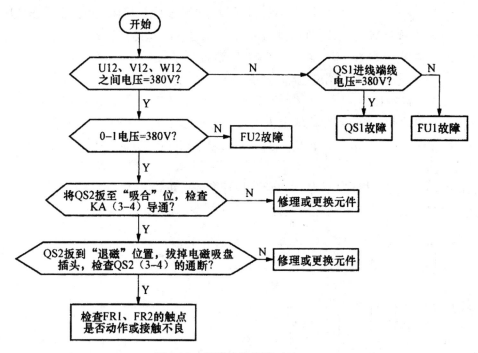

图 8-18　故障检修流程（3）

提示： 控制电路的故障检测尽量采用电压法，当故障测量检测到故障点后应断开电源再排除。

（4）电磁吸盘退磁不充分，使工件取下困难，故障检修流程图如图 8-19 所示。

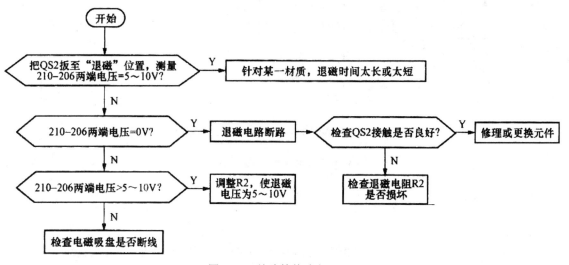

图 8-19　故障检修流程（4）

提示： 对于不同材质的工件，所需的退磁时间不同，注意掌握好退磁时间。

（5）工作台不能往复运动，液压泵电动机 M1 未工作，工作台不能做往复运动；当液压泵电动机运转正常，电动机旋转方向正确，而工作台不能往复运动时，故障在液压传动部分。

（6）电磁吸盘吸力不足，引起这种故障的原因是电磁吸盘损坏或整流器输出电压不正常。

M7130 型平面磨床电磁吸盘的电源电压由整流器 VC 供给。空载时，整流器直流输出电压应为 130～140V，负载时不应低于 110V。若整流器空载输出电压正常，带负载时电压远低于 110V，则表明电磁吸盘线圈已短路，一般需要更换电磁吸盘线圈。

电磁吸盘电源电压不正常，大多是因为整流元件短路或断路造成的，应检查整流器 VC 的交流侧电压及直流侧电压。若交流侧电压正常，直流输出电压不正常，则表明整流器发生元件短路或断路故障，可用万用表测量整流器的输出及输入电压，判断出故障部位，查出故障元件，进行更换或修理即可。

在直流输出回路中加装熔断器，可避免损坏整流二极管。

整个检修请参考图 8-20 原理图进行。

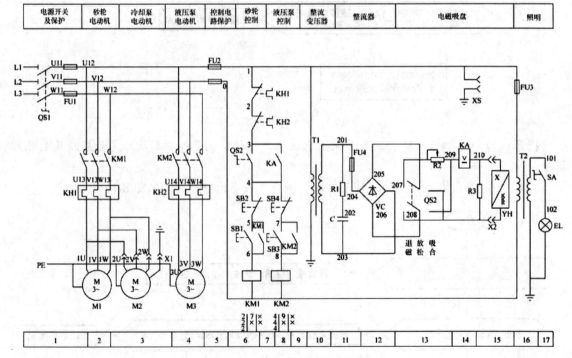

图 8-20　M7130 平面磨床电路图

8.4.5　任务考核

任务考核按照表 8-12 进行。

以下故障人为在 M7120 型平面磨床或 M7120 型平面磨床模拟电气控制台上设置，然后由学生排查检修。

表 8-12　评分标准

序号	考核项目及考核点	分值	考核标准	考核方式	占总分比例
1	机床操作	20	按运动过程和控制要求进行操作，每错一步扣 5 分	实操	20%
2	故障分析	20	（1）标不出故障线段或错标在故障回路以外，每个故障点扣 10 分 （2）不能标出最小故障范围，每个故障点扣 5～10 分	实操	20%
3	排除故障	40	（1）停电不验电扣 5 分 （2）测量仪器和工具使用不正确，每次扣 5 分 （3）排除故障的方法不正确扣 10 分 （4）损坏电器元件，每个扣 20 分 （5）不能排除故障点，每个扣 20 分 （6）扩大故障范围或产生新的故障，每个扣 30 分	实操	40%
4	安全文明生产	10	违反安全文明生产规程扣 5～40 分	实操	10%
5	平时表现	10	违反校纪校规扣 5～20 分	考勤	10%
6	备注		除定额时间外，各项目的最高分不应超过配分	成绩	

（1）液压泵电动机缺一相。

（2）砂轮电动机、冷却泵电动机均缺一相（同一相）。

（3）砂轮电动机缺一相。

（4）砂轮下降电动机缺一相。

（5）控制变压器缺一相，控制回路失效。

（6）控制回路失效。

（7）液压泵电机不启动。

（8）KA 继电器不动作，液压泵、砂轮冷却、砂轮升降、电磁吸盘均不能启动。

（9）砂轮上升失效。

（10）电磁吸盘充磁和去磁失效。

（11）电磁吸盘不能充磁。

（12）电磁吸盘不能去磁。

（13）整流电路中无直流电，KA 继电器不动作。

（14）照明灯不亮。

任务 8.5　镗床电气控制线路分析及故障检修

8.5.1　任务目标

（1）了解镗床的主要运动形式。

（2）了解镗床的实际应用。

（3）掌握镗床的结构形式、工作原理及分析方法。

（4）学会故障分析方法及故障的检测流程。

（5）能对普通镗床进行操作和电气线路故障检修。

8.5.2　任务内容

（1）学习镗床的基本结构、运动形式及拖动特点与控制要求。

（2）识读并分析磨床电路的工作原理。

（3）完成 T68 型卧式镗床线路故障的检测与排除。

8.5.3　相关知识

镗床电气控制线路

镗床是一种精密加工机床，主要用于加工精确的孔和孔间距离要求较为精确的零件。按不同用途，镗床可分为卧式镗床、立式镗床、坐标镗床和专用镗床。生产中应用较广泛的有卧式镗床，它的镗刀主轴水平放置，是一种多用途的金属切削机车，不但能完成钻孔、镗孔等加工，而且能切削端面、内圆、外圆及铣平面等。下面以 T68 型卧式镗床为例进行分析。

T68 型卧式镗床的型号意义如下：

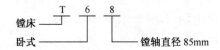

1．主要结构和运动形式

T68 型卧式镗床主要由床身、前立柱、镗头架、工作台、后立柱和尾架等部分组成。其结构如图 8-21 所示。

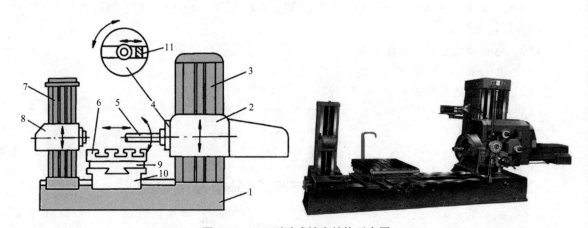

图 8-21　T68 型卧式镗床结构示意图

1—床身；2—镗头架；3—前立柱；4—平旋盘；5—镗轴；

6—工作台；7—后立柱；8—尾座；9—上溜板；10—平溜板；11—刀具溜板

床身是一个整体的铸件，在它的一端固定有前立柱，在前立柱的垂直导轨上装有镗头架，镗头架可沿导轨上下移动。镗头架里集中地装有主轴部分、变速箱、进给箱与操纵机构等部件。切削刀具固定在镗轴前的锥形孔里，或装在花盘上的刀具溜板上。在工作过程中，镗轴一面旋转，一面沿轴向作进给运动。而花盘只能旋转，装在其上的刀具溜板则可作垂直于主轴轴线方向的径向进给运动。镗轴和花盘主轴是通过单独的传动链传动，因此它们可以独立转动。

后立柱的尾架用来支持装夹在镗轴上的镗杆末端，它与镗头架同时升降，保证两者的轴心始终在同一直线上。后立柱可沿着床身导轨在镗轴的轴线方向调整位置。

安装工件用的工作台安置在床身中的导轨上，它由下溜板、上溜板和可转动的工作台组成。工作台可在平行于（纵向）与垂直于（横向）镗轴的轴线方向移动。

T68 型卧式镗床的运动形式有：

（1）主运动：镗轴和花盘的旋转运动。

（2）进给运动：镗轴的轴向运动，花盘刀具溜板的径向运动，工作台的横向运动，工作台的纵向运动和镗头架的垂直运动。

（3）辅助运动：工作台的旋转运动、后立柱的水平移动和尾架的垂直运动及各部分的快速移动。

2．电气控制特点

镗床的工艺范围广，因而它的调速范围大，运动多，其电气控制特点是：

（1）为适应各种工件加工工艺的要求，主轴应在较大范围内调速，多采用交流电动机驱动的滑移齿轮变速系统。目前国内有采用单电机拖动的，也有采用双速或三速电动机拖动的。后者可精简机械传动机构。由于镗床主拖动要求恒功率拖动，所以采用△－YY 双速电动机。

（2）由于采用滑移齿轮变速，为防止顶齿现象，要求主轴系统变速时作低速断续冲动。

（3）为适应加工过程中调整的需要，要求主轴可以正、反点动调整，这是通过主轴电动机低速点动来实现的。同时还要求主轴可以正、反旋转，这是通过主轴电动机的正、反转来实现的。

（4）主轴电动机低速时可以直接启动，在高速时控制电路要保证先接通低速，经延时再接通高速，以减小启动电流。

（5）主轴要求快速而准确地制动，所以必须采用效果好的停车制动。T68 型卧式镗床常采用反接制动（也可采用电磁铁制动）。

（6）由于进给部件多，快速进给用另一台电动机拖动。

3．电气控制线路分析（见图 8-22）

主电路分析：

T68 型卧式镗床共由两台三相异步电动机驱动，即主轴与进给电动机 M1 和快速移动电动机 M2。熔断器 FU1 作电路总短路保护，FU2 作快速移动电动机和控制电路的短路保护。M1 设置热继电器作过载保护，M2 是短期工作，所以不设置热继电器作过载保护。M1 用接触器 KM1 和 KM2 控制正反转，接触器 KM3、KM4 和 KM5 作△－YY 变速切换。M2 用接触器 KM6 和 KM7 控制正反转。

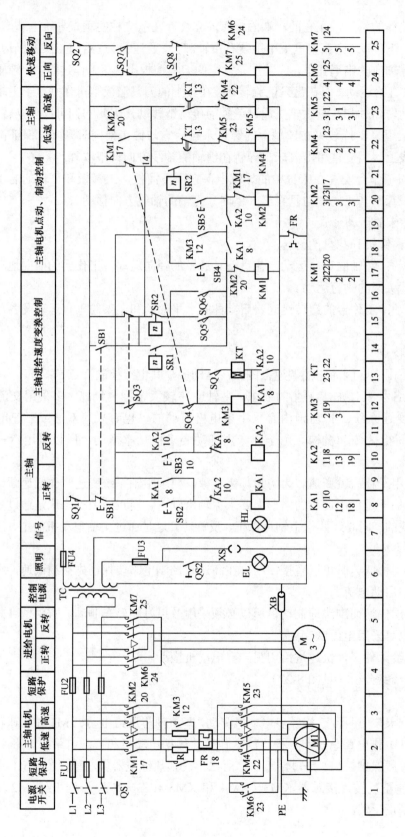

图 8-22　T68 型卧式镗床点电气控制线路

控制电路分析：

（1）主轴电动机 M1 的控制。

1）主轴电动机 M1 的正反转控制。按下正转启动按钮 SB2，中间继电器 KA1 线圈获电吸合，KA1 的常开触头（12 区）闭合，接触器 KM3 线圈得电（此时位置开关 SQ3 和 SQ4 已被操纵手柄压合），KM3 主触头闭合，将制动电阻 R 短接。而 KM3 的常开辅助触头（19 区）闭合，接触器 KM1 线圈得电吸合，KM1 主触头闭合，接通电源。KM1 的常开辅助触头（22 区）闭合，接触器 KM4 线圈得电吸合，KM4 主触头闭合，电动机 M1 接成△正向启动，空载转速 1500r/min。

反转时只需按下反转启动按钮 SB3，动作原理同上，所不同的是中间继电器 KA2 和接触器 KM2 得电吸合。

2）主轴电动机 M1 的点动控制。按下正转点动按钮 SB4，接触器 KM1 线圈得电吸合，KM1 的常开辅助触头（22 区）闭合，接触器 KM4 线圈得电吸合。这样 KM1 和 KM4 的主触头闭合，使电动机 M1 接成△形并串接电阻 R 点动。

同理，按下反转点动按钮 SB5，接触器 KM2 和 KM4 线圈得电吸合，电动机 M1 反向点动。

3）主轴电动机 M1 的停车制动。假设电动机 M1 正转，当速度达到 120r/min 以上时，速度继电器 SR2 常开触头闭合，为停车制动做好准备。若要电动机 M1 停车，就按下 SB1，则中间继电器 KA1 和接触器 KM3 断电释放。KM3 的常开辅助触头（19 区）断开，接触器 KM1 线圈断电释放，接触器 KM4 线圈也断电释放，由于 KM1 和 KM4 的主触头断开，电动机 M1 断电作惯性运转。紧接着，接触器 KM2 和 KM4 线圈得电吸合，KM2 和 KM4 的主触头闭合，电动机 M1 串接电阻 R 反接制动。当转速降至 120r/min 以下时，速度继电器 SR2 常开触头（21 区）断开，接触器 KM2 和 KM4 线圈断电释放，停车反接制动结束。

如果电动机 M1 反转，当速度达到 120r/min 以上时，速度继电器 SR1 常开触头闭合，为停车制动做好准备。以后的动作过程与正转制动时相似，读者自行分析。

4）主轴电动机 M1 的高、低速控制。若选择电动机 M1 在低速（△接法）运行，可通过变速手柄使变速行程开关 SQ（13 区）处于断开位置，相应的时间继电器 KT 线圈断电，接触器 KM5 也断电，电动机 M1 只能由接触器 KM4 接成△连接。

如果需要电动机在高速运行，应首先通过变速手柄使变速行程开关 SQ 压合，然后按正转启动按钮 SB2（或反转启动按钮 SB3），KA1 线圈（反转时应为 KA2 线圈）得电吸合，时间继电器 KT 和接触器 KM3 线圈同时得电吸合。由于 KT 两副触头延时动作，故 KM4 线圈先得电吸合，电动机 M1 接成△低速启动，以后 KT 的常闭触头（22 区）延时断开，KM4 线圈断电释放，KT 的常开触头（23 区）延时闭合，KM5 线圈得电吸合，电动机 M1 接成 YY 连接，以高速（空载时 3000r/min）运行。

5）主轴变速和进给变速控制。本机床主轴的各种速度是通过变速操纵盘以改变传动链的传动比来实现的。当主轴在工作过程中，如果要变速，可不必按停止按钮，也可直接进行变速。设电动机 M1 运行在正转状态，速度继电器 SR2 常开触头（21 区）早已闭合。将主轴变速操纵盘的操作手柄拉出，与变速手柄有机械联系的行程开关 SQ3 不再受压而断开，KM3 和 KM4 线圈先后断电释放，电动机 M1 断电。由于行程开关 SQ3 常闭触头（15 区）闭合，接触器 KM2 和 KM4 线圈得电吸合，电动机 M1 串接电阻 R 反接制动。等速度继电器 SR2 常开触头（21 区）断开，M1 停车，便可转动变速操纵盘进行变速。变速后，将变速手柄推回原位，SQ3 重新压合，接触器 KM3、KM1 和 KM4 线圈得电吸合，电动机 M1 启动，主轴以新选定的速度转动。

变速时，若因齿轮卡住手柄推不上时，此时变速冲动行程开关 SQ6 被压下，速度继电器的 SR2 常闭触头（15 区）已恢复闭合，接触器 KM1 线圈得电吸合，电动机 M1 启动。当速度高于 120r/min 时，SR2 常闭触头（15 区）又断开，接触器 KM1 线圈断电释放，电动机 M1 又断电，当转速降至 120r/min 以下时，速度继电器的 SR2 常闭触头（15 区）又闭合了，从而又接通低速旋转电路而重复上述过程。这样，主轴电动机 M1 间歇地启动和制动，使电机低速旋转，以便齿轮顺利啮合。直到齿轮啮合好，手柄推上后，压下行程开关 SQ3，松开 SQ6，将冲动电路切断。同时，由于 SQ3 常开触头（13 区）闭合，主轴电动机 M1 启动旋转，从而主轴获得所选定的转速。

进给变速的操作和控制与主轴变速的操作和控制相同。只是在进给变速时，拉出的操作手柄是进给变速操纵盘的手柄，与该手柄有机械联系的是行程开关 SQ4，进给变速冲动的行程开关是 SQ5。

（2）快速移动电动机 M2 的控制。主轴的轴向进给、主轴箱（包括尾架）的垂直进给、工作台的纵向和横向进给等的快速移动，是由电动机 M2 通过齿轮、齿条等来完成的。快速手柄扳到正向快速位置时，压下行程开关 SQ8，接触器 KM6 线圈得电吸合，电动机 M2 正转启动，实现快速正向移动。将快速手柄扳到反向快速位置时，压下行程开关 SQ7，接触器 KM7 线圈得电吸合，电动机 M2 反向快速移动。

（3）联锁保护环节。为了防止在工作台或主轴箱自动快速进给时又将主轴进给手柄扳到自动快速进给的误操作，采用了与工作台和主轴箱进给手柄有机械联系的行程开关 SQ1（在工作台后面）。当上述手柄在工作台（或主轴箱）自动快速进给位置时，行程开关 SQ1 被压下断开。同样，在主轴箱上还装有另一个行程开关 SQ2，它与主轴进给手柄有机械联系，当这个手柄动作时，SQ2 被压下断开。电动机 M1 和 M2 必须在行程开关 SQ1 和 SQ2 中有一个处于闭合状态时才可以启动。如果工作台（或主轴箱）在自动快速进给（此时 SQ1 断开）时，再将主轴进给手柄扳到自动快速进给位置（此时 SQ2 也断开），电动机 M1 和 M2 便都自动停止，从而达到联锁保护的目的。

8.5.4　任务实施

T68 型卧式镗床电气控制电路检修

1. 目的要求

（1）掌握 T68 型卧式镗床的线路布置情况，了解运动形式，分析电路工作原理。

（2）正确掌握操作方法、故障分析及检修方法。

2. 工具、仪表及器材

（1）工具：测电笔、螺钉旋具、尖嘴钳、斜口钳、剥线钳、电工刀等。

（2）仪表：兆欧表、钳形电流表、万用表。

（3）机床：T68 型卧式镗床或 T68 型卧式镗床模拟电气控制台。

3. 常见电气故障分析及检修

T68 型卧式镗床常见电气故障的判断和处理方法与车床、铣床、磨床大致相同。但由于镗床的机械-电气联锁比较多，又采用了双速电动机，在运行中会出现一些特有的故障。下面把镗床常见电气故障的分析与排除归纳见表 8-13。

表 8-13　镗床常见电气故障的分析与排除

序号	故障现象	故障产生原因	故障排除方法
1	主轴电动机 M1 不能起动	主轴电动机 M1 是双速电动机，正、反转控制一般不可能同时损坏，故可能原因如下： (1) 熔断器 FU1、FU2、FU3 其中一个熔断器； (2) 工作台进给操作手柄、主轴进给操作手柄的位置不正确，压合行程开关 SQ1、SQ2 动作； (3) 热继电器 FR 动作，使电动机不能起动； (4) 主轴电动机损坏	(1) 更换相同规格和型号的熔丝； (2) 将两操作手柄置于正确的位置； (3) 将热继电器复位； (4) 修复或更换电动机
2	只有低速挡，没有高速挡	(1) 时间继电器 KT 不动作； (2) 行程开关 SQ 安装的位置移动； (3) SQ 触点接线脱落； (4) 接触器 KM5 损坏； (5) 接触器 KM4 常闭触点损坏	(1) 更换时间继电器； (2) 重新安装调整 SQ 的位置； (3) 重新接好线； (4) 更换相同规格的接触器； (5) 修复 KM4 的常闭触点
3	主轴变速手柄拉出后，主轴电动机不能冲动	(1) 若变速手柄拉出后，主轴电动机仍然以原来的转速和转向旋转，没有变速冲动，这是由于行程开关 SQ3 常闭触点因绝缘被击穿而无法断开造成的； (2) 若变速手柄拉出后，主轴电动机 M1 能反接制动，但到转速为零时，不能进行低速冲动，这往往是 SQ3、SQ5 安装不牢固，位置偏移，触点接触不良，使触点 SQ3-1、SQ5 常开触点不能闭合，或速度继电器 KS2 的常闭触点 KS2 不能闭合所致	(1) 更换 SQ3； (2) 重新安装调整 SQ3、SQ5 的位置或更换时间继电器
4	主轴电动机不能制动	(1) 速度继电器损坏，其正转常开触点和反转常开触点开始不能闭合； (2) 接触器 KM1 或 KM2 的常闭触点接触不良	(1) 更换速度继电器； (2) 修复接触器触点

8.5.5　任务考核

任务考核按照表 8-14 进行。

以下故障人为在 T68 型卧式镗床或 T68 型卧式镗床模拟电气控制台上设置，然后由学生排查检修。

（1）所有电机缺相，控制回路失效。

（2）主轴电机及工作台进给电机，无论正反转均缺相，控制回路正常。

（3）主轴正转缺一相。

（4）主轴正、反转均缺一相。

（5）主轴电机运转时，电磁铁不能吸合。

（6）主轴电机低速运转制动电磁铁 YB 不能动作。

（7）进给电机快速移动正转时缺一相。

表 8-14 评分标准

序号	考核项目及考核点	分值	考核标准	考核方式	占总分比例
1	机床操作	20	按运动过程和控制要求进行操作，每错一步扣 5 分	实操	20%
2	故障分析	20	（1）标不出故障线段或错标在故障回路以外，每个故障点扣 10 分 （2）不能标出最小故障范围，每个故障点扣 5～10 分	实操	20%
3	排除故障	40	（1）停电不验电扣 5 分 （2）测量仪器和工具使用不正确，每次扣 5 分 （3）排除故障的方法不正确扣 10 分 （4）损坏电器元件，每个扣 20 分 （5）不能排除故障点，每个扣 20 分 （6）扩大故障范围或产生新的故障，每个扣 30 分	实操	40%
4	安全文明生产	10	违反安全文明生产规程扣 5～40 分	实操	10%
5	平时表现	10	违反校纪校规扣 5～20 分	考勤	10%
6	备注		除定额时间外，各项目的最高分不应超过配分	成绩	

（8）进给电机无论正反转均缺一相。

（9）控制变压器缺一相，控制回路及照明回路均没电。

（10）主轴电机正转点动与启动均失效。

（11）控制回路全部失效。

（12）主轴电机反转点动与启动均失效。

（13）主轴电机的高低速运行及快速移动电机的快速移动均不可启动。

（14）主轴电机的低速不能启动，高速时，无低速的过渡。

（15）主轴电机的高速运行失效。

（16）快速移动电动机，无论正反转均失效。

任务 8.6　知识拓展：M7475B 型平面磨床电气控制线路分析及故障检修

8.6.1　任务目标

（1）了解 M7475B 型平面磨床的主要运动形式。

（2）了解 M7475B 型平面磨床的实际应用。

（3）掌握 M7475B 型平面磨床的结构形式、工作原理及分析方法。

（4）学会故障分析方法及故障的检测流程。

（5）能对 M7475B 型平面磨床进行操作和电气线路故障检修。

8.6.2　任务内容

（1）学习 M7475B 型平面磨床的基本结构、运动形式及拖动特点与控制要求。

（2）识读并分析磨床电路的工作原理。

（3）完成 M7475B 型平面磨床线路故障的检测与排除。

8.6.3　相关知识

M7475B 型平面磨床电气控制线路

M7475B 型平面磨床是立轴圆台面平面磨床，其型号意义如下：

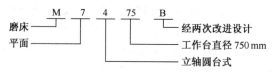

1. 主要结构及运动形式

M7475B 型平面磨床的外形结构如图 8-23 所示。它主要由床身、圆工作台、砂轮架、立柱等部分组成。它采用立式磨头，用砂轮的端面进行磨削加工，用电磁吸盘固定工件。

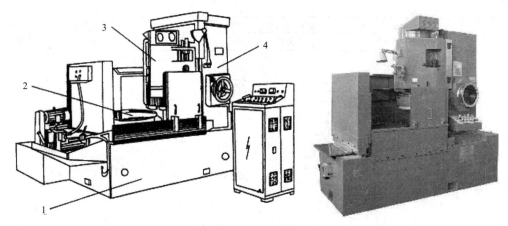

图 8-23　M7475B 型平面磨床

1—床身；2—工作台；3—砂轮架；4—立柱

M7475B 型平面磨床的主运动是砂轮电动机 M1 带动砂轮的旋转运动，进给运动是工作台转动电动机 M2 拖动圆工作台转动，辅助运动是工作台移动电动机 M3 带动工作台的左右移动和磨头升降电动机 M4 带动砂轮架沿立柱导轨的上下运动。

2. 电力拖动的特点及控制要求

（1）磨床的砂轮和工作台分别由单独的电动机拖动，5 台电动机都选用交流异步电动机，并且用继电器、接触器控制，属于纯电气控制。

（2）砂轮电动机 M1 只要求单方向旋转。由于容量较大，采用 Y—△降压启动以限制启动电流。

（3）工作台转动电动机 M2 选用双速异步电动机来实现工作台的高速和低速旋转，以简化传动机构。工作台低速转动时，电动机定子绕组接成△形，转速为 940r/min。工作台高速旋转时，电动机定子绕组接成双 Y 形，转速为 1440r/min。

（4）电磁吸盘的励磁、退磁采用电子线路控制。为了加工后能将工件取下，要求圆工作台的电磁吸盘在停止励磁后自动退磁。

（5）为保证磨床安全和电源不会被短路，该磨床在工作台转动与磨头下降、工作台快转与慢转、工作台左移与右移、磨床上升与下降的控制线路中都设有电气联锁，且在工作台的左、右移动和磨头上升控制中设有限位保护。

3．电气控制线路分析

M7475B 型平面磨床的电路如图 8-24 所示。线路分为主电路、控制电路、电磁吸盘控制电路、照明电路与指示灯电路四部分。

（1）主电路分析［见图 8-24（a）］。M7475B 型平面磨床的三相交流电源由低压断路器 QF 引入，主电路中共有 5 台电动机。M1 是砂轮电动机，由接触器 KM1、KM2 控制实现 Y－△降压启动，并由低压断路器 QF 兼做短路保护。M2 是工作台转动电动机，由接触器 KM3、KM4 控制其低速和高速运转，由熔断器 FU1 实现短路保护。M3 是工作台移动电动机，由接触器 KM5、KM6 控制其正反转，实现工作台左移与右移。M4 是磨头升降电动机，由接触器 KM7、KM8 控制其正反转。冷却泵电动机 M5 的启动和停止由接插器 X 和接触器 KM9 控制。5 台电动机均用热继电器作过载保护。M3、M4 和 M5 共用熔断器 FU2 实现短路保护。

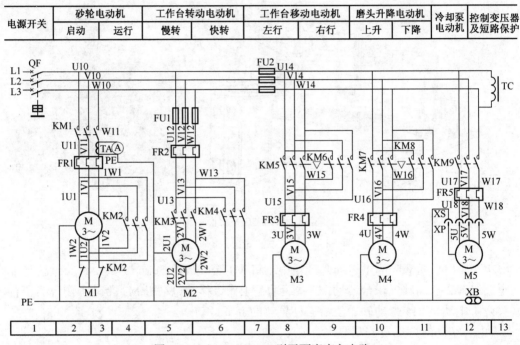

图 8-24（a）　M7475B 型平面磨床主电路

（2）控制电路分析［见图 8-24（b）］。控制电路由控制变压器 TC1 的一组抽头提供 220V 的交流电压，用熔断器 FU3 实现短路保护。

1）零压保护。磨床中的工作台转动电动机 M2 和冷却泵电动机 M5 的启动和停止采用无自动复位功能的开关操作，当电源电压消失后开关仍保持原状。为防止电压恢复时 M2、M5 自行启动，线路中设置了零压保护环节。在启动各电动机之前，必须先按下 SB2（14 区），零压保护继电器 KA1 得电自锁，其自锁常开触头接通控制电路电源。电路断电时，KA1 释放；当再恢复供电时，KA1 不会自行得电，从而实现零压保护。

2）砂轮电动机 M1 的控制。合上电源开关 QF（1 区），将工作台高、低速转换开关 SA1（23－25 区）置于零位，按下 SB2 使 KA1 通电吸合后，再按下启动按钮 SB3（16 区），KT 和 KM1 同时得电动作，KM1 的常闭辅助触头（19 区）断开对 KM2 联锁，KM1 的常开辅助触头（20 区）闭合自锁，其主触头（2 区）闭合使电动机 M1 的定子绕组接成 Y 形启动。

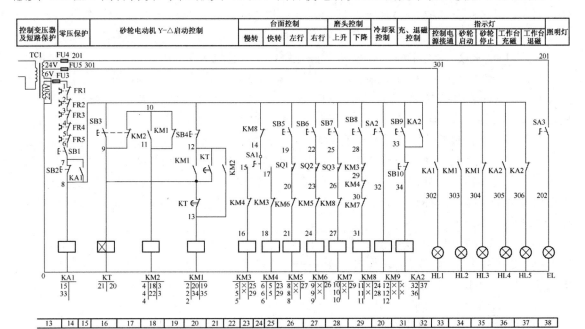

图 8-24（b）　M7475B 型平面磨床电气控制电路

经过延时，时间继电器 KT 延时断开的常闭触头（20 区）断开，KM1 断电释放，M1 失电作惯性运转。KM1 的常闭辅助触头（19 区）闭合，为 KM2 得电做准备。同时 KT 延时闭合的常开触头（21 区）闭合，接触器 KM2 得电动作并自锁，其主触头（4 区）闭合使电动机 M1 的定子绕组接成△形启动；而 KM2 的另一对常开辅助触头（22 区）闭合，KM1 重新得电动作，将电动机 M1 电源接通，使电动机 M1 的定子绕组接成△形进入正常运行状态。

该控制线路在电动机 M1 的定子绕组 Y－△转换过程中，要求 KM1 先断电释放，然后 KM2 得电吸合，接着 KM1 再得电吸合。其原因是接触器 KM2 的触头容量（40A）比 KM1（75A）小，且线路中用 KM2 的常闭辅助触头将电动机 M1 的定子绕组接成 Y 形，而辅助触头的断流能力又远小于主触头。因此，首先使 KM1 断电释放，切断电源，使 KM2 在触头没有通过电流的情况下动作，将电动机 M1 的定子绕组接成△形，再使 KM1 动作，重新将电动机 M1 电源接通。如果 KM1 不先断电释放而直接使 KM2 动作，则 KM2 的辅助触头要断开大电流，这可能会将触头烧坏。更严重的是，由于在断开大电流时要产生强烈的电弧，而辅助触头的灭弧能力又差，到 KM2 的主触头闭合时，它的辅助触头间的电弧可能尚未熄灭，从而将产生电源短路事故。

停车时，按下停止按钮 SB4（20 区），接触器 KM1、KM2 和时间继电器 KT 断电释放，砂轮电动机 M1 失电停转。

3）工作台转动电动机 M2 的控制。工作台转动电动机 M2 由转换开关 SA1 控制，有高速和低速两种旋转速度。将转换开关 SA1 扳到低速位置，接触器 KM3 得电吸合，电动机 M2 定子绕组接成△形低速运转，带动工作台低速转动。将转换开关 SA1 扳到高速位置，接触器 KM4 得电吸合，电动机 M2 定子绕组接成双 Y 形高速运转，带动工作台高速转动。将转换开关 SA1 扳到中间位置，接触器 KM3 和 KM4 均失电，电动机 M2 停止运转。

4）工作台移动电动机 M3 的控制。工作台移动电动机 M3 采用点动控制，分别由按钮 SB5

（26区）、SB6（27区）控制其正反转。按下SB5，KM5得电吸合，电动机M3正转，带动工作台向左移动；按下SB6，KM6得电吸合，电动机M3反转，带动工作台向右移动。工作台的左移和右移分别用位置开关SQ1和SQ2作限位保护。当工作台移动到极限位置时，压下位置开关SQ1或SQ2，断开KM5或KM6线圈电路，使电动机M3失电停转，工作台停止移动。

　　5）磨头升降电动机M4的控制。磨头升降电动机M4也采用点动控制。按下上升按钮SB7（28区），接触器KM7吸合，M4得电正转，拖动磨头向上运动。按下下降按钮SB8（29区），接触器KM8吸合，M4得电反转，拖动磨头向下运动。磨头的上升限位保护由位置开关SQ3实现。

　　在磨头的下降过程中，不允许工作台转动，否则发生机械事故。因此，在工作台转动控制线路中，串接磨头下降接触器KM8的常闭辅助触头（24区），当KM8吸合，磨头下降时，切断工作台转动控制线路。而在工作台转动时，不允许磨头下降，因此在磨头下降的控制线路中串接接触器KM3和KM4的常闭辅助触头（29区），使工作台转动时切断磨头下降的控制线路，实现电气联锁。

　　6）冷却泵电动机M5的控制。冷却泵电动机M5由接插器X和接触器KM9控制。当加工过程中需要冷却液时，将接插器X插好，然后将开关SA2（30区）接通，接触器KM9通电吸合，冷却泵电动机M5启动运转。断开SA2，KM9断电释放，电动机M5停转。

　　（3）电磁吸盘的控制［见图8-24（c）］。

　　1）M7475B型平面磨床在进行磨削加工时，需要工作台将工件牢牢吸住，这要求晶闸管整流电路给电磁吸盘提供较大的电流，使电磁吸盘具有强的磁性。

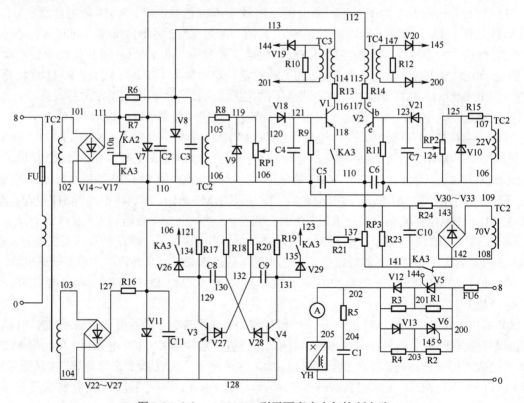

图8-24（c）　M7475B型平面磨床电气控制电路

按下励磁按钮 SB9（31 区），中间继电器 KA2 通电吸合并自锁，其常闭触头（110a－111 区）断开，继电器 KA3 断电释放，它的常开触头（110－118、121－134、123－135）断开，晶体管 V1 因发射极断开而不能工作，V3、V4 因输出端断开而不起作用，只有 V2 正常工作。

V2 是 PNP 型锗管，当它的发射极与基极间的电压 U_{EB} 大于 0.2V 时，V2 导通；U_{EB} 小于 0.2V 时，V2 截止。在 V2 的发射极、基极回路中有两个输入电压，一个是由 TC2（108－109）输入的 70V 交流电压经单相桥式整流、电容 C10 滤波后，从电位器 RP3 上获得的给定电压 U_{EA}；另一个是由同步变压器 TC2（106－107）22V 交流电压经电位器 RP2 取出通过二极管 V21 整流的电压 U_{BA}，即电阻 R11 两端的电压。在其正半周，正弦波电压被稳压管 V10 削成梯形波之后加在 RP2 上，并通过二极管 V21 给电容 C7 充电，使 C7 两端的电压逐渐上升。在其负半周，稳压管 V10 正向导通，它上面只有 0.7V 的管压降，从 RP2 上取出的电压不能使二极管 V21 导通，二极管 V21 截止，C7 对 R11 放电，C7 两端的电压又逐渐下降。这样在电阻 R11 两端出现锯齿波电压 U_{BA}，方向为 B 正 A 负。

从图中可看出，这两个电压的极性相反，给定电压 U_{EA} 的方向是使 V2 导通，而锯齿波电压 U_{BA} 的极性是使 V2 截止，两个电压经比较后作用于 V2 的发射极上，使 V2 处于两种工作状态。当给定电压超过锯齿波电压 0.2V 及以上时，V2 导通；否则 V2 截止。可见，一般情况下，当 U_{BA} 处于峰值及附近的较高电压值时 V2 截止；当 U_{BA} 处于较低值时，V2 导通。

在 V2 开始导通时，通过脉冲变压器 TC4 产生一个触发脉冲，经二极管 V20 送到晶闸管 V6 的控制极和阴极之间，使晶闸管 V6 触发导通，电磁吸盘 YH 通电。在交流电源的负半周，V6 的阳极电压改变极性，晶闸管 V6 截止。V2 在电源电压的每个周期内均导通一次，晶闸管也随着导通一次，在电磁吸盘中通过脉冲直流电压，其电压约为 100V。

调节电位器 RP3 可以改变给定电压 U_{EA} 的大小。给定电压大时，V2 导通时间提前，触发脉冲前移，晶闸管导通角增大，流过电磁吸盘的电流增大，工作台吸力增大。反之，工作台吸力减小。

2）电磁吸盘退磁控制。工件磨削完毕，要求工作台退磁，以便能容易地将工件取下。M7475B 型平面磨床的电磁吸盘只要按下励磁停止按钮 SB10（31 区），即可自动完成退磁过程。按下 SB10，KA2 断电，其常闭触头（110a－111）闭合，继电器 KA3 通电吸合，KA3 的常开触头（110－118、121－134、123－135）闭合，接通 V1 的发射极电路和 V3、V4 的输出电路；常闭触头（141－142）断开，切断给定电压的直流电源。C10 经过 R23 和 RP3 放电，给定电压 U_{EA} 逐渐下降。

KA3 动作后，三极管 V3 和 V4 组成的多谐振荡器开始工作。它是由 V3 和 V4 组成的两个放大器通过电容 C8 和 C9 相互耦合而成。V3 导通、V4 截止，两个晶体管不能同时维持导通状态，只能轮流导通。

假定在接通电源时，由于晶体管参数的差异使 V3 导通、V4 截止，则电源通过 V3 的发射极和基极对 C9 充电，在电容 C9 上建立电压 U_{C9}，另一方面通过 V3 的发射极和集电极对 C8 充电，充电速度由 R17 和 R18 的阻值决定。当电容 C8 上的电压达到一定值时，V4 导通。V4 导通后，电容 C9 上的电压使 V3 迅速截止。这时电源又通过 V4 对 C8 充电，电容 C9 则通过 R20 和 V4 而放电，电压 U_{C9} 逐渐下降，然后又被反向充电，充电到一定值时，V3 再次导通，而 V4 立即截止，这样产生自激振荡，使两个晶体管 V3 和 V4 轮流导通，V3 和 V4 的两个输出端轮流有电压输出。

V3 和 V4 的输出端分别与 V1 和 V2 的基极相连，V3 或 V4 导通时，其输出电压的极性与给定电压 U_{EA} 相反，使 V1 或 V2 趋向于截止。V3 和 V4 轮流导通有输出电压加到 V1 和 V2 的基极回路上，使 V1 和 V2 也轮流导通，通过脉冲变压器将触发脉冲分别加到晶闸管 V5 和 V6 的控制极上，使 V5 和 V6 轮流导通，通过 YH 的电流方向交替改变，其变化频率由多谐振荡器频率决定。

由于 C10 放电，给定电压 U_{EA} 逐渐减小，触发脉冲逐渐后移，晶闸管的导通角逐渐减小，所以加在 YH 上的正向电压和反向电压逐渐下降，最后趋向于零，从而达到退磁目的。

由于电磁吸盘是电感性负载，因而在其电路中并联大电容 C1 进行滤波，以减小电压脉冲成分。同时，采用 C1 后，晶闸管在一次侧导通时的过电流现象较严重，所以电路中采用了快速熔断器 FU6 作过电流保护。

8.6.4　任务实施

M7475B 型平面磨床电气控制线路的检修

1．目的要求

掌握 M7475B 型平面磨床电气控制线路的故障分析及检修方法。

2．工具、仪表及器材

（1）工具：测电笔、螺钉旋具、尖嘴钳、斜口钳、剥线钳、电工刀等。

（2）仪表：兆欧表、钳形电流表、万用表。

（3）器材：M7475B 型平面磨床电气控制线路［见图 8-24（b）］。

3．常见电气故障分析及检修

M7475B 型平面磨床电气控制线路中，继电器－接触器控制线路部分的故障分析与前面讨论的相类似，这里不再一一叙述。只对电磁吸盘励磁和退磁电路的常见故障举例进行分析。

（1）按下电磁吸盘按钮 SB9，熔断器 FU6 立即熔断。快速熔断器 FU6 熔体熔断的原因一般是由于 FU6 熔体规格选用过小、电容 C1 被击穿或电磁吸盘线圈短路等。根据上述原因，首先检查 FU6、C1，若都正常，则故障原因可能是电磁吸盘短路。如果故障点在 YH 线圈外部，可进行简单修复；若短路点在线圈内部，则须更换电磁吸盘线圈。

（2）电磁吸盘 YH 无吸力或吸力不足。若 YH 无吸力，应先检修电磁吸盘的交流电压是否正常和熔断器 FU6 的熔体是否完好，然后检查电磁吸盘两端直流电压是否正常。若直流电压正常，说明故障点在电磁吸盘 YH 及连接导线上。若无电压，说明故障在晶闸管整流及触发电路部分，可检查晶闸管 V6 的门极是否有触发信号电压。若触发信号电压正常，故障原因可能是 V6 损坏或给定电压极性接反。若没有触发信号，可依次检查从 RP3 上取得的给定电压、从 RP2 上取得的锯齿波电压、从稳压管上取得的晶体管 V2 的电源电压和 V2 的工作是否正常，直至找出故障。

如果电磁吸盘吸力不足，一般是由于触发脉冲延迟角过大，以致晶闸管导通角过小，造成输出电压过低。此时，一般可通过调整电位器 RP3 来解决，而不要随意调整电位器 RP2。以免吸盘退磁时由于电路不对称，使 V5、V6 的触发脉冲延迟角差异较大，引起退磁不彻底。

（3）电磁吸盘不能退磁。电磁吸盘能励磁而不能退磁，说明电磁吸盘线圈电路及励磁控制部分正常，故障在退磁控制部分，这时可依次检查继电器 KA3 是否能吸合，其常开触头是否闭合，多谐振荡电路是否正常工作，电容 C10 上残余电压是否符合要求等。如果以上检查均正常，可再检查三极管 V1、脉冲变压器 TC3 等部分的工作是否正常。另外，V1 和 V2 的锯齿波形成电路不对称造成两只晶闸管导通时间不相等，多谐振荡器工作频率过高等，都会造成电磁吸盘不能彻底退磁。可根据故障现象进行针对性的检查，找出故障点并排除。

在检查电子线路的故障时，通常应使用示波器，通过观察有关点的电压波形，尽快找出故障点。

4．检修步骤及工艺要求

（1）对 M7475B 型平面磨床进行操作，充分了解磨床的各种工作状态、各运动部件的运动形式及各操作手柄的作用。

（2）熟悉磨床各电器元件的安装位置及走线情况。

（3）在有故障的磨床上或人为设置故障的磨床上，由教师示范检修。

（4）教师设置让学生事先知道的故障点，指导学生如何从故障现象着手进行分析，逐步引导学生采用正确的检修步骤和检修方法排除故障。

（5）教师设置故障点，让学生检修。

5．注意事项

（1）熟悉 M7475B 型平面磨床电气控制线路的基本环节及控制要求，弄清有关电器元件的位置、作用及其相互连接导线的走向，认真观摩教师示范检修。

（2）检修所用工具、仪表应符合使用要求。使用示波器时，注意安全。

（3）排除故障时，必须修复故障点，但不得采用元件代换法。

（4）检修时，严禁扩大故障范围或产生新的故障。

（5）带电检修时，必须有指导教师监护，以确保安全。

8.6.5　任务考核

在技能训练内容中，每次设置一个故障，然后由学生排查检修，分析和排除故障时间为 30 分钟。任务考核按照表 8-15 进行。

表 8-15　评分标准

序号	考核项目及考核点	分值	考核标准	考核方式	占总分比例
1	机床操作	20	按运动过程和控制要求进行操作，每错一步扣 5 分	实操	20%
2	故障分析	20	（1）标不出故障线段或错标在故障回路以外，每个故障点扣 10 分 （2）不能标出最小故障范围，每个故障点扣 5～10 分	实操	20%
3	排除故障	40	（1）停电不验电扣 5 分 （2）测量仪器和工具使用不正确，每次扣 5 分 （3）排除故障的方法不正确扣 10 分 （4）损坏电器元件，每个扣 20 分 （5）不能排除故障点，每个扣 20 分 （6）扩大故障范围或产生新的故障，每个扣 30 分	实操	40%
4	安全文明生产	10	违反安全文明生产规程扣 5～40 分	实操	10%
5	平时表现	10	违反校纪校规扣 5～20 分	考勤	10%
6	备注		除定额时间外，各项目的最高分不应超过配分	成绩	

任务 8.7　知识拓展：桥式起重机电气控制线路分析及故障检修

8.7.1　任务目标

（1）了解桥式起重机的主要运动形式。
（2）了解桥式起重机的实际应用。
（3）掌握桥式起重机的结构形式、工作原理及分析方法。
（4）学会故障分析方法及故障的检测流程。
（5）能对桥式起重机进行操作和电气线路故障检修。

8.7.2　任务内容

（1）学习桥式起重机的基本结构、运动形式及拖动特点与控制要求。
（2）识读并分析桥式起重机电路的工作原理。
（3）完成 20/5t 桥式起重机线路故障的检测与排除。

8.7.3　相关知识

桥式起重机

起重机是一种专门用来起吊或放下重物，并使重物在短距离内水平移动的一种大型起重机械，其工作特点是：工作频繁，具有周期性和间歇性，要求工作可靠并确保安全。

1．起重机械概述

（1）起重机的用途和分类。起重机广泛应用于工矿企业、车站、港口、仓库、建筑工地等场所。按其结构可分为桥式起重机、门式起重机、塔式起重机、旋转起重机及缆索起重机等；按起吊的重量可分为小型 5～10t、中型 10～50t、重型 50t 以上三级，其中以桥式起重机的应用最为广泛并具有一定的代表性。

（2）桥式起重机的结构及运动情况。桥式起重机由桥架、装有提升机构的小车、大车运行机构及操纵室等几部分组成，其结构如图 8-25 所示。

1）桥架。桥架由主梁 9、端梁 7 等几部分组成。主梁跨架在车间上空，其两端连有端梁，主梁外侧装有走台并设有安全栏杆。桥架上装有大车拖动电动机 6、交流磁力控制盘 3、起吊机构和小车运行轨道以及辅助滑线架。桥架的一头装有驾驶室，另一头装有引入电源的主滑线。

2）大车移行机构。大车移行机构由驱动电动机、制动器、传动轴（减速器）和车轮等几部分组成。其驱动方式有集中驱动和分别驱动两种。整个起重机在大车移行机构驱动下，可沿车间长度方向前后移动。

3）小车运行机构。小车运行机构由小车架、小车移行机构和提升机构组成。小车架由钢板焊成，其上装有小车移行机构、提升机构、栏杆及提升限位开关。小车可沿桥架主梁上的轨道左右移行。在小车运动方向的两端装有缓冲器和限位开关；小车移行机构由电动机、减速器、卷筒、制动器等组成，电动机经减速后带动主轮使小车运动；提升机构由电动机、减速器、卷筒、制动器等组成，提升电动机通过制动轮、联轴节与减速器连接，减速器输出轴与起吊卷筒相连。

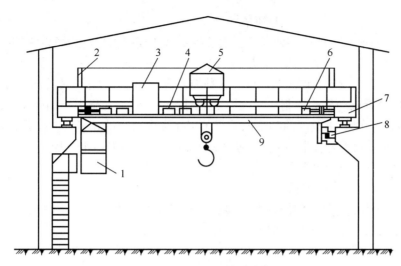

图 8-25　桥式起重机结构示意图

1-驾驶室；2-辅助滑线架；3-交流磁力控制盘；4-电阻箱；

5-起重小车；6-大车拖动电动机；7-端梁；8-主滑线；9-主梁

通过对桥式起重机的结构分析可知，其运动形式有由大车拖动电动机驱动的前后运动，由小车拖动电动机驱动的左右运动以及由提升电动机驱动重物的升降运动三种形式，每种运动都要求有极限位置保护。

（3）桥式起重机对电力拖动和电气控制的要求。起重机械的工作条件通常十分恶劣，而且工作环境变化大，大都是在粉尘大、高温、高湿度或室外露天场所等环境中使用，其工作负载属于重复短时工作制。由于起重机的工作性质是间歇的（时开时停，有时轻载，有时重载），要求电动机经常处于频繁启动、制动、反向工作状态，同时能承受较大的机械冲击，并有一定的调速要求。为此，专门设计了起重用的电动机，它分为交流和直流两大类，交流起重用异步电动机有绕线和笼型两种，一般在中小型起重机上用交流异步电动机，直流电动机一般用在大型起重机上。

为了提高起重机的生产率及可靠性，对其电力拖动和自动控制等方面都提出了很高的要求，主要要求是：

1）空钩能快速升降，以减少上升和下降时间，轻载的提升速度应大于额定负载的提升速度。

2）具有一定的高速范围。对于普通起重机调速范围一般为 3:1，而要求高的地方则要求达到 5:1～10:1。

3）在开始提升或重物接近预定位置附近时，都需要低速运行。因此应将速度分为几挡，以便灵活操作。

4）提升第一挡的作用是为了消除传动间隙，使钢丝绳张紧，为避免过大的机械冲击，这一挡的电动机的启动转矩不能过大，一般限制在额定传矩的一半以下。

5）在负载下降时，根据重物的大小，拖动电动机的转矩可以是电动转矩，也可以是制动转矩，两者之间的转换是自动进行的。

6）为确保安全，要采用电气与机械双重制动，既减小机械抱闸的磨损，又可防止突然断电而使重物自由下落造成设备和人身事故。

7）要有完备的电气保护与联锁环节。由于起重机的使用很广泛，所以它的控制设备已经标准化，根据拖动电动机容量的大小，常用的控制方式有两种。一种是采用凸轮控制器直接去控制电动机的起停、正反转、调速和制动。这种控制方式由于受到控制器触点容量的限制，故只适用于小容量起重电动机的控制。另一种是采用主令控制器与磁力控制屏配合的控制方式，适用于容量较大，调速要求较高的起重电动机和工作十分繁重的起重机。对于 15t 以上的桥式起重机，一般同时采用两种控制方式，主提升机构采用主令控制器配合控制屏控制的方式，而大车小车移动机构和副提升机构则采用凸轮控制器控制方式。

2．凸轮控制器控制电路分析

凸轮控制器控制电路具有线路简单、维护方便、价格便宜等优点，普遍用于中小型起重机的平移机构电动机和小型提升机构电动机的控制。

图 8-26 是采用 KT14－25J/1 与 KT14－60J/1 型凸轮控制器直接控制起重机平移或提升机构的起停、正反转、调速与制动的电路原理图。

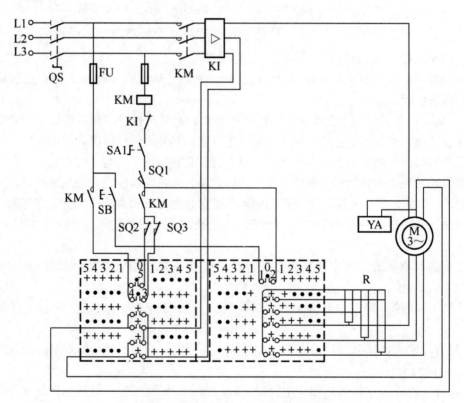

图 8-26 凸轮控制器控制起重机电路原理图

（1）电动机的工作特点。

本起重机械采用了三相交流绕线转子异步电动机作为提升机构的拖动电机，被控制的绕线转子异步电动机的转子串接了不对称电阻，有利于减少转子电阻的段数及控制触点的数目。提升重物时，控制器的第 1 挡为预备级，用于张紧钢丝绳，在 2、3、4、5 挡时提升速度逐渐提高。图 8-27 为凸轮控制器控制的电动机机械特性。

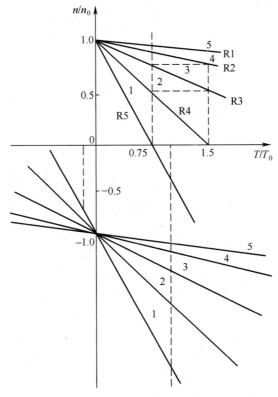

图 8-27　凸轮控制器控制电动机的机械特性

从特性曲线上工作点的变化，可以分析出其控制特点。

下放重物时，由于负载较重，电动机工作在发电制动状态，为此操作重物下降时应将控制器手柄从 0 位迅速扳至第 5 挡，中间不允许停留。往回操作时也应从下降第 5 挡快速扳至零位，以免引起重物的高速下落而造成事故。

对于轻载提升，第 1 挡为启动级，第 2、3、4、5 挡提升速度逐渐提高，但提升速度变化不大，下降时若吊物太轻而不足以克服摩擦转矩时，电动机工作在强力下降状态，即电磁转矩与重物重力矩方向一致。

从上述分析可知，该控制电路不能获得重载或轻载的低速下降。在下降操作中需要准确定位时（如装配中），可采用点动操作方式，即控制器手柄扳至下降第 1 挡后立即扳回零位，经多次点动，并配合电磁抱闸便能实现准确定位。

（2）控制电路分析。

1）主电路分析。QS1 为电源开关，KI1 为过电流继电器，用于过载保护，YA 为三相电磁制动抱闸的电磁铁。YA 断电时，在强力弹簧作用下制动器抱闸紧紧抱住电动机转轴进行制动。YA 通电时，电磁铁吸动抱闸使之松开，三相电动机由接触器 KM 进行启动和停止控制。电动机转子回路串联了几段三相不对称电阻，在控制器的不同控制位置，凸轮控制器控制转子各相电路接入不同的电阻，以得到不同的转速，实现一定范围的调速。

在电动机定子回路中，三相电源进线中有一相直接引入，其他两相经凸轮控制器控制，由图 8-26 可知，控制器手柄位于左边 1～5 挡与位于右边 1～5 挡的区别是两相电源互换，实现电动机电源相序的改变，达到正转与反转控制目的。电源制动器 YA 与电动机同时得电或失电，从而实现停电制动的目的。凸轮控制器操作手柄使电动机的定子和转子电路同时处在左边或右边对应各挡控制位置。左右两边 1～5 挡转子回路接线完全一样，当操作手柄处于第 1 挡时，由图 8-26 可知接转子的各对触点都不接通，转子电路电阻全部接入，电动机转速最低。而处在第 5 挡时，5 对触点全部接通，转子电路电阻全部短接，电动机转速提高。

由此可见，凸轮控制器的控制触点串联在电动机的定子、转子回路中，用来直接控制电动机的工作状态。

2）控制电路分析。凸轮控制器的另外三对触点串接在接触器 KM 的控制回路中，当操作手柄处于零位时，触点 1-2、3-4、4-5 接通，此时若按下 SB 则接触器得电吸合并自锁，电源接通，电动机的运行状态由凸轮控制器控制。

3）保护联锁环节分析。本控制电路有过电流、失电压、短路、安全门、极限位置及紧急操作等保护环节，其中主电路的过电流保护由串接在主电路中的过电流继电器 KI1 来实现，其控制触点串接在接触器 KM 的控制回路中，一旦发生过电流，KI1 动作，KM 释放而切断控制回路电源，起重机便停止工作。由接触器 KM 线圈和 0 位触点串联来实现失电压保护。操作中一旦断电，接触器释放，必须将操作手柄扳回零位，并重新按启动按钮方能工作。控制电路的短路保护是由 FU 实现的，串联在控制电路的 SA1、SQ1、SQ2 及 SQ3 分别是紧急操作、安全门开关及提升机构上极限位置与下极限位置保护行程开关。

3．主令控制器控制电路分析

由凸轮控制器组成的起重机控制电路虽然具有线路简单、操作维护方便、经济等优点，但受到触点容量的限制，调速性能也不够好，因此，常采用主令控制器与磁力控制屏相配合的控制方式。

图 8-28 是采用主令控制器与磁力控制屏相配合的控制电路。控制系统中只有尺寸较小的主令控制器安装在驾驶室，其余设备如控制屏、电阻箱、制动器等均安装在桥架上。

下面分析由 LK1-12/90 型主令控制器与 PQR10A 系列磁力控制屏组成的桥式起重机主提升机构和控制系统。

（1）主电路分析。

LK1-12/90 型主令控制器共有 12 对触点，提升、下降各有 6 个控制位置。通过 12 对触点的闭合与分断组合去控制定子电路与转子回路的接触器，决定电动机的工作状态（转向、转速等），使主钩上升、下降，高速及低速运行。

在图 8-28（a）中 QS1 为主电路的开关，KM0 与 KM1 为吊钩电动机正反转控制接触器（控制吊钩升降），YA 为三相制动电磁铁，KI1 为过电流保护继电器，电动机转子电路中共有 7 段对称连接的电阻，其中前 2 段为反接制动电阻，由接触器 KM3、KM4 控制，后 4 段为启动加速调速电阻，分别由接触器 KM5～KM8 控制；最后一段为固定的软化特性电阻，一直串接在转子电路中；当 KM3～KM8 依次闭合时，电动机的转子回路中串入的电阻依次减小，与主令控制器的各控制位置相对应的电动机的机构特性如图 8-29 所示。

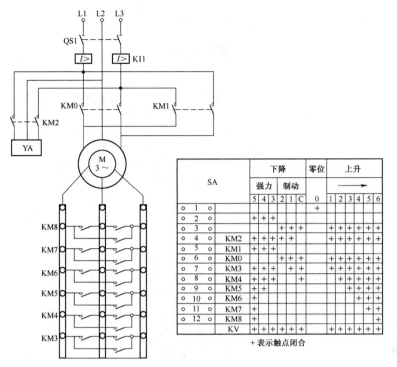

下表格内容：

SA		下降						零位	上升					
		强力		制动					→					
		5	4	3	2	1	C	0	1	2	3	4	5	6
○ 1 ○								+						
○ 2 ○		+	+	+										
○ 3 ○					+	+	+		+	+	+	+	+	+
○ 4 ○	KM2	+	+	+	+	+			+	+	+	+	+	+
○ 5 ○	KM1	+	+	+										
○ 6 ○	KM0				+	+	+		+	+	+	+	+	+
○ 7 ○	KM3	+	+	+		+	+		+	+	+	+	+	+
○ 8 ○	KM4	+	+	+			+		+	+	+	+	+	+
○ 9 ○	KM5	+	+							+	+	+	+	+
○ 10 ○	KM6	+									+	+	+	+
○ 11 ○	KM7	+											+	+
○ 12 ○	KM8	+												+
	KV	+	+	+	+	+	+		+	+	+	+	+	+

+ 表示触点闭合

图 8-28（a）主令控制器与磁力控制屏相配合的主电路

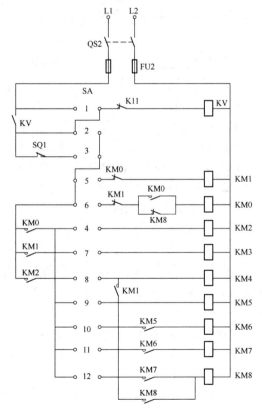

图 8-28（b）主令控制器与磁力控制屏相配合的控制电路

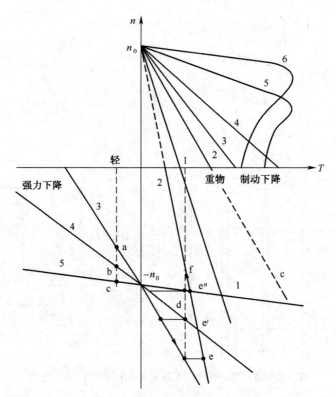

图 8-29　磁力控制屏控制的电动机的机械特性

（2）控制电路分析。

1）正转提升控制。先合上 QS1、QS2，主电路、控制电路上电。当主令控制器操作手柄置于零位时，SA－1（表示 SA 的第 1 对触点，以下类同）闭合，使电压继电器 KV 吸合并自锁，控制电路便处于准备工作状态。当控制手柄处于工作位置时，虽然 SA－1 断开，但不影响 KV 的吸合状态，但当电源断电后，却必须使控制手柄回到零位后才能再次启动，这就是零位保护作用。如图 8-28（a）（b）所示，正转提升有 6 个控制位置。当主令控制器操作手柄转到上升第 1 位时，SA－3、SA－4、SA－6、SA－7 闭合，接触器 KM0、KM2、KM3 得电吸合，电动机接上正转电源，制动电磁铁同时通电，松开电磁抱闸。由于转子电路中 KM3 的触点短接一段电阻，所以电动机是工作在第一象限特性曲线 1 上（见图 8-29），对应的电磁转矩较小，一般吊不起重物，只作张紧钢丝绳和消除齿轮间隙的预备启动级。

当控制手柄依次转到上升第 2、3、4、5、6 位时，控制器触点 SA－8～SA－12 相继闭合，依次使 KM4、KM5、KM6、KM7、KM8 通电吸合，对应的转子电路逐渐短接各段电阻，电动机的工作点从第 2 条特性向第 3、4、5 条并最终向第 6 条特性过渡，提升速度逐渐增加，可获得 5 种提升速度。

主令控制器手柄在提升位置时，SA－3 触点始终闭合，限位开关 SQ1 串入控制回路启动上升限位保护作用。当达到上升的上限时，所有接触器全部断电，电动机在制动电磁铁的作用下使重物停在空中。

2）下降操作控制。由图 8-28 知，下降控制也有 6 个位置，根据吊钩上负载的大小和控制要求，分三种情况。

C 位（第 1 挡）用于重物稳定停于空中或在空中作平移运动。由图可知，此时主令控制器的 SA－3、SA－6、SA－7、SA－8 闭合，使 KM0、KM3、KM4 通电吸合，电动机定于正向通电，转子短接两段电阻，产生一个提升转矩。此时 KM2 未通电，因此电磁抱闸对电动机起制动作用，此时电磁抱闸制动力矩加上电动机产生的提升转矩与吊钩上的重物力矩相平衡，使重物能安全停留在空中。

该操作挡的另一个作用是在下放重物时，控制手柄由下降任一位置扳回零位时，都要经过第 1 挡，这时既有电动机的倒拉反接制动，又有电磁抱闸的机械制动，在两者共同作用下，可以防止重物的溜钩，以实现准确停车。

下降 C 位电动机转子电阻与提升第 2 位相同，所以该挡机械特性为上升特性 2 及在第四象限的延伸。

下降第 1、2 位用于重物低速下降，操作手柄在下降第 1、2 位，SA－4 闭合，KM2 和 YA 通电，制动器松开，SA－8、SA－7 相继断开，KM4、KM3 相继断电释放，电动机转子电阻逐渐加入，使电动机产生的制动力矩减小，进而使电动机工作在不同速度的倒拉反接制动状态，获得两级重载下降速度，其机械特性如图 8-29 第四象限的 1、2 两种特性所示。

必须注意，只有在重物下降时，为获得低速才能用这两挡。倘若空钩或下放轻物时操作手柄置于第 1、2 位，非但不能下降，反而由于电动机产生的提升转矩大于负载转矩，还会上升，此时应立即将手柄推至强力下降控制位置。为防止误操作而产生空钩或轻载在第 1、2 位不下降，反而上升超过上极限位置，因而操作手柄在下降第 1、2 位置时 SA－3 闭合，将上升限位保护限位开关 SQ1 串入控制回路，以实现上升极限位置保护作用。

下降第 3、4、5 位为强力下降。当操作手柄在下降第 3、4、5 位置时，KM1 及 KM2 得电吸合，电动机定子反向通电，同时电磁抱闸松开，电动机产生的电磁转矩与吊钩负载力矩方向一致，强迫推动吊钩下降，故称为强力下降，适用于空钩或轻物下降，因为提升机构存在一定的摩擦阻力，空钩或轻载时的负载力矩不足以克服摩擦转矩自动下降。

从第 3 位到第 5 位，转子电阻依次切除，可以获得三种强力下降速度，电动机的工作特性对应于图 8-29 中第三象限的 3、4、5 三条特性曲线。

4．控制电路的保护环节

由于起重机控制是一种远距离控制，很可能发生判断失误。例如，实际上是一个重物下降，而司机估计不足，以为是轻物，而将操作手柄扳到下降第 5 位，在电磁转矩及重物力矩的共同作用下，电动机的工作状态沿下降特性 5 过渡到第四象限的 d 点。电动机转速超过同步转速而进入发电制动状态。以高速下放重物是危险的，必须迅速将手柄从第 5 位转到下降第 1 位或第 2 位，以获得重物低速下降。但是，在转位过程中手柄必须经过下降的第 4 位、第 3 位，电动机的工作状态将沿下降特性 4 到下降特性 3 一直到 e 点再过渡到 f 点，才稳定下来，在转位过程中将会产生更危险的超高速，可能发生人身及设备事故。为避免因判断错误而引起的重物高速下降危险，从下降第 5 位回转第 2 位或第 1 位的过程中，希望从特性 5 上的 d 点直接过渡到 f 点稳定下来，即希望在转换过程中，转子电路中不串入电阻，使电动机工作点变化保持在下降特性 5 上。为此，在控制电路中，采用 KM1 和 KM8 动合触点串联使 KM8 通电后自锁，转换中经第 4、3 位时，KM8 保持吸合，电动机始终运行在下降特性 5 上，由 d 点经 e 点平稳过渡到 f 点，最后稳定在低速下降状态，避免超高速下降出现危险。在 KM8 自锁触点回路中串入 KM1 触点的目的是为了不影响上升操作的调速性能。

在下降第 3 位转到第 2 位时，SA－5 断开，SA－6 接通，KM1 断电，KM0 通电吸合，电动机由电动状态进入反接制动状态。为了避免反接时的冲击电流和保证正确进入第 2 位的反接特性，应使 KM8 立即断开，以加入反接制动电阻，并且要求只有在 KM8 断开之后，KM0 才能闭合。采用 KM8 动断触点和 KM0 动合触点并联的联锁触点，保证在 KM8 动断触点复位后，KM0 才能吸合并自锁。此环节也可防止由于 KM8 主触点因电流过大而烧结，使转子短路，造成提升操作时直接启动的危险。

控制电路中采用了 KM0、KM1、KM2 动合触点并联，是为了在下降第 2 位、第 3 位转换过程中，避免高速下降瞬间机械制动引起强烈振动而损坏设备和发生人身事故。因为 KM0 与 KM1 之间采用了电气互锁，一个释放后，另一个才能接通。换接过程中必然有一瞬间两个接触器均不通电，这就会造成 KM2 突然失电而发生突然的机械制动。采用三个触点并联，则可避免以上情况。

为了保证各级电阻按顺序切除，在每个加速电阻接触器线路中，都串入了上一级接触器的辅助动合触点。因此只有上一级接触器投入工作后，后一级接触器才能吸合，以防止工作顺序错乱。此外，该线路还具有零位保护、零电压保护、过电流保护及上限位置保护的作用。

8.7.4　任务实施

20/5t 桥式起重机电气控制线路的检修

1．目的要求

掌握 20/5t 桥式起重机电气控制线路的故障分析及检修方法。

2．工具、仪表及器材

（1）工具：测电笔、螺钉旋具、尖嘴钳、斜口钳、剥线钳、电工刀等。

（2）仪表：兆欧表、钳形电流表、万用表。

（3）器材：20/5t 桥式起重机电气控制线路（见图 8-30）。

3．常见电气故障分析及检修

（1）合上电源开关 QS1 并按下起动按钮 SB 后，主接触器 KM 不吸合。

故障的原因可能是：线路无电压，熔断器 FU1 熔断，紧急开关 QS4 或安全门开关 SQ7、SQ8、SQ9 未合上，主接触器 KM 线圈断线，凸轮控制器手柄没有在 "0" 位，或凸轮控制器零位触点 AC1-7、AC2-7、AC3-7 分断，过电流继电器 KA0～KA4 动作后未复位。

其故障检测流程如图 8-31 所示。

提示：该故障发生几率较高，排除时先目测检查，然后在保护控制柜中和出线端子上测量、判断；确定故障大致位置后，切断电源，再用电阻法测量、查找故障具体部位。

（2）按下启动按钮后，交流接触器 KM 不能自锁。

故障在 7～9 区中的 1～14 号线之间出现断点，而多出现在 7～14 号之间的 KM 自锁触点上，断开总电源，用电阻法测量。

（3）副钩能下降但不能上升。

其检测判断流程如图 8-32 所示。

提示：对于小车、大车向一个方向工作正常，而另一个方向不能工作的故障，判断方法类似。在检修试车时，不能朝一个运行方向试车行程太大，以免又产生终端限位故障。

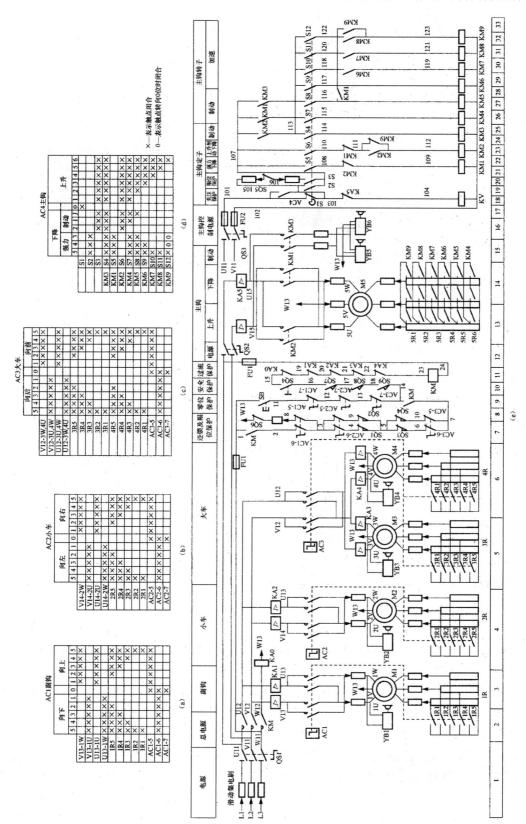

图 8-30 20/5t 桥式起重机电路原理图和触点分合表

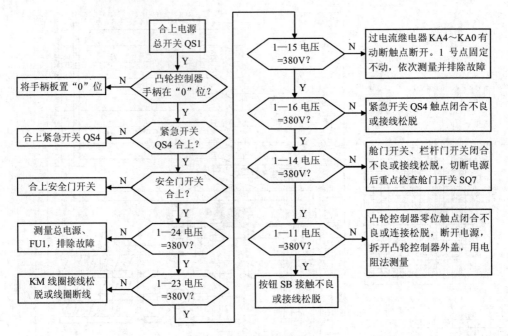

图 8-31　故障检测流程（1）

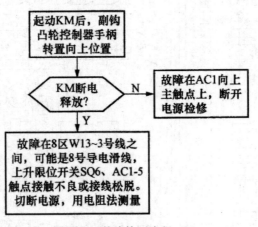

图 8-32　故障检测流程（2）

（4）制动抱闸器噪声大。

故障原因可能是：交流电磁铁短路环开路；动、静铁芯端面有油污；铁芯松动或有卡滞现象；铁芯端面不平、变形；电磁铁过载。

提示： 主钩电磁抱闸制动器的线圈有三角形连接和星形连接两种，更换时不能接错，线圈头尾错误、接法错误可能使线圈过热烧毁，或造成吸力不足使制动器不能打开。

（5）主钩既不能上升又不能下降。

故障原因有多方面，可从主钩电动机运转状态、电磁抱闸器吸合声音、继电器动作状态来判断故障。交流电磁保护柜装于桥架上，观察交流电磁保护柜中继电器动作状态，测量时需要与吊车司机配合进行，注意高空操作安全。尽量在驾驶室端子排上测量，并判断故障大致位置。其主要检测流程如图 8-33 所示。

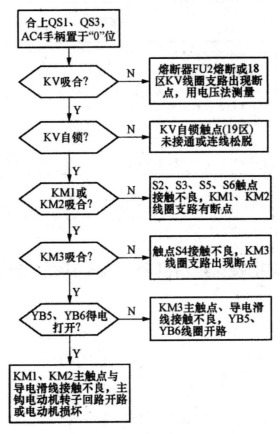

图 8-33 故障检测流程（3）

（6）接触器 KM 吸合后，过电流继电器 KA0～KA4 立即动作。

故障现象表明有接地短路故障存在，引起过电流保护继电器动作，故障可能的原因有：凸轮控制器 AC1～AC3 电路接地；电动机 M1～M4 绕组接地；电磁抱闸器 YB1～YB4 线圈接地。一般采用分段、分区和分别试验的方法，查找出故障具体点。

8.7.5 任务考核

在技能训练内容中，每次设置故障一个，然后由学生排查检修，分析和排除故障时间为 30 分钟。任务考核按照表 8-16 进行。

表 8-16 评分标准

序号	考核项目及考核点	分值	考核标准	考核方式	占总分比例
1	机床操作	20	按运动过程和控制要求进行操作，每错一步扣 5 分	实操	20%
2	故障分析	20	（1）标不出故障线段或错标在故障回路以外，每个故障点扣 10 分 （2）不能标出最小故障范围，每个故障点扣 5～10 分	实操	20%

序号	考核项目及考核点	分值	考核标准	考核方式	占总分比例
3	排除故障	40	（1）停电不验电扣 5 分 （2）测量仪器和工具使用不正确，每次扣 5 分 （3）排除故障的方法不正确扣 10 分 （4）损坏电器元件，每个扣 20 分 （5）不能排除故障点，每个扣 20 分 （6）扩大故障范围或产生新的故障，每个扣 30 分	实操	40%
4	安全文明生产	10	违反安全文明生产规程扣 5～40 分	实操	10%
5	平时表现	10	违反校纪校规扣 5～20 分	考勤	10%
6	备注		除定额时间外，各项目的最高分不应超过配分	成绩	

任务 8.8   知识拓展：组合机床电气控制线路分析及故障检修

8.8.1   任务目标

（1）了解组合机床的基本环节。
（2）了解组合机床的实际应用。
（3）掌握组合机床通用部件的结构形式、工作原理及分析方法。
（4）能对组合机床进行操作和电气线路故障检修。

8.8.2   任务内容

（1）学习组合机床通用部件的基本结构、运动形式及拖动特点与控制要求。
（2）识读并分析组合机床电气控制电路的工作原理。

8.8.3   相关知识

前面所述的金属切削机床均为通用机床。在通用机床上不易实现多刀、多面同时加工，而只能一道工序一道工序地进行，所以生产效率低，加工质量不稳定，操作频繁，工人劳动强度大。为改善生产条件，适应专业化生产的需要，现已制造出各类专用机床。专用机床往往是为完成工件某道工序或几道工序的加工而设计制造的，一般采用多刀加工，具有自动化程度高、生产效率高、加工精度稳定、机床结构简单、操作方便的优点。但当工件结构与尺寸改变时，又需要重新调整机床或重新设计制造，不能适应产品更新换代的加工需要。为克服专用机床的弊端，发展了一种新型的加工机床，即组合机床。

8.8.3.1   组合机床控制电路的基本环节

（1）多台电动机同时启动并能单独工作的电路。

如图 8-34 所示为多台电动机同时启动并能单独工作的控制电路。图中 KM1、KM2、KM3 分别为 3 台电动机线路接触器，SA1、SA2、SA3 分别为 3 台电动机单独工作的调整开关，FR1、

FR2、FR3 分别为 3 台电动机的热继电器，SB1 为停止按钮，SB2 为启动按钮。需要同时启动工作时，将调整开关 SA1～SA3 置于其常开触头断开、常闭触头闭合的位置。按下启动按钮 SB2 接触器 KM1～KM3 线圈通电吸合并自锁，3 台电动机同时启动运转。

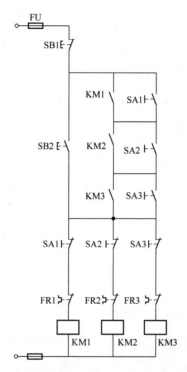

图 8-34 多台电动机同时启动并能单独工作的控制电路

当需要单独调整组合机床某一运动部件时，可单独控制某一台电动机单独工作。如需 M1 电动机单独工作，则扳动 SA2、SA3 调整开关，使其常闭触头断开、常开触头闭合，然后按下启动按钮 SB2，KM1 线圈通电并经 SA2、SA3 闭合触头自锁，M1 启动运转，实现单独工作。

（2）两台动力头同时启动，同时或分别停机的控制电路。

1）两台动力头电动机同时启动、同时停止的控制电路。如图 8-35 所示，图中 KM1、KM2 分别为 M1、M2 电动机线路接触器，KA 为中间继电器，SQ1、SQ3 为甲动力头在原位压下的原位开关，SQ2、SQ4 为乙动力头在原位压下的原位开关。SA1、SA2 为单独调整开关，FR1、FR2 为 M1、M2 电动机热继电器，SB1 为停止按钮，SB2 为启动按钮。

启动时，按下启动按钮 SB2，接触器 KM1、KM2 线圈经 KA 常闭触头通电吸合并自锁，M1、M2 电动机同时启动运转，拖动甲、乙动力头移动。当动力头离开原位后，原位开关 SQ1～SQ4 全复位，中间继电器 KA 线圈通电并自锁，其常闭触头断开，但 KM1、KM2 线圈仍通过 SQ1、SQ2 常闭触头通电，电动机拖动动力头继续运动。

当甲、乙动力头加工结束，按下停止按钮 SB1，KM1、KM2、KA 断电释放，电动机同时停止。也可以通过机械传动使动力头在加工结束后返回原位，分别压下 SQ1～SQ4 原位开关，使 KM1、KM2 线圈断电释放，也能达到同时停机的目的。同时 KA 也断电释放，为下次启动做准备。

操作 SA1 与 SA2 可实现单台动力头的调整工作。

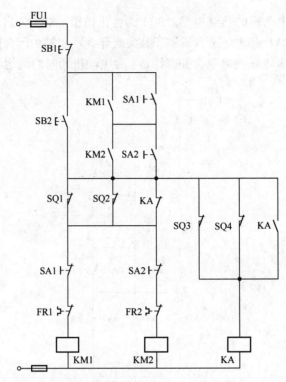

图 8-35 两台动力头电动机同时启动、同时停止的控制电路

2）两台动力头同时启动，分别停机的控制电路。如图 8-36 所示，图中各元件的作用与图 8-35 大体相同，所不同的是采用了复合按钮 SB2 来实现两台电动机的同时启动，而利用中间继电器 KA 两对常闭触头运行时断开，由原位开关 SQ1、SQ2 来实现甲、乙动力头返回原位分别停止的控制。

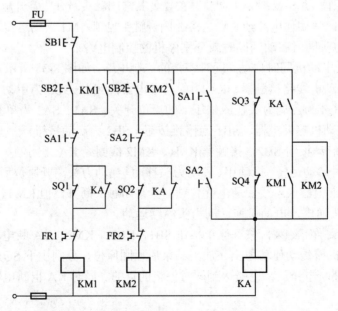

图 8-36 两台电动机同时启动、分别停机的控制电路

（3）主轴不转时引入和退出控制线路。

组合机床在加工中有时要求进给电动机拖动的动力部件，在主轴不旋转的状态下向前运动。当运动到接近工件的加工部位时，主轴才启动旋转，进行切削加工。当加工结束，动力头退离工件时，主轴立即停转，而进给电动机在拖动动力部件返回原位后才停止。并且在加工过程中，主轴电动机与进给电动机之间应互锁，以保护刀具、工件和设备的安全。

图 8-37 为主轴不转时引入和退出控制线路。图中 KM1、KM2 分别为主轴电动机与进给电动机的线路接触器，SQ1 为动力部件接近工件加工部位压下的行程开关，SQ2 为动力部件到达工件加工部位压下的行程开关，在整个加工过程中 SQ1、SQ2 一直由长挡铁压下。SA1、SA2 分别为进给电动机、主轴电动机单独工作的调整开关，操作相应开关实现调整工作。

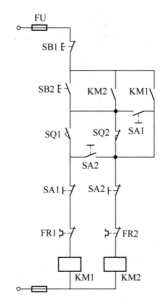

图 8-37　主轴不转时引入与退出控制电路

启动时按下启动按钮 SB2，KM2 经过 SQ2 常闭触头通电吸合并自锁，进给电动机启动旋转，拖动动力部件移动。当移动到主轴接近工件加工部位时，长挡铁压下 SQ1，KM1 线圈通电吸合，主轴电动机启动旋转。此时辅助触头同为 KM1、KM2 线圈通电提供自锁电路。当动力部件继续移动一小段距离时，长挡铁压下 SQ2，开始加工。KM1 线圈通过 KM2 已闭合的常开触头、KM2 线圈通过 KM1 已闭合的常开触头维持通电吸合状态。由于 SQ1、SQ2 在整个加工过程中一直被长挡铁压下，这就保证了在整个加工过程中进给运动与主轴旋转互为依存的关系。

加工结束，动力部件退回。当长挡铁退出放开 SQ2 时，KM1 常开辅助触头与 KM2 常开辅助触头并联后供给 KM1、KM2 线圈。动力部件继续退回，当长挡铁放开 SQ1 时，KM1 线圈断电释放，主轴电动机停止旋转，但 KM2 仍自锁，动力头继续退回，实现了主轴不转时的退出，直到动力部件退至原位，按下停止按钮 SB1，进给电动机停转，整个加工过程结束。

（4）危险区自动切断电动机的控制电路。

组合机床在加工工件时，往往从几个加工面采用多把刀具同时进行加工，此时就有可能在工件内部发生刀具相碰的危险，这个可能发生刀具相碰的区域成为"危险区"，如图 8-38 所示。为此，两钻头进入危险区前，应使其中一台动力头暂停进给，另一台动力头继续加工，直至加工结束退离危险区后再启动暂停进给的那一台动力头继续加工，直至全部加工完成，其自动控制电路如图 8-39 所示。

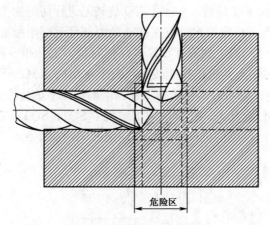

危险区

图 8-38　危险区示意图

在图 8-39 所示电路中，KM1、KM2 为甲、乙动力头线路接触器，KA1、KA2 为中间继电器，SQ1、SQ3 为甲动力头原位行程开关，SQ2、SQ4 为乙动力头原位行程开关，SQ5 为危险区开关，SA1、SA2 为单独调整开关。

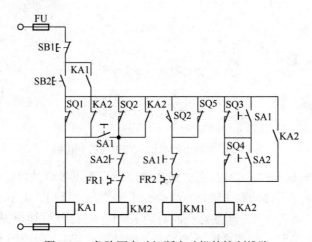

图 8-39　危险区自动切断电动机的控制线路

当甲、乙动力头均处于原位时，按下启动按钮 SB2，KA1 通电吸合并自锁，同时 KM1、KM2 通电吸合，甲、乙动力头同时启动运行。当动力头离开原位，SQ1～SQ4 开关全部复位，KA2 通电吸合并自锁，KA2 常闭辅助触头断开，为加工结束停机做准备。此时 KM1、KM2 分别经 SQ5、SQ2 常闭触头继续通电吸合。当动力头加工进入危险区，甲动力头压下危险开关 SQ5，使 KM1 断电释放，甲动力头停止进给，乙动力头仍继续进给加工，直至加工结束，退回原位并压下 SQ2、SQ4，KM2 才断电释放，乙动力头停在原位。此时 KM1 因 SQ2 常开触头闭合，使 KM1 再次通电吸合，甲动力头重新启动继续进给，直至加工结束，退回原位并压下 SQ1、SQ3，此时 KA1、KM1、KM2 断电释放，整个加工过程结束。

单独调整动力头时，可分别操作 SA1、SA2 开关。如需甲动力头单独调整，可操作 SA2

开关，使 SA2 常开触头闭合，常闭触头断开。此时 KM2 无法通电吸合，乙动力头处于原位，将 SQ2、SQ4 开关压下，此时按下启动按钮 SB2，KA1、KA2 相继通电吸合并自锁。同时 KM1 通电吸合，拖动甲动力头进给。当进入危险区，由于 SQ5 常闭触头已被 SQ2 常开触头因压下而闭合，使 KM1 继续通电吸合，甲动力头仍继续进给，直至加工结束，退回原位，压下 SQ1、SQ3，使 KA1、KA2、KM1 断电释放，甲动力头单独工作结束。

当乙动力头单独工作时，操作开关 SA1，使其常闭触头断开，常开触头闭合，电路工作情况与甲动力头单独工作时基本相同，不再重述，此时在 KA1 和 KM2 线圈电路之间设置了 SA1 常开触头，当乙动力头单独工作时该触头已闭合。其作用是：当乙动力头单独工作并离开原位时，不会因 KA2 常闭触头断开而使 KA1 线圈断电释放，从而保证乙动力头完成加工直至返回原位，压下 SQ2、SQ4，使 KM1、KM2 断电释放，调整工作结束。

图 8-39 所示电路采用在加工过程中暂停进给的方法来避免相撞，但是会形成断续加工，影响加工质量。图 8-40 为两台动力头分别启动连续加工的电路。一台动力头从危险区加工完成开始退回后，另一台动力头才进入危险区加工，这不仅避免了在危险区发生刀具相撞，又可实现连续加工，从而提高了加工质量。图中各元件及作用与图 8-39 相同，电路工作情况可自行分析。

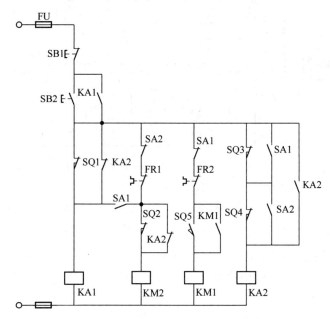

图 8-40　两台动力头分别启动连续加工的电路

8.8.3.2　通用部件的控制电路

组合机床的通用部件一般是由专门工厂设计制造的成套设备，并配有相应的电气控制电路。在动力部件中，能同时完成刀具切削运动及进给运动的部件称为动力头；而只能完成进给运动的动力部件称为动力滑台；另外，回转分度工作台是多工位组合机床和自动线中不可缺少的输送部件。这些通用部件大多由机械、液压、电气结合来实现自动控制。这些通用部件的控制电路是本节的主要内容。

值得注意的是，组合机床通用部件不是一成不变的，它将随着生产的发展而不断更新，因此与其相适应的电气控制电路也随着更新。

（1）小型机械动力头的电气控制电路。

图 8-41 为小型机械钻孔动力头的传动系统示意图。它由一台电动机实现主轴旋转和进给运动。工作时电动机 2 启动旋转，通过减速器 3 传动至蜗杆轴 4，并减速到所需的主轴速度。蜗杆轴通过花键套筒 8 与主轴 16 联接，带动主轴旋转。同时蜗杆 4 与空套在轴上的蜗轮 5 耦合减速。当按下"向前"按钮时，进给电磁离合器 1 合上，使电动机的传动与进给机构连接，经配换齿轮 7、蜗杆蜗轮副 14、13 带动端面凸轮旋转。通过其端面上的凸轮滚子 17 带动主轴套筒 15 移动，实现主轴的进给运动。端面凸轮为鼓形结构，凸轮旋转一周，主轴从原位开始进给。当加工到位后即退回原位，进给电磁离合器断电，蜗轮 5 与轴脱开，制动电磁离合器 6 接通，对进给运动系统制动，使端面凸轮停在准确位置上。同时，随着主轴的退回，带动挡铁 11 也退回原位，压下行程开关 10，发出工作循环完成信号，弹簧 9 通过杠杆拉紧主轴套筒 15，使滚子紧紧靠在端面凸轮的曲面上，为下一个工作循环做准备。

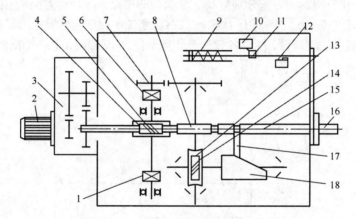

图 8-41　机械钻孔动力头传动系统示意图

1—进给电磁离合器；2—电动机；3—减速器；4、14—蜗杆；5、13—蜗轮；
6—制动电磁离合器；7—配换齿轮；8—花键套筒；9—弹簧；10—原位开关；
11—挡铁；12—终端开关；15—主轴套筒；16—主轴；17—凸轮滚子；18—端面凸轮

图 8-42 为小型机械动力头的控制电路。图中 KM 为动力头电动机线路接触器，KA1、KA2 为中间继电器，YC1 为进给电磁离合器，YC2 为制动电磁离合器，SQ1 为主轴套筒原位开关，SQ2 为主轴套筒终点开关。

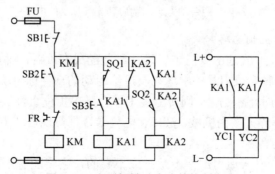

图 8-42　小型机械动力头的控制电路

电路工作情况：按下启动按钮 SB2，KM 通电吸合并自锁，电动机启动旋转，带动主轴旋转。开始加工时按下进给按钮 SB3，KA1 通电吸合并自锁，YC1 通电，YC2 断电，主轴快速进给，进给到一定位置时转为工作进给，加工至终点压下 SQ2。SQ2 常开触头闭合，KA2 通电吸合并自锁，其常闭触头断开，为动力头主轴退至原位切断主轴进给做准备。主轴回至原位压下 SQ1，KA1、KA2 相继断电，YC1 断电，YC2 通电，进给停止并制动。此时主轴电动机并不停转，待按下 SB1 后，KM 断电释放，电动机停止转动。

当动力头工作频繁，且要求电磁离合器工作平稳，则 YC1、YC2 宜采用直流供电。

（2）箱体移动式机械动力头控制电路。

箱体移动式机械动力头安装在滑座上，上面装有两台电动机，一台为主电动机，另一台为快速电动机。前者拖动主轴旋转，并通过电磁离合器与进给机构带动螺母套筒来带动箱体一次或二次工作进给；后者通过丝杠进给装置实现箱体快速前进或后退移动。图 8-43 为箱体移动式机械动力头传动系统示意图。

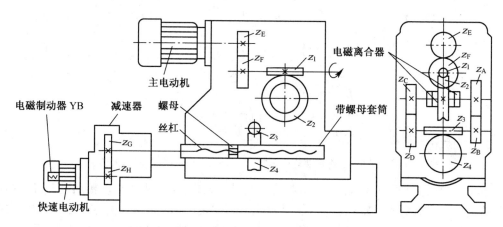

图 8-43　箱体移动式机械动力头传动系统示意图

1）箱体移动式机械动力头传动原理。主电动机 M1 通过变速齿轮 z_E、z_F 带动主轴旋转。箱体的进给运动由主轴上的蜗杆 z_1、蜗轮 z_2，经过电磁离合器，再经过一对变换齿轮 z_A、z_B（一次进给）或 z_C、z_D（二次进给），传递给第二对蜗杆 z_3、蜗轮 z_4，带动装有螺母的套筒回转。由于丝杠被快速电动机 M2 端部的制动电磁铁 YB 抱住不转，所以套筒回转实现了箱体（或主轴）的一次（或二次）进给。

动力头的快速进给由快速电动机 M2 经减速齿轮 z_G、z_H 带动丝杠旋转，这时装有螺母的套筒不旋转，丝杠驱动箱体实现快速进给，而制动电磁铁是松开的。

主轴电动机与快速电动机配合，能完成如图 8-44 所示的三种工作循环。

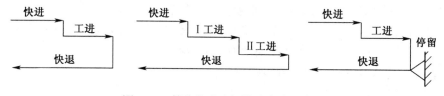

图 8-44　箱体移动式机械动力头工作循环

2）具有二次工作进给的电气控制电路。图 8-45 所示为具有二次工作进给的控制电路。图中 KM1、KM2 为快速电动机正、反转接触器，KM3 为主轴电动机接触器，KA 为中间继电器，SQ1 为原位开关，SQ2 为接近工件时快进转工进开关，SQ3 为Ⅰ工进转Ⅱ工进开关，SQ4 为加工结束快速退回开关，YB 为快速电动机制动电磁铁，YC1 为一次工进电磁离合器，YC2 为二次工进电磁离合器。

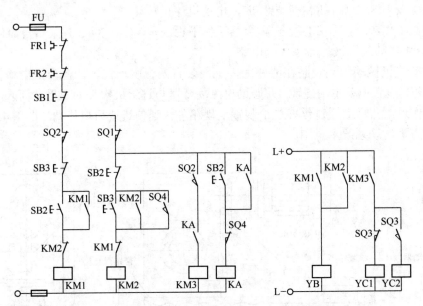

图 8-45　箱体移动式机械动力头二次工作进给控制电路

按下启动复合按钮 SB2，KM1 通电吸合并自锁，YB 通电，快速电动机启动旋转，箱体动力头向前快速移动。同时，KA 通电吸合并自锁，为主轴电动机通电做准备。当动力头快速移动到接近工件时，压下 SQ2，使 KM1 断电释放，KM3 通电吸合，前者使快速电动机断电并制动，后者使主轴电动机启动，主轴旋转。同时接通一次工进电磁离合器 YC1，动力头按一次工进速度进行加工。当加工到压下 SQ3，使 YC1 断电，YC2 通电，动力头转为按二次工进速度进行加工，直至加工结束，压下 SQ4。此时，KA、KM3 相继断电，主轴电动机停止旋转，同时 KM2 通电吸合箱体动力头快速电动机反转，并使 YB 通电，拖动箱体动力头快速退回，直至压下原位开关 SQ1，KM2 断电释放，YB 断电，快速电动机被制动并停转，动力头停在原位，工作循环结束。

通过以上分析可知这种电路的特点如下：

1）按下启动按钮 SB2，在延续至动力头离开原位后才可松开，否则 KA 无法通电，KM3 也无法通电工作。

2）原位行程开关 SQ1 触头设置在退回电路上，节省了中间继电器。

3）中间继电器 KA 除作为加工完成信号外，在电路上还起着失电压、欠电压保护作用。

4）动力头快速引进和快速退回时，主轴电动机均不工作。

箱体移动式机械动力头的进给控制电路有多种，上述仅为一例。

（3）机械动力滑台控制电路。

机械动力滑台是只完成进给运动的动力部件。在机械动力滑台上可配置各种切削头，用来进行钻、扩、铰、镗及攻螺纹等加工，也可作为工作台使用，因此，具有很大的灵活性。

1）机械动力滑台。机械动力滑台由动力滑台、机械滑座、电动机及传动装置等组成。其中快速电动机和工作进给电动机分别拖动滑台实现快速移动和工作进给。图 8-46 所示为机械动力滑台传动系统示意图。

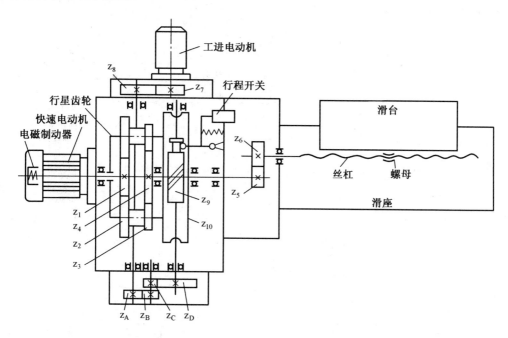

图 8-46　机械动力滑台传动系统示意图

滑台的快速移动由快速进给电动机经齿轮 $z_1 \sim z_4$ 及 $z_5 \sim z_6$ 带动丝杠快速旋转，并由螺母带动滑台作快速移动。快速电动机正反向旋转，可实现滑台的快进与快退。

滑台的工作进给由工作进给电动机经齿轮 $z_7 \sim z_8$、配换齿轮 $z_A \sim z_D$、蜗杆 9 蜗轮 10（蜗轮系空套在轴上）、行星齿轮 $z_1 \sim z_4$（快进电动机被制动，z_1 齿轮不转，z_2 齿轮除绕 z_1 旋转外，又绕其本身的轴旋转，z_2 与 z_3 是双联齿轮，于是通过 z_3 又带动 z_4 旋转），再经齿轮 $z_5 \sim z_6$ 带动丝杠作慢速旋转，推动滑台实现工作进给。

滑台在工作中顶上死挡铁或发生故障不能继续前进时，丝杠、蜗轮不能转动，而工作进给电动机仍继续旋转。由于蜗轮不动，蜗杆的转动将使蜗杆沿轴线窜动，通过杠杆机构压下行程开关，发出快退信号，于是快速电动机反向旋转，滑台退回原位。

机械动力滑台根据不同加工工艺要求，可实现图 8-47 所示的几种工作循环。

2）机械动力滑台的电气控制电路。下面以 JT4522、JT4532、JT4542 及 JT4552 系列机械动力滑台控制电路为例，分析其自动工作循环过程。

具有一次工作进给的机械动力滑台控制电路如图 8-48 所示，KM 为主轴电动机接触器常开触头，KM1、KM2 为快速电动机正、反转接触器，KM3 为进给电动机接触器，YB 为快速电动机制动器线圈，SQ1 为原位开关，SQ2 为快进转工进开关，SQ3 为终点限位开关，SQ4 为超行程保护开关，SA 为单独调整滑台开关。

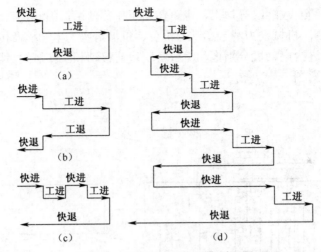

图 8-47　机械动力滑台工作循环图

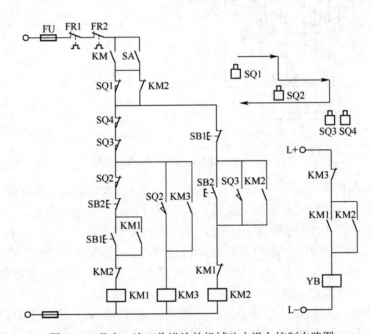

图 8-48　具有一次工作进给的机械动力滑台控制电路图

电路工作情况：在主轴电动机启动旋转 KM 接触器通电吸合及动力滑台处在原位情况下，按下动力滑台向前快速移动按钮 SB1，KM1 线圈通电吸合并自锁，YB 通电，快速电动机松闸，快速电动机正向启动，拖动滑台快速向前移动，松开原位开关，SQ1 触头复位。当挡铁压下 SQ2 时，KM1、YB 相继断电释放，快速电动机停转并制动；同时 KM3 通电并自锁，进给电动机启动，滑台以工进速度继续向前。进给加工至终点，挡铁压下 SQ3，KM3 断电释放，进给电动机停转，同时 KM2 通电吸合并自锁。KM2 常闭触头断开，一方面对 KM1 起互锁作用，另一方面为滑台退回原位，SQ1 压下切断电源做准备；KM2 常开触头闭合，使 YB 通电，快速进给电动机电磁制动松闸，快速进给电动机反向启动，拖动滑台快速退回。当退回至原位，挡铁压下原位开关 SQ1，KM2、YB 相继断电释放，快速进给电动机停转并制动，滑台停在原位，完成一个工作循环。

图 8-48 中 KM 常开触头可保证滑台在主轴电动机启动后，才进行工作循环。SA 是为方便滑台调整而设置的开关，SQ4 为超行程保护开关。当滑台向前越位时，SQ4 被压下，切断滑台进给电路而停车，并可设报警装置，通知操作者及时处理。SB2 为快退按钮，在滑台进给过程中或因超行程而停止在终点位置时，按下 SB2，滑台便快退，回到原位自动停止。本电路由热继电器 FR1、FR2 实现两台电动机的长期过载保护。

图 8-49 为机械滑台具有正反向工作进给控制电路。图中 M1 为进给电动机，M2 为快速电动机，KM1、KM2 为两台电动机的正、反转接触器，KM3 为 M2 的线路接触器，SQ1 为原位开关，SQ2 为快进转工进或工退转快退开关，SQ3 为工作进给结束开关，SQ4 为超行程限位开关，KM 为主轴电动机接触器常开触头。

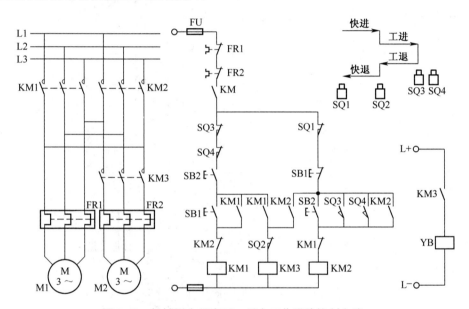

图 8-49　机械滑台具有正、反向工作进给控制电路

电路工作情况：在主轴电动机启动情况下，按下滑台向前工作按钮 SB1，KM1 线圈通电吸合并自锁，同时 KM3 通电吸合，使 YB 通电，M1、M2 正向启动旋转，滑台以快速进给速度向前移动。当前进到挡铁压下 SQ2 时，KM3 断电释放，YB 断电，快速电动机 M2 停转并制动，滑台仅以工作进给速度继续向前，此时 SQ2 由长挡铁压下，直至加工结束，SQ2、SQ3压下，KM1 断电释放，KM2 通电吸合，工进电动机 M1 反转，滑台以工作进给速度后退。后退至松开 SQ2 开关，KM3 再次通电吸合，YB 通电，快速电动机 M2 反向启动，滑台以快退速度加工退速度之和快速退回原位，压下 SQ1，KM2、KM3 断电释放，M1、M2 同时停转，M2 并有制动，滑台停在原位，一个循环结束。

若正向工作进给超过预定行程，则 SQ4 被压下，KM2、KM3、YB 相继通电，滑台先反向工退，接着马上快退至原位，因此，SQ4 启动超行程保护作用。本电路还具有长期过载和失电压保护。

（4）回转工作台控制电路。

回转工作台是多工位组合机床的一种输送部件。在回转工作台台面上安放各工位的夹具，工件装在夹具上。在加工时，每完成一道工序加工后，回转工作台自动转位，即将工件从一个工位输送到另一个工位，再进行加工。多工位组合机床中，回转工作台是间歇工作的，每转位一次，便完成一个工序，由于机床加工的时间与工件的装卸相重合，所以生产效率高。

回转工作台按其实现转位的传动方式不同，可分为机械回转工作台和液压回转工作台两种。下面以较为简单的小型机械回转工作台为例来分析回转工作台的工作情况。

小型机械回转工作台是采用机、电联合控制。工作台转位是由电动机直接拖动，转位精度由定位销保证。转位时，首先启动回转电动机，再拔起定位销松位，然后抬起回转工作台台面（花盘）回转，到位后再落下工作台台面，插入定位销并夹紧，转位过程才结束。

小型机械回转工作台控制电路如图 8-50 所示。图中 KM 为转位电动机接触器，SQ 为定位销开关，插入定位销压下 SQ，拔出定位销松开 SQ。KA1 为启动中间继电器，KA2 为转位中间继电器，KA3 为动力头工作、回转停止中间继电器。

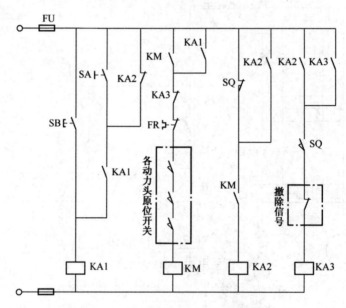

图 8-50　小型机械回转工作台控制电路

电路工作情况：按下回转按钮 SB，KA1 通电并自锁。当各动力头均处在原位，各原位开关压下，则 KM 通电并自锁，转位电动机启动旋转。此时回转工作台需先拔销，拔出定位销后，开关 SQ 松开，工作台抬起，减少回转摩擦力。SQ 的常闭触头复位，KA2 通电并自锁，回转工作台开始转位，KA2 另一常开触头闭合，为 KA3 通电发出动力头工作信号做准备。工作台依靠机械分度机构转位至预定工位后，工作台落下，自动插入定位销完成定位夹紧，同时压下 SQ，使 KA3 通电吸合，发出动力头工作信号，KA3 常闭触头断开，KM、KA2 相继断电释放，回转电动机停转，转位过程结束。

图中 SA 为工作台自动、半自动工作状态选择开关。当工作台处于自动循环工作状态时，开关 SA 处于闭合状态。回转工作台完成一次转位后，即对本工位的工序进行加工，这时 KA1 一直通电吸合。当各动力头加工完成退回原位，压下各原位开关后，KM 通电吸合，工作台又自动进行拔销、抬起、转位等动作，且一直循环下去。直到其中某零件最后一道工序加工完成，按下整个组合机床的停止按钮，机床停止工作。

当 SA 处于半自动状态时，SA 处于断开状态，在发出转位信号后，转位电动机启动，工作台自动进行转位、加工。这时 KA2 通电吸合，常闭触头断开，KA1 断电释放。因此，在本工位加工结束，动力头回到原位时，KM 无法通电，回转电动机不能自动启动回转，于是实现了只加工一道工序，不连续工作的半自动加工状态，若再继续加工，需再次按下 SB 按钮。

液压回转工作台是靠液压阀的转换来改变油路，实现工作台转位的，而液压阀的转换又是靠电气系统的控制来实现的，所以液压回转工作台可实现机、电流的综合控制。

8.8.3.3　组合机床的电气控制

根据不同要求，将组合机床的基本电路和通用部件控制电路经适当组合，可构成组合机床单机的电气控制电路。现以具有左、右动力头的液压动力滑台组合机床为例，分析单机电气控制电路的工作原理。

图 8-51 为具有液压滑台的左、右动力头的单机组合机床电气控制电路图。图中 M1 为液压泵电动机，M2、M3 为甲、乙铣削动力头电动机。

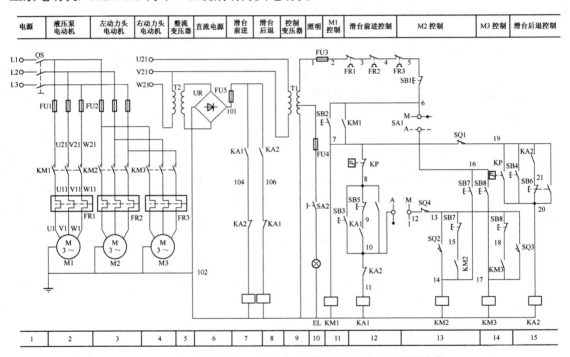

图 8-51　液压滑台的左、右动力头单机组合机床电气控制线路

（1）电气控制要求。

1）两台铣削加工动力头分别由 M2、M3 笼型异步电动机拖动，单向旋转，无须电气变速和停机制动，为实现对刀应有点动控制。

2）液压泵电动机单向旋转，机床在完成一次半自动工作循环后，液压泵电动机不停机，只有按下总停按钮后才停机。

3）加工至终点，在动力头完全停止后，动力滑台才可快速退回。

4）液压动力滑台前进与后退时均能实现点动调整。

5）电磁阀 YV1、YV2 线圈采用直流供电。

6）机床应具有照明、保护和调整环节。

（2）电动机的启动与停止控制。

液压泵电动机 M1 由 SB1、SB2 按钮与接触器 KM1 构成电动机单方向旋转启动、停止电路，实现 M1 的启动与停止。

当机床处于半自动工作状态时，开关 SA 置于 A，左、右铣削动力头电动机 M2 与 M3 的启动与停止是由液压动力滑台压下行程开关来实现的。当滑台移动到位，压下行程开关 SQ2 与 SQ3，使 KM2、KM3 通电吸合并自锁，M2、M3 分别启动旋转。当加工到终点时，滑台压下终点行程开关 SQ4，使 KM2、KM3 断电释放，两动力头停止旋转。

（3）液压动力滑台的电气控制。

液压泵电动机 M1 启动之后，按下按钮 SB3，中间继电器 KA1 通电吸合并自锁，电磁阀线圈 YV1 通电，控制液压油路实现液压动力滑台的快速趋近。当滑台压下行程阀，滑台转为工作进给，工作进给至终点，死挡铁停留，进油路油压升高，使压力继电器 KP 动作，KA1 断电释放，YV1 断电。同时 KA2 通电吸合，YV2 通电，滑台快速退回至原位，压下原位开关 SQ1，KA2、YV2 相继断电，滑台停留在原位，一个工作循环结束。

（4）保护与调整环节。

1）熔断器 FU1：实现对电动机 M1、变压器 T1、T2 一次侧的短路保护。

2）熔断器 FU2：实现对电动机 M2、M3 的短路保护。

3）熔断器 FU3：实现控制电路短路保护。

4）熔断器 FU4：实现照明电路短路保护。

5）熔断器 FU5：实现电磁阀线圈短路保护。

6）热继电器 FR1、FR2、FR3：分别为电动机 M1、M2、M3 的长期过载保护，且当其中任一台电动机过载时，所有电动机均应停止工作，以保护刀具和工件安全。

开关 SA1 为机床半自动工作与调整工作的选择开关，当 SA1 置于 A 位置时机床处于半自动工作状态。当 SA1 置于 M 位置时，可实现机床的调整状态。此时为实现左、右动力头点动对刀调整，可分别按下点动调整按钮 SB7、SB8。液压动力滑台前进、后退的调整是按下滑台点动按钮 SB5、SB6 来实现的。此时因 SA1 置于 M 位置，从而断开了 KM2、KM3 线圈电路，使滑台移动到压下 SQ2、SQ3 时，左、右铣削动力头电动机无法启动，而按下 SB5 或 SB6 将使 KA1 或 KA2 通电吸合，获得滑台前进与后退的点动调整工作。

（5）照明电路。

由机床控制变压器 T1 输出交流 24V 电压，供电给机床照明灯 EL，且由开关 SA2 控制。

知识梳理与总结

本项目对几种常用的机床电气控制线路进行了分析和讨论。从分析中发现，各种机床的电气控制线路都是从各种机床加工工艺出发，由若干典型控制环节有机组合而成。因此，在分析机床电路时，应首先对机床的基本结构、运动形式、工艺要求等有全面的了解，并由此出发明确其对电气控制的要求，在此基础上分析控制电路。

分析机床电气控制时，首先分析主电路，看机床由几台电动机拖动，其作用如何，各台电动机的启动方法、制动方式以及各台电动机的保护环节等，进而分析其控制电路。分析时，以对电动机的各个控制环节为索引，一个环节一个环节分析，看其控制方式、操作方法，尤其要注意机械与电气的联动，注意各环节之间的联锁、互锁与保护。最后总结出各机床电气控制的特点。只有抓住各台机床电气控制的特点，才能区别两台机床在电气控制上的区别。

　　桥式起重机是一种应用十分普遍的生产机械。本项目对桥式起重机的各种控制设备、电气保护设备作了较为详细的介绍；对典型的凸轮控制器、主令控制器控制线路及交流起重机控制站作了详尽的讨论和分析；对起重机绕线转子感应电动机转子电阻的计算作了介绍。通过本章的学习，应对桥式起重机的控制特点、操作方法有清晰的了解，应对凸轮控制器控制线路、主令控制器控制线路牢固掌握。

　　起重机按其结构可分为桥式起重机、门式起重机、塔式起重机、旋转起重机及缆索起重机等；桥式起重机由桥架、装有提升机构的小车、大车运行机构及操纵室等部分组成；其运动形式有由大车拖动电动机驱动的前后运动，由小车拖动电动机驱动的左右运动以及由提升电动机驱动的重物的升降运动三种形式，每种运动都要求有极限位置保护。凸轮控制器控制线路保护联锁环节有过电流、失电压、短路、安全门、极限位置及紧急操作等保护环节。

　　起重机械的工作条件通常十分恶劣，而且工作环境变化大，大都是在粉尘大、高温、高湿度或室外露天场所等环境中使用，其工作负载属于重复短时工作制。为此，专门设计了起重用电动机，它分为交流和直流两大类。交流起重用异步电动机有绕线和笼型两种，一般在中小型起重机上用交流异步电动机，直流电动机一般用在大型起重机上。

　　机床种类与型号各异，不可能一一分析与讨论，仅以几种典型机床电气控制为例，以求学会分析方法，做到举一反三。

思考与练习

　　1．在 CA6140 车床中，若主轴电动机 M1 只能点动，则可能的故障原因是什么？在此情况下，冷却泵能否正常工作？

　　2．CA6140 车床的主轴是如何实现正反转控制的？

　　3．在 M7475B 型磨床励磁、退磁电路中，电位器各有何作用？

　　4．在 M7475B 型磨床工件磨削完毕，为使工件容易从工作台上取下，应使电磁吸盘去磁，此时应如何操作？电路工作情况如何？

　　5．在 Z3040 型摇臂钻床电路中各行程开关的作用是什么？结合电路工作情况说明。

　　6．在 Z3040 型摇臂钻床电路中时间继电器的作用是什么？结合电路工作情况说明。

　　7．在 M7475B 型磨床中，为什么要用继电器 KA1 实现零压保护？

　　8．X62W 万能铣床电气控制线路具有哪些电气联锁？

　　9．安装在 X62W 万能铣床工作台上的工件可以在哪些方向上调整和进给？

　　10．简述 X62W 万能铣床主轴变速冲动的控制过程。

　　11．T68 镗床电路中各行程开关的作用是什么？结合电路工作情况说明。

　　12．试述 T68 镗床电路快速进给的控制过程。

　　13．起重机有哪几种分类？

　　14．桥式起重机包含哪些部件？对电力拖动和电器控制的要求是什么？

　　15．起重机有哪几种控制方式？在使用场合上有何区别？

　　16．凸轮控制器控制的起重机有哪些保护？它的提升过程如何实现？

17．主令控制器与磁力控制屏相配合控制的起重机有哪些保护？它的提升过程如何实现？

18．试设计一台两面相向钻孔专机的控制电路，能满足下列控制要求：

（1）甲、乙动力头分别启动加工；

（2）两动力头加工结束，分别退回原位停止；

（3）乙动力头加工到危险区时甲动力头应退回；

（4）具有必要的保护环节。

19．试设计一台镗孔专机，镗削动力头放在机械滑台上对工件进行加工，能满足如下控制要求的控制电路：

（1）滑台快进到一定位置转工进，同时主轴电动机启动加工；

（2）加工至终点进给停止，主轴电动机停转，主轴定位；

（3）滑台退到原位自行停止。

20．图 8-50 所示组合机床电气控制电路中，若不用 SA 开关有什么不妥？

附录 常用电器、电机的图形与文字符号

（摘自 GB4728－84－85 和 GB7159－87）

类型	名称	图形符号	文字符号	类型	名称	图形符号	文字符号
开关	单极控制开关	或	SA	位置开关	常开触头		SQ
	手动开关一般符号		SA		常闭触头		SQ
	三极控制开关		QS		复合触头		SQ
	三极隔离开关		QS	按钮	常开按钮		SB
	三极负荷开关		QS		常闭按钮		SB
	组合开关		QS		复合按钮		SB
	低压断路器		QF		急停按钮		SB
	控制器或操作开关	后 前 2 1 0 1 2	SA		钥匙操作式按钮		SB
接触器	线圈操作器件			时间继电器	延时闭合的常开触头		
	常开主触头				延时断开的常闭触头		
	常开辅助触头				延时闭合的常闭触头		
	常闭辅助触头				延时断开的常开触头		

续表

类型	名称	图形符号	文字符号	类型	名称	图形符号	文字符号
热继电器	热元件			中间继电器	线圈		
	常闭触头				常开触头		
时间继电器	通电延时线圈				常闭触头		
	断电延时线圈			电流继电器	过电流线圈	$I>$	
	瞬时闭合的常开触头				欠电流线圈	$I<$	
	瞬时断开的常闭触头				常开触头		
电流继电器	常闭触头		KA	电磁操作器	电磁离合器		YC
电压继电器	过电压线圈	$U>$	KV		电磁制动器		YB
	欠电压线圈	$U<$	KV		电磁阀		YV
	常开触头		KV	电动机	三相笼型异步电动机	M 3~	M
	常闭触头		KV		三相绕线转子异步电动机	M 3~	M
非电量控制的继电器	速度继电器常开触头	n	KS		他励直流电动机	M	M
	压力继电器常开触头	P	KP		并励直流电动机	M	M
熔断器	熔断器		FU		串励直流电动机	M	M

续表

类型	名称	图形符号	文字符号	类型	名称	图形符号	文字符号
电磁操作器	电磁铁的一般符号	或	YA	发电机	发电机	G	G
	电磁吸盘		YH		直流测速发电机	TG	TG
变压器	单相变压器		TC	接插器	插头和插座	或	X 插头 XP 插座 XB
	三相变压器		TM	互感器	电流互感器		TA
灯	信号灯（指示灯）	⊗	HL	电抗器	电压互感器		TV
	照明灯	⊗	EL		电抗器		L

参考文献

[1] 方承远. 工厂电气控制技术. 北京：机械工业出版社，2002.

[2] 史国生. 电气控制与可编程控制技术. 北京：化工工业出版社，2004.

[3] 许廖，王淑英. 电器控制与 PLC 控制技术. 北京：机械工业出版社，2005.

[4] 赵秉衡. 工厂电气控制设备. 北京：冶金工业出版社，2001.

[5] 张运波，刘淑荣. 工厂电气控制技术. 北京：高等教育出版社，2004.

[6] 常晓玲. 电气控制系统与可编程控制器. 北京：机械工业出版社，2007.

[7] 李敬梅. 电力拖动控制线路与技能训练. 北京：中国劳动社会保障出版社，2001.

[8] 李雪梅. 工厂电气与可编程序控制器应用技术. 北京：中国水利水电出版社，2006.